CULTURE ET EXPLOITATION

DES BOIS.

Les exemplaires non revêtus de la signature de
l'auteur, seront réputés contrefaits.

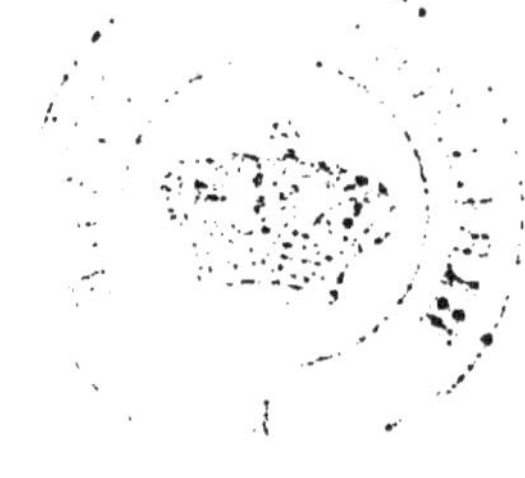

IMPRIMERIE DE L. BOUCHARD-HUZARD,
RUE DE L'ÉPERON, 7.

TRAITÉ GÉNÉRAL

DE

STATISTIQUE, CULTURE ET EXPLOITATION

DES BOIS,

PAR

JEAN-BAZILE THOMAS,

ANCIEN MARCHAND DE BOIS EXPLOITANT.

TOME PREMIER.

Paris,

CHEZ L. BOUCHARD-HUZARD

(SUCCESSEUR DE Mme VEUVE HUZARD, née VALLAT LA CHAPELLE),

IMPRIMEUR-LIBRAIRE, 7, RUE DE L'ÉPERON.

1840

AVERTISSEMENT.

Petit-fils et fils de marchands de bois exploitants, nous pourrions dire que nous sommes né, en quelque sorte, sur une souche; nos premiers regards ont vu l'Yonne, ses flots à bûches perdues et la navigation de ses trains; en outre, nous avons fait l'occupation de toute notre vie de la partie des bois, soit comme propriétaire, soit comme marchand; nous en avons exploité de toutes essences, de tous âges, et dans différents climats (*); nous n'hésitons même point à

(*) Le mot *climat*, en terme forestier, vient d'une différence de terrains gras, sablonneux, granitiques, argileux, aquatiques; toutes les nuances enfin sont autant de climats différents, même les expositions. Le Morvan, par exemple, est un climat exceptionnel en France, où la coupe ne peut être réglée qu'au furetage.

prétendre qu'il n'y a peut-être pas en Europe maintenant un seul forestier qui puisse compter autant d'années d'étude et de service que nous dans la culture et dans l'exploitation des bois.

Nous avons aperçu les vices et tous les dangers des vieilles routines, ainsi que les erreurs des divers auteurs célèbres (*) qui, connaissant peu la physiologie végétale des arbres et encore moins la manière d'exploiter utilement l'une des principales richesses de la France, ont cependant composé des ouvrages sur cette partie, en ne consultant probablement que des documents incomplets, ou des gardes peu instruits ; ceux-ci, pour la plupart, ignorant même les plus simples éléments de la culture forestière. Nous nous sommes donc attaché à démontrer le préjudice que de fausses théories ont produit, et nous avons surtout cherché les moyens de mettre la science forestière à la portée de toutes les intelligences.

(*) Entre autres, MM. de Buffon, Réaumur, Cotta, Hartig, Baudrillart, etc.

C'est dans nos coupes annuelles et dans celles que nous achetions que nous avons fait nos expériences ; c'est aussi dans les aménagements appropriés à la nature du sol et aux essences que nous avons étudié la culture et l'exploitation des bois.

La réforme que nous demandons aujourd'hui, et qui est réclamée de toutes parts, est urgente et inévitable, et tous nos efforts tendent à la provoquer ; c'est même un intérêt national. Les propriétaires, le commerce et les consommateurs y trouveront d'immenses avantages ; et, pour qu'on ne se méprenne pas sur nos intentions, nous déclarons d'avance que nous n'avons aucun intérêt dans la réforme, aucune spéculation particulière en vue, et que nous sommes mû seulement par le vif et pressant désir de faire connaître la plus facile de toutes les cultures, qui jusqu'ici est restée ignorée comme aux temps de la plus profonde barbarie. Qui pourra le croire? Toutefois nous nous offrons de le prouver en moins de deux heures, et sans réplique, sous les murs mêmes de Paris, au moyen des exploitations qu'on fait annuel-

lement dans les bois de Boulogne et de Vincennes, lesquelles, nous l'assurons, sont cependant dirigées par des personnes de mérite,
d'un grand zèle et d'une rare probité; enfin par
tout ce qu'il y a de plus distingué dans l'administration forestière, et pour qui nous profes-
sons de cœur la plus haute estime.

Suivant nous, il est on ne peut plus
pressant de modifier une très-grande
partie du système actuel de la culture des
bois; nous ne négligerons rien pour soutenir
cette entreprise, dont le succès ne peut
entraîner à aucune dépense, et tient uniquement à une bonne direction, et notamment
à se renfermer dans les vrais principes forestiers indiqués si amplement par la nature,
qui sont d'une extrême simplicité et, par
conséquent, d'une efficacité irrévocable. Buffon, T. X, page 178, s'exprimait ainsi qu'il
va suivre sur l'ignorance de la culture
forestière:

« Le cultivateur éclairé apprend à ne
« pas se tromper, ou du moins à se tromper
« peu, sur les moyens de rendre son terrain
« plus fertile. »

« Ce même intérêt se trouvant partout, il
« serait naturel de penser que les hommes
« ont donné quelque attention à la culture
« des bois ; cependant *rien n'est moins*
« *connu, rien n'est plus négligé.* Le bois
« paraît être un présent de la nature qu'il
« suffit de recevoir tel qu'il sort de ses mains;
« la nécessité de le faire valoir ne s'est pas
« encore fait sentir , et la manière d'en
« jouir n'étant pas fondée sur des expé-
« riences assez répétées , on ignore jusqu'aux
« moyens les plus simples *de conserver les*
« *foréts et d'augmenter leurs produits.* »

Malgré tous ces salutaires avertissements,
nous sommes resté stationnaire dans cette
culture : qu'on nous écoute, et l'on arrivera
promptement à la connaître.

Notre ouvrage est le résultat d'une conviction profonde, consciencieuse, de près de
cinquante années d'expériences et d'observations suivies ; en considérant qu'on ne
coupe les bois que de 15 à 3o ans d'âge, et
même au delà , il faut bien, en effet,
l'étude de près d'un demi-siècle pour se
croire appelé à établir des règles dans cette

partie, et nous aurions à peine osé entreprendre cette tâche, si dans notre travail nous n'avions été aidé des renseignements fournis par d'habiles forestiers, et notamment par l'excellent ouvrage de M. de Perthuis, publié par son fils en 1803, ouvrage d'expérience comme on en faisait autrefois; il n'a été rien écrit, sur cette matière, de plus judicieux et de plus précis, et si nous nous sommes déterminé à traiter le même sujet, ce n'a été qu'avec l'intention, en avouant la bonté des théories de M. de Perthuis, de leur donner plus de développement, de les fortifier, d'y ajouter les remarques faites, comme propriétaire et *marchand exploitant,* et, enfin, de les faire mieux apprécier par des considérations nouvelles.

Plus praticien que lui, nous nous sommes occupé spécialement du détail de l'exploitation des bois; nous n'avons même pas reculé devant les plus minimes articles, dans la vue de nous mieux faire comprendre des propriétaires, et de ceux, entre autres, qui ne possèdent pas assez de bois pour avoir des aménagements réglés, et n'ont, par conséquent, à s'occuper que par intervalles de l'administration de leurs coupes.

Nous nous sommes également aidé des ouvrages de MM. Duhamel du Monceau, Dralet, Noirot, et autres forestiers distingués ; nous dirons même que, nous trouvant d'accord avec eux sur différents points, nous les avons copiés, et nous ajouterons toujours que nous avons dû relever des erreurs, et réparer des omissions qu'une plus grande expérience acquise, comme marchand exploitant et comme propriétaire, nous a fait connaître ; nous avons aussi indiqué les innovations avantageuses que le temps a fait naître, et donné une appréciation plus précise de tout ce qu'on peut obtenir aujourd'hui du produit des bois, produit bien supérieur à celui de l'époque où vivaient MM. Duhamel et de Perthuis.

La manière d'exploiter ce genre de propriété si importante présente maintenant des changements tels, qu'un nouvel ouvrage sur les bois était vivement désiré ; celui que nous offrons au public, étant le fruit d'actes et de faits couronnés de succès, sera, nous l'espérons, accueilli favorablement de ceux qui se font une jouissance de l'exploitation des bois par eux-mêmes, ou sous leur surveillance immédiate.

Les terres et les prairies ont été explorées avec les plus grands soins, et ont reçu toutes les améliorations possibles ; tandis qu'on n'a rien fait pour les bois. Qu'on ne s'étonne pas de cette assertion, car elle exprime un fait incontestable ; aussi l'art forestier est encore dans l'enfance; nous aurons souvent occasion de le répéter, la raison en est facile à saisir : les céréales et les prés même ne viennent pas sans culture; semez du blé, graine bien vivace; eh bien, sans fumier et sans avoir donné à la terre tro's à quatre façons, vous n'aurez que de mauvaises herbes, peu ou pas de grain : le bois, au contraire, on l'obtient presque sans s'en occuper; de là l'insouciance et la paresse de la plupart de nos officiers forestiers, conséquemment l'ignorance de la culture d'un produit qui arrive naturellement. Il y a encore une autre raison : les bois, en général, appartiennent à de grands propriétaires, qui en abandonnent le soin à des hommes assurément recommandables, mais souvent d'une grande incapacité, ou qui, pour ne pas troubler leur quiétude, sont esclaves des vieilles routines, sans chercher à en approfondir les vices, et se font ainsi une sinécure de leurs régies ; il en résulte, dans l'un ou l'autre cas, que les plus belles forêts de France sont encore administrées sans discernement et sous l'influence spéciale de l'ordonnance de 1669, remarquable d'ailleurs pour le temps où elle fut rendue, mais nullement en harmonie avec l'usage qu'on fait maintenant des bois, et la haute valeur que l'avenir leur assure. Il en serait de même, par comparaison, d'un financier de premier rang habitant la chaussée d'Antin, qui se trouverait fort mal logé et trop à l'étroit au moins, rue de la Corroierie ou Saint-Pierre-aux-Bœufs, dans l'hôtel du bon saint Éloi, réunissant, en 628, quoique évêque et orfévre, tous les ministères du roi Dagobert.

Il faut marcher avec son siècle, et c'est cette pensée qui nous porte à désirer vivement une amélioration dans l'administration des bois, d'autant que les moins bien gouvernés, nous ne saurions trop le dire, sont ceux des grands propriétaires ; ces bois devraient, au contraire, servir de modèles par leur bonne tenue, et être l'objet d'une gestion sage, approfondie et sûre.

Pour conclure, nous pensons et nous ne craignons même pas d'affirmer, ainsi que nous l'avons déjà répété, que la science forestière est inconnue non-seulement en France, mais encore en Europe, et nous osons espérer que nous le prouverons.

A l'exception d'un très-petit nombre de forestiers qui sont anciens dans la partie, les autres ont fort peu d'expérience, et parmi ceux-ci il en est même, et nous parlons avec certitude, qui ignorent les premiers éléments de cette science, ou de ce métier, si l'on veut, et qui seraient même fort embarrassés de dire quel est le mois le plus convenable pour abattre le bois, et pourquoi on doit l'abattre plutôt en novembre qu'en mars ; qui ne savent pas comment il faut le couper, si c'est bas ou élevé, à un ou deux pouces au-dessus de la souche, ou sur racine, à un ou deux pouces de profondeur, ou enfin rez terre, suivant les terrains et les expositions ; s'il faut essoucher ou non , et comment ; quelles réserves on doit faire dans les bois riches de fonds, et dans ceux arides ou médiocres; comment on doit les choisir, si c'est de toutes essences , même dans les bois blancs pour les mieux espacer, ou préférer les bois durs et les essences les plus recherchées; si la vidange des bois exploités doit avoir lieu avant le 3o avril de l'année de sa coupe ; sur les routes ou chemins le plus près de l'exploitation, ou l'année suivante, si l'âge et l'ordre des aménagements peuvent être régis par des règles invariables, ou suivant le sol, les localités, et l'état plus ou moins prospère des coupes.

Voilà en peu de mots l'énumération des principes forestiers, ils sont peu nombreux et faciles à saisir; cependant très-peu de personnes les comprennent, ou du moins consentent à se donner la peine de s'en pénétrer, par insouciance ou paresse : aussi sommes-nous justement révolté de ce que les trois quarts au moins des agents forestiers marchent en aveugles, ne se doutant pas qu'ils exercent une profession *dont le premier venu* peut s'acquitter aussi bien qu'eux, en un mot sans avoir la plus légère connaissance de toute la puissance de la végétation des bois ; n'ayant d'autres guides, dans leurs fonctions, que les anciennes routines et les fausses théories de Buffon ou de ceux qui l'ont copié.

De cet état d'incurie et de cet oubli des vrais principes naissent en foule, dans la culture et dans l'exploitation des bois, des abus monstrueux que nous avons le plus vif désir de signaler et de détruire, en traçant des instructions pour tout ce qui a rapport aux forêts, et en cette intention nous entrerons dans tous les détails qui pourront aider l'intelligence sur ce sujet ; nous ferons tous nos efforts pour préciser si bien ces détails, que la plus étroite capacité nous comprendra ; au moins, tel est notre but. Nous les classerons de notre mieux, même en nous répétant plusieurs fois, quand nous le jugerons nécessaire, afin qu'on puisse, sans intermédiaire, et notre ouvrage à la main, exécuter tous les travaux forestiers, jusqu'aux flottages des bois sur les ruisseaux et en trains.

C'est dans ces vues et sur ce plan que nous avons composé ce traité général des bois, animé du désir de le rendre classique en France et partout où le bois a acquis ou pourra acquérir dans l'avenir toute son utilité. La Russie, particulièrement, y trouvera le résumé de cinq siècles d'expériences sur l'exploitation des bois ; ce peuple, qui, comme les États d'Amérique, marche rapidement vers les améliorations, appréciera les bienfaits de notre industrie, et, les appliquant à son sol, en retirera d'immenses avantages.

La Russie est aujourd'hui, quant aux forêts, au point où nous en étions au IXe siècle, sous Charlemagne : ses habitants, privés de toutes connaissances forestières, ou plutôt abusant de ce que la nature leur a donné avec tant de prodigalité, et comme de toutes choses dont on cherche à se débarrasser, brûlent leurs futaies sans s'inquiéter de l'avenir; ils en pavent leurs routes, les abattent et coupent sans règle ni mesure; laissent dévorer par leurs bestiaux les renaissances de celles exploitées à la cognée; enfin ils en usent comme nous le faisions nous-mêmes quand les trois quarts de notre territoire en étaient couverts.

Bientôt, sans doute, ce pays des grands

végétaux reconnaîtra qu'il a dilapidé sans profit ses richesses forestières ; c'est pourquoi nous souhaitons qu'un autre Louis **XIV** fasse pour le Nord ce que le nôtre a fait pour la France, et qu'il arrête, au moyen d'une législation fondée sur plusieurs siècles d'expérience, le gaspillage de la plus utile comme de la plus belle des propriétés. Nous espérons que l'empereur Nicolas, qui se distingue par tant de hautes qualités et par la protection raisonnée qu'il accorde à tout ce qui peut accélérer les progrès de la civilisation, sera ce législateur, et qu'il fera apprécier à ses peuples une valeur dès à présent immense, et qui, selon nous, doit acquérir dans l'avenir une bien plus grande importance encore.

En cherchant, par notre ouvrage, à faire naître pour les bois, leur culture, leur amélioration, leur exploitation et pour tous les avantages de leur produit l'intérêt si puissant que l'on porte aux autres produits agricoles, nous avons principalement en vue de soulever le voile qui cachait la culture de la propriété d'une des grandes ressources de la France ; malgré notre zèle, notre vieille expérience, ce que nous n'aurons pu faire, d'autres, à notre exemple, le tenteront et réussiront mieux sans doute. Fier des succès que nous aurons pu provoquer, nous nous réjouirons de ceux que l'avenir obtiendra nécessairement ; ce sera la joie de nos vieux jours , surtout si nos soins peuvent déterminer une régénération complète dans les lois et règlements forestiers.

En terminant cet avertissement, nous devons réclamer d'avance toute l'indulgence de nos lecteurs pour les incorrections de style et autres imperfections qui ne seront que trop nombreuses dans notre ouvrage. Livré, dès l'enfance, aux tribulations commerciales, il ne nous est pas permis d'aspirer aux palmes littéraires, et toute notre ambition se borne à être utile. Heureux si, en retraçant fidèlement nos observations, fruits d'une longue expérience pratique, nous avons atteint le but que nous nous proposons.

Notre ouvrage se compose de deux volumes in-8°; il est divisé en trente-huit chapitres , qui sont subdivisés en autant de sections que le sujet l'exige.

Voici un aperçu des matières que nous avons traitées.

PREMIER VOLUME.

SECOND VOLUME.

(*) Ce chapitre, dans un concours général provoqué par l'Académie des sciences et belles-lettres de Dijon, a mérité une médaille d'or.

A MES SOUSCRIPTEURS.

Depuis que la liste des souscripteurs à cet ouvrage est ouverte, j'ai éprouvé le désir de la publier ; c'est un témoignage de gratitude que je suis d'autant plus empressé de leur exprimer ici, que, si le succès répond à mon attente, ils y auront une part : leur confiance, je me plais à le dire, ayant puissamment encouragé mes recherches et mes travaux.

J.-B. THOMAS,
rue de Bourgogne, 38.

A.

ACADÉMIE des sciences, arts et belles-lettres de Dijon.
ADAM (Charles), marchand de bois. Paris.
AGUADO, marquis de Las Marismas.
ABANCOURT (Harmand D'). Paris. (3 exemplaires.)
AUDEBERT-MALAY. Paris.

B.

BAILLET, avocat. Colmar.
BARBIER, marchand de bois. Houdan (Seine-et-Oise).
BARDET, propriétaire. Clamecy (Nièvre).
BARILLE, marchand de bois. Paris.
BARTHE, pair de France, premier président de la cour des comptes.
BASCHY (comtesse DE). Paris.
BEAUGRAND (Achille), contrôleur des navires. Calais.
BILLETTE, vérificateur des poids et mesures. Paris.
BISSON, notaire. Nogent-sur-Marne.
BLANC-COLIN et compagnie, banquiers. Paris.
BONNAIRE, notaire. Paris.
BETTING DE LANCASTEL, garde général des forêts. Colmar.
    (3 exemplaires.)
BERTHÉ, régisseur au château de Grand-Champ, par Charny (Yonne).
BOIGUES et compagnie. Fourchambault (Nièvre).
BONARD, directeur des constructions navales. Toulon.
BONNET, épicier en gros. Paris.
BOUCHARD, conseiller référendaire à la cour des comptes. Paris.
BOUCHARD-HUZARD. Paris.
BOUILLAT. Paris. (2 exemplaires.)
BOUILLAT (Firmin), Rigny. (Aube).
BOUDARD, docteur en médecine. Paris.
BOUDIN DE VAISVRES, notaire. Paris.
BOUCLIER, notaire. Paris.
BOULARD, ancien notaire. Paris.
BOINVILLIERS, avocat. Paris.
BOURBEVELLE (DE), propriétaire.

BOUSQUET, avocat. Paris.

BOVE, garde général, chef de service du département de la Loire (Montbrison).

BRANDOIS (baron DE), propriétaire. Paris.

BRIVOT, banquier. Clamecy.

BUSONI. Paris.

BONTIN (Adrien DE), procureur du roi. Joigny (Yonne).

C.

CABIT, huissier. Paris.

CAHOUET, notaire. Paris.

CAYEUX (vicomte DE). Paris.

CARDON (Victor), propriétaire. Paris.

CERF (LE), expert en propriétés. Paris.

CHAMBRUN (baron DE), au château de Herces (Eure-et-Loir).

CHAR, tapissier du roi. Paris.

CHARDON, président du tribunal civil. Auxerre.

CHALAIS (le prince DE). Paris.

CHAULIN, papetier du roi. Paris.

CHABANNEAU, membre du conseil général du département de Seine-et-Marne. Pomponne.

CHARBONNEAU. Clamecy. (Nièvre).

CHAILLOU DES BARRES (baron), au château des Barres (Yonne).

CHASTREL, garde général des forêts de l'État. Rambouillet.

CHERBULIEZ, libraire. Paris.

CHERIER, avocat. Paris.

CHENAL, négociant. Paris.

CHEVALIER, garde général des forêts. Neufchâteau (Vosges).

CHOUET, notaire. Saint-Saulge (Nièvre).

CHOISEUL (comte DE). Paris.

CLAIRET, notaire. Paris.

CLÉMENT, marchand de bois de sciage. Paris.

CLERGIER, sous-chef au ministère des finances. Paris.

COGNET. Paris.

CORMENIN (DE), député. Paris.

COTTENET, notaire. Paris.

COUPIN, peintre d'histoire. Versailles (Seine-et-Oise).

D.

DABRIN, ancien avoué. Paris.

DAMAS (le duc DE). Paris.

DAMPIERRE, inspecteur des forêts du duc d'Aumale. Chantilly (Oise).

DAULOT. Paris.

DANLOUX-DUMENIL, notaire. Paris.

DAVID (de Conflans). Paris.

DELAPIERRE, ancien inspecteur des forêts de la couronne à Saint-Gobain (Aisne). (2 exemplaires.)

DELASALLE, greffier en chef de la cour des comptes.

DELONDRE, fabricant de produits chimiques. Nogent-sur-Marne. (Seine).

DHASTREL, garde général des forêts de l'État. Rambouillet (Seine-et-Oise).

DEHAUSSY DE ROBECOURT, conseiller à la cour de cassation. Paris.

DESSAIGNE, notaire. Paris.

DEVIGNE, expert en propriétés. Paris.

DESMERCIERES, conservateur des forêts. Moulins (Allier).

DEVILLE. Paris.

DIRECTEUR (le) de la division des eaux et forêts du royaume des deux Siciles. Naples. (6 exemplaires).

DOCTENO, garde général. Cluny.

DOLORET. Paris.

DOMAINE privé du roi au Palais-Royal. (6 exemplaires.)

DOUÉ (le général comte DE). Nancy (Meurthe).

DOUX, marchand de bois. Paris.

DUBOIS, géomètre. Lagny (Seine-et-Marne). (2 exemplaires.)

DUBOIS, architecte du roi au palais Bourbon.

DULONG, ancien notaire. Paris.

DUPIN (jeune), avocat. Paris.

DUPLAN, agent d'affaires. Paris.

DURAND (François), banquier. Paris. (2 exemplaires.)

DUVIQUET (Léon), propriétaire. Clamecy.

DUVIQUET (Maurice), propriétaire. Clamecy.

DOUDEAUVILLE (duc de la Rochefoucauld (DE). (2 exemplaires.)

E.

EDMOND BLANC, administrateur de la liste civile. Paris.

EST (baron D'), banquier. Paris.

ESTRADE (comte DE L'). Paris.

ESPEUILLES (marquis D'), au château de la Montagne (Nièvre).

ESTAVE (le baron), propriétaire. Saint-Valery (Somme).

EWIG (aîné), marchand de bois de charpente. Paris.

EYCKHOLT, curé. Santenay. (2 exemplaires.)

F.

FABRY, ancien secrétaire de légation. Paris.

FERRIÈRE (comtesse DE LA). Paris.

FERRÈRE-LAFFITTE, banquier. Paris. (2 exemplaires.)

FERNEL-DECANTINS, propriétaire-marchand de bois. Brienon-l'Archevêque (Yonne).

FAUCONNIER, agent d'affaires. Paris.

FOERTSCH, conseiller référendaire à la cour des comptes.

FOUET-WAST et compagnie. Paris.

FOUCHER, marchand de bois. Paris.

FOURNIER. Paris.

FOUCHARD, négociant. Neuilly. (2 exemplaires.)

FRANÇOIS, inspecteur des forêts. Sarrebourg.

G.

GALLON, chez M. Dolin, libraire. Paris.

GASCARD, commissionnaire en librairie. Paris. (10 exemplaires.)

GAUDIN, marchand de bois à la Bufferie (Yonne).

GAUTHERIN père, sous-préfet. Château-Chinon (Nièvre).

GILET, ancien notaire. Paris. (2 exemplaires.)

GISLAIN (Amédée DE), garde-pêche, au port de Saint-Thibault, par Sancerre (Cher).

GOBO, marchand de bois, fournisseur des troupes. Paris.

GRAVIER-DELONDRE père, propriétaire. Paris.

GRAVIER-DELONDRE fils, propriétaire. Paris.

GRENIER père et fils, agents d'affaires. Paris.

GUDIN, peintre de marine.

GUICHARD, ancien secrétaire de l'administration des forêts. Paris.

GUICHARD, homme de lettres et agriculteur. Paris.

GUIDOU, avoué. Paris.

GUILLEMET, commis en librairie. Paris.

GUYOT DE MONTOU, propriétaire et maire. Mailly-la-Ville (Yonne).

H.

HALLOT, marchand de bois. Paris.

HAMPTON, commissionnaire en librairie. (15 exemplaires.)

HANNEQUIN, régisseur au château de Grossouvre (Cher).

HENNEQUIN, garde général. Loches (Indre-et-Loire).

HENNET (veuve), propriétaire. Nevers (Nièvre).

HENRYS, inspecteur des forêts. Neufchâteau (Vosges).

HOQUART (le comte). Paris.

HOUDAILLE (Alexandre), au château de Grand-Pré, par Lorme.
(2 exemplaires.)

HOUDAILLE (Charles), marchand de bois. Paris.

HOYOS (le comte DE), directeur des forêts de Sa Majesté l'empereur
d'Autriche.

HUET, avoué. Paris.

HUZARD, trésorier de la société royale et centrale d'agriculture. Paris.

J.

JAGET, inspecteur des forêts. Lure.

JAVAL (Léopold), banquier. Paris. (2 exemplaires.)

JENNIGS, agent général de la compagnie d'Anzin, par Valenciennes
(Nord). (2 exemplaires.)

JOUSSELIN DE LA HAYE, conservateur des forêts du duc d'Aumale et député.

K.

KLOPSTEIN, garde général. Thilliet (Vosges).

L.

LACROIX (DE), garde général des forêts. Ambert (Puy-de-Dôme).

LACOUR (le bailly), marchand de bois, propriétaire. Saint-Fargeau (Yonne).

LAFAULOTTE, négociant. Rouen (Seine-Inférieure).

LAFFITTE (J.), député. Paris.

LALLEMAND, homme de lettres. Paris.

LALOUTRE, marchand de bois. Nogent-sur-Marne.

LANCOSME (comte DE), au château de Brèves, par Buzançais (Indre).

LEBEL (Louis-Marie). Clamecy (Nièvre).

LECLERC, imprimeur. Paris.

LECLERC, employé en librairie. Paris.

LEFEVRE jeune, ancien imprimeur. Nevers.

LEFEVRE DE NAILLY, agent général de la manufacture de Saint-Gobain (Aisne).

LEGENDRE, marchand de bois du Nord. Paris.

LEGROS DE SAINT-ANGE, inspecteur des bois de la couronne aux Thermes (Seine).

LEHERICY, marchand de bois de charronnage. Paris.

LEJEUNE. Paris. (4 exemplaires.)

LEMAIRE, député de l'Oise. Paris. (2 exemplaires.)

LÉONARD, sous-inspecteur des forêts à Vic.

LEROUX, avocat. Paris.

LEROUX, notaire. Sens (Yonne).

LEVÊQUE père, garde-vente. Vincennes (Seine).

LINARD, garde général des forêts de la couronne, près la Fère.

LOMBARD, notaire. Paris.

LORCET, inspecteur des forêts. Dreux (Eure-et-Loir).

LORENCEAU, inspecteur des forêts. Phalsbourg (Haut-Rhin).

LUGOL, agent d'affaire. Paris.

LEBAS-DUPLESSY (le comte), au château Duplessy (Yonne).

LEPELLETIER-D'AUNAY (le comte). Paris.

LEGRAND, marchand de bois de charronnage et sciage. Paris.

LEMONNIER, maire de Saint-Aubin-Châteauneuf, au château de Fumereau (Yonne).

M.

MAGUET, garde général. Dampierre.

MAIGRE et compagnie, banquiers.

MAITERIE, procureur du roi. Clamecy (Nièvre).

MANNUCCI DE BENENCAZA, chambellan du grand-duc de Toscane (Florence).

MARGUERYE (vicomtesse DE). Croissanville (Calvados).

MARIÉ (de Bois-Dhiver), inspecteur des forêts de la couronne. Fontainebleau.

MARIER DE LISLE. Paris.

MARTINIÈRE (DE LA), administrateur des forêts du duc d'Aumale.

MASSON, avoué. Paris.

MAUNY (comte DE), propriétaire. Chartres.

MÉHÉMET-ALY, pacha d'Égypte.

MINISTRE de la marine. (6 exemplaires.)

MONTCHARMONT (Mme v^e). Nevers (Nièvre).

MONTCHARMONT (Charles), marchand de bois, propriétaire. Nevers. (2 exemplaires.)

MOREAU (Frédéric), négociant en charpente, membre du conseil général de la Seine. Paris.

MORTEMART (duc DE).

MOULINS, garde général, sédentaire à Châlons-sur-Marne. (2 exemp.)

N.

NANSOUTY (comte DE). Paris.

NETTEMENT, homme de lettres. Auteuil (Seine).

NOAILLES (duc DE). (3 exemplaires.)

NOIROT, expert en propriétés forestières. Dijon (Côte-d'Or).

O.

OGER, typographe. Paris.

OTRANTE (comte Athanase D'). (2 exemplaires.)

OTRANTE (comte Armand D'). (2 exemplaires.)

P.

PANIS, ancien député, marchand de bois. Paris.

PANOU-DÉBASSYNS, propriétaire. Paris.

PARIS, secrétaire de la première présidence de la cour des comptes. Paris.

PASSY (H.), ministre des finances.

PÉAN DE SAINT-GILLES, ancien notaire.

PARENTMAUGUES, maître de forge, à la Loge, par Decize sur-Loire.

PELLAUT (Mme). Clamecy (Nièvre).

PELLAUT (Léon). Nevers (Nièvre).

PELLAUT (Henri), avocat. Clamecy (Nièvre).

PÉREUSE (marquis DE), maire à Nogent-sur-Marne. (2 exemplaires.)

PÉROT, vice-président du tribunal civil de la Seine.

R.

RAFFENON, arpenteur-géomètre. Provins. (2 exemplaires.)

RAGOBERT, avoué. Joigny.

RATHERY, docteur en médecine. Paris.

REILLE, général, pair de France. Paris.

REMBOURG (Louis), propriétaire. Paris.

RENDUEL, libraire. Paris.

RIANT frères, marchands de fers. Paris.

RIGAUT, avocat et agent d'affaires à Paris.

RIVIERE DELARQUE, conseiller référendaire à la cour des comptes.

ROBERT, inspecteur des forêts, à Arc-en-Barrois (Haute-Marne).

ROGER-PREBAN, propriétaire. Paris.

ROQUEBERT, notaire. Paris.

ROTHSCHILD (Anselme), banquier. (2 exemplaires.)

ROUSSEAU-CHATILLON. Paris.

ROUSSEAU, agent spécial des quatre commerces réunis, de bois et charbon. Paris.

ROUSSELIN-MICHAULT, agent général de la compagnie des marchands de bois.

S.

SABART, écuyer du baron Hope.

SADE (Armand comte DE). Vallery. (2 exemplaires.)

SAINT-DIDIER (DE), propriétaire. Paris.

SAINTE-MARIE (DE), secrétaire du ministre des finances. Paris.

SANGLÉ DE FERRIERE, receveur des finances. Clamecy (Nièvre).

SAVOIE, ancien maire à Rethel (Ardennes).

SELLIER, édificateur en jardins anglais et français. Paris.

SOURCHES (comtesse DE). Paris. (2 exemplaires.)

SYNDIC (LE) des marchands de bois de la compagnie de la Cure. Avallon (Yonne).

SPIES (baron DE), conseiller d'État, premier secrétaire de l'ambassade russe. Paris. (25 exemp.)

T.

TARTOIS, avoué d'appel. Paris.

TÊTU père et fils, fournisseurs de la maison du roi, en bois de chauffage. (2 exemplaires.)

TERNAUX (E.), substitut du procureur du roi. Paris.

THERMES (comte DE). Paris.

THÉVENIN, inspecteur des forêts. Mâcon.

THIROUX DE SAINT-FÉLIX, propriétaire. Champ-Levrier (Nièvre).

THOMAS, ex-inspecteur général de l'approvisionnement de la ville de Paris.

THOMAS-VARENNES, marchand de bois, propriétaire. Paris. (2 exemplaires.)

THOMAS (Alexandre), avocat. Martinique.

THOUREAU, marchand de bois et président au tribunal de commerce. Paris.

THOURY (DE), inspecteur des forêts. Colmar (Haut-Rhin).

TRÉMEAU-SOULMÉ, maître de forges. Vandenesse (Nièvre).

TUPINIER (baron), directeur général des constructions maritimes. Paris. (2 exemplaires.)

V.

VALET, ancien fournisseur des vivres. Paris.

VASSAL, syndic de la compagnie des marchands de bois.

VASSAL, négociant. Odessa (Russie). (2 exemplaires.)

VASSOUT, garde général des forêts à la Feuillée, près Rouen.

VAULSE (comte DE LA). Villers-Agron.

VÉRAC (marquis DE). Paris.

VERSIEUX (Eugène DE). Paris. (2 exemplaires.)

VITRY (marquis DE). Paris.

VOIZOT, avocat. Paris. (2 exemplaires.)

VOUTOT, arpenteur-forestier. Sarreguemines (Moselle).

W.

WILZLEBEŇ, chambellan du grand-duc de Saxe-Weimar (Prusse). (2 exemplaires.)

FIN DE LA LISTE DES SOUSCRIPTEURS.

INTRODUCTION.

Les premières habitations, les premiers temples, les premiers palais furent construits en bois.

Sous l'ère chrétienne, même en France, sous François Ier (en 1515), les maisons à Paris n'étaient encore que des cabanes de bois enduites de plâtre.

Depuis le berceau qui reçoit l'homme à sa naissance, la charrue qui contribue à sa nourriture, jusqu'aux quatre ais de sapin qui enferment sa dépouille mortelle, tout est en bois ou reçoit le secours du bois.

Le bois réunit l'utile à l'agréable; son usage est indispensable aux différens besoins de la vie; les arts y trouvent des ressources incalculables : le luxe en recueille les plus douces jouissances; le bois et son feuillage offrent contre les chaleurs extrêmes son ombrage salutaire, et charme encore nos regards au milieu des plus tristes climats; sans bois, point de gibier; partant, plus de cet exercice de la chasse, si passionné et si entraînant.

Le bois est donc un objet de première nécessité, quel que soit le climat, et d'un luxe utile, quels que soient les pays.

De toutes les manières de se préserver du froid, la plus saine et la plus commode, comme la plus agréable, est, sans contredit, le foyer que l'on alimente avec du bois; mais c'est aussi la plus dispendieuse, sans doute. A défaut de bois, dans les localités où sa valeur est trop élevée, comparativement avec la médiocrité des fortunes, on se garantit du froid en brûlant du charbon de terre, de la tourbe, du tan, même du fumier séché, etc.; mais ces combustibles, sans affecter sensiblement la santé de ceux qui en font habituellement usage, portent une odeur désagréable, détériorent les meubles, en altèrent la propreté et obscurcissent l'atmosphère.

Pas de constructions civiles et maritimes sans bois: tout à chaque instant pour nos usages journaliers appelle au sein des forêts la hache et la scie; aussi la conservation des bois a-t-elle dû toujours être placée dans la première classe des devoirs de l'administration publique, chez tous les peuples où les principes de civilisation ont pénétré.

Les Romains attachaient une si grande importance aux forêts dépendantes de leur vaste domination, que Jules César leur accorda une attention toute spéciale, et en prit lui-même la haute direction.

TRAITÉ GÉNÉRAL

DE

LA STATISTIQUE,

CULTURE ET EXPLOITATION DES BOIS.

CHAPITRE PREMIER.

STATISTIQUE ET PROGRÈS DE LA CONSOMMATION DES BOIS EN FRANCE, DEPUIS PHILIPPE LE BEL (1300).

Sans le charbon de terre, les prévisions de Sully, de Colbert et d'autres célèbres économistes se réaliseraient de nos jours; il est certain, au moins, que les pauvres et les forges éprouveraient une grande disette de bois.

Sous Louis XI (1461) et Louis XII (1498), malgré les grands abatages stratégiques qui avaient été faits par ordre de Charlemagne (778), les trois cinquièmes de la France étaient encore couverts de bois; il y en avait trente millions d'hectares; aujourd'hui on en compte à peine 7 millions, futaies comprises; 23 millions d'hectares ont disparu en 338 ans!...

Le premier nom de la France sous les Romains indique qu'elle n'était presque qu'une vaste forêt ; un écureuil alors, comme en Russie, aurait pu parcourir une grande partie du territoire en sautant de branche en branche.

Cette contrée faisait partie de la Gaule transalpine. On sait que le mot *Gaule*, en celtique, signifie bois : les foyers, à cette époque, n'étaient alimentés que par les arbres dépérissants ou les branches en décrépitude, et il y avait encore du superflu.

Dans ces temps d'heureuse simplicité, une famille et tous ses membres vivaient sous le même toit ; un même lit servait à tous ; l'habitation la plus considérable alors avait au plus deux foyers, mais ils étaient d'une très-grande dimension. On ne connaissait pas les cabinets d'étude, les salons, les boudoirs, les antichambres, les salles à manger, et bien moins encore les serres chaudes. A l'aube du jour, les hommes partaient pour la chasse, la pêche, ou pour se livrer aux travaux de la campagne ; et l'on ne consommait de bois que pour préparer les aliments, tandis qu'un huissier de nos jours fait usage de plus de bois qu'un roi de France, avant l'année 1600 : il ne se coucherait pas, en hiver, dans une chambre, sans feu, hermétiquement fermée, et sans avoir réchauffé son lit par le secours de la bassinoire, dans la crainte de s'exposer à se faire geler les moustaches, comme il arriva à Henri IV, en son château du Louvre ; et jamais femme d'honnête bourgeois ne gardera le lit toute une journée, faute de bois, ainsi qu'il advint à la duchesse d'Orléans, fille d'Henriette d'Angleterre , et petite-fille d'Henri IV, dans un des palais de Louis XIV, son plus proche parent, en 1648.

La lecture et la bureaucratie entraînent une énorme consommation de bois : au ministère des finances, par exemple, on brûle annuellement de 4 à 5,000 stères, presque autant que tout Paris sous Philippe le Bel (1289), et la vente des cendres se met, tous les ans, en adjudication publique au profit du trésor ; en 1834, elles ont été vendues 605 francs.

La première ordonnance de police sur les bois a été rendue en 1299, sous Philippe le Bel, à l'époque où Guillaume Giboust était prévôt des marchands.

Les bois, dans ce temps, se déposaient tous sur le rivage de la place de Grève; après y avoir séjourné deux jours, ils devaient être enlevés le troisième, pour être mis dans les greniers (*).

Nous partirons de ce point pour faire connaître les ordonnances, lettres patentes, et causes qui ont signalé le mouvement progressif de la population de Paris et de sa consommation en bois; ces documents ont été recueillis avec le plus grand soin aux archives du royaume, pour les ordonnances et lettres patentes, et dans Dulaure et autres historiens, quant à la population de Paris, savoir :

(*) Les greniers alors étaient de grands magasins ou hangars qui contenaient grains, sel, bois et autres denrées destinées à une consommation journalière ; les magasins de sel s'appelaient greniers à sel.

1299. En carême, sous Philippe le Bel, ordonnance sur la police des bois à brûler : population, 220,000 âmes ;

1318. Idem sous Philippe le Long ;

1375. Charles V, idem sur l'arrivage des bois à Paris : population, 230,000 âmes ;

1402. Sous Charles VI, idem, qui, en outre, a fixé la longueur de la bûche à 42 pouces (114 centimètres), article 13 de l'ordonnance : population, 235,000 âmes ;

1515. Sous François Iᵉʳ, règlements sur les arrivages de bois ; sous le même, en 1520, confirmation de l'ordonnance de 1515, et plus explicite encore, en faveur du commerce de bois : population, 250,000 âmes ;

1547. Premier essai du flottage à bûches perdues sur les rivières de Cure et de l'Yonne, par René Arnould, et non par Jean Rouvet : ce dernier, flotteur imaginaire, a été mis en crédit d'abord par Sainct-Yon (*) ; tandis que les titres de René Arnould sont constatés par lettres patentes, accordées par Henri II, de 1547 à 1559, et renouvelées authentiquement le 23 décembre 1566, sous Charles IX.

(Voir les lettres patentes du 7 septembre 1561, les arrêts du parlement de Paris, des 26 février 1569 et 31 juillet 1571, en faveur de René Arnould, Jean

---

(*) Voir, volume II, ce que nous en disons au chapitre de l'invention des flottages en train.

Guenaut, Pierre Courlain, et autres marchands de bois.) Il est bon de remarquer ici que l'entreprise du flottage fut considérée, dans l'origine, comme une tentative folle; elle n'a pas moins eu, pour la Nièvre, les plus heureux résultats.

1563. 10 janvier, arrêt du parlement concernant les bois pour l'approvisionnement de Paris : population, 260,000 âmes;

1566. 23 décembre, ordonnance de Charles IX, en faveur de René Arnould, bourgeois et marchand de bois de Paris, confirmative d'une autre accordée au même en 1547, dont la teneur va suivre : population, 265,000 âmes.

« Autorisation à René Arnould et compagnie de « flotter sur les rivières de Cure et Yonne, sans qu'il « leur fût donné empêchement par les tenanciers et « propriétaires ou autres possesseurs d'aucuns « moulins, écluses ou ayants droit de seigneurie, « pêcherie ou autres, et défense au parlement « de Dijon de s'immiscer dans les contestations « sur le flottage des bois, attribuées spécialement aux « prévôts et échevins de la bonne ville de Paris, en « première instance, et par appel au parlement de « Paris. »

Un sieur Salonnier, des environs de Château-Chinon (Nièvre), se réunit, dit-on, à ce capitaliste; ils donnèrent ensemble une plus grande extension au flottage à bûches perdues et en trains : ils réussirent malgré toutes les entraves des seigneurs et gens de mainmorte, que le flottage contrariait à cause du chômage de leurs moulins, ainsi que du passage des flotteurs sur leur héritage, et les dégâts que les eaux du flottage occasionnaient sur les rives de leurs propriétés. Les marchands étaient, dans ces temps de féodalité, continuellement en procès avec les propriétaires des héritages bordant l'Yonne et la Cure; nul doute que, sans le secours des ordonnances de nos rois et la nécessité d'approvisionner Paris, le flottage à bûches perdues aurait échoué en grande partie, au moins jusque sous Louis XIV, qui savait se faire obéir.

1571. Sous Charles IX, arrêts du parlement de Paris en faveur de René Arnould et compagnie, pour le flottage à bûches perdues sur l'Yonne et la Cure : population, 270,000 âmes;

1582. 2 novembre, sous Henri III, lettres patentes en faveur de Guillaume Girard, marchand de Paris, et Guillaume Mazurier, pour flotter sur les rivières de Seine, Yonne, Cure et Beuvron : population, 280,000 âmes.

1597. «Lettres patentes en faveur de René Arnould et compagnie, autorisant de nouveau le flottage à bûches perdues sur les rivières de Cure, Yonne, et, par extension, sur la Loire, avec faculté de donner six à sept pieds d'ouverture aux pertuis, depuis Clamecy jusqu'à Saint-Léonard (Corbigny, Nièvre), *attendu que c'est de cet endroit qu'il sort le plus de charpente pour la bâtisse.*» Populat., 285,000 âmes.

1604, en juin;

1607, juillet.

1610. A la mort de Henri IV : pop., 320,000 âmes.

1635. 3 avril, sous Louis XIII, arrêt en faveur de Louis Berthaut, bourgeois de Troyes, pour flotter sur les rivières de Luignes et Seine. Population, 350,000 âmes.

1639. Lettres patentes en faveur des sieurs Bouteroux et Guyon, pour la construction du canal de Briare, affluant à la Seine et communiquant aujourd'hui à celui de Loing, à Montargis (Loiret).

1639. Commencement du flottage à bûches perdues de la haute Seine, l'Aube, et le Beuvron (Nièvre).

1642. 9 avril, il y eut un débordement d'eau jusqu'alors sans exemple, qui jeta plus de vingt mille cordes de bois sur les rives de l'Yonne, depuis le bourg de Montreuillon jusqu'à Mailly-la-Ville : chacun en prit à sa volonté, et, pour ce qui resta sur les rives, on réclama de tels dommages, que le bois même n'aurait pu les payer.

Le roi, en son conseil, en acquitta entièrement les marchands d'une part; de l'autre, il ordonna que cinq compagnies de cavalerie tiendraient garnison à Coulange-sur-Yonne et Châtel-Censoir, pour présider au ramassage des bois, et faire restituer ceux qui avaient été volés. L'arrivée de ces troupes occasionna une terreur générale parmi les ouvriers flotteurs de Coulange, Châtel-Censoir et environs, qui cessèrent leurs travaux de tirage et mise en état du grand flot de l'Yonne; ils s'enfuirent dans les bois, et cette fuite fit cesser tout à coup le flottage en train pour Paris, au moment où il était dans sa plus grande activité.

L'ordonnance protectrice du roi fut maintenue, et l'ordre heureusement rétabli en peu de jours. Population, 400,000 âmes.

1656. 28 juin, sous la minorité de Louis XIV, lettres patentes en faveur de Jean Tournouer et Nicolas Gobelin, marchands trafiqueurs de bois, pour l'exploitation des bois achetés en Lorraine, Barrois (Aube), Champagne (Haute-Marne), Morvan, Nivernais (Nièvre) et autres endroits.

1663. 10 juin et 15 juillet, sous Louis XIV, après une grande disette de bois, envoi de 64 commissaires pour faire voiturer, par urgence, par tous fermiers et voituriers, les bois destinés à l'approvisionnement de Paris.

1669. Ordonnance bien connue sur l'administration et l'exploitation des bois.

1672. Ordonnance sur les juridictions des prévôts et échevins de la ville de Paris et sur la navigation des bois pour l'approvisionnement de cette ville.

1679. Édit enregistré en 1680, qui autorise le duc d'Orléans à construire le canal qui porte son nom; ce canal se réunit actuellement à ceux de Briare et de Loing à Bruges, une lieue au-dessous de Montargis.

1714 et 1715. 2 janvier, dernières ordonnances de Louis XIV sur les bois.

1720. Commencement des travaux du canal de Loing (Loiret). Population, 475,000 âmes.

1728. Sous Louis XV : ce n'est qu'à cette époque qu'on commença à écrire régulièrement au coin des rues et des places publiques les noms qu'elles portaient.

1730. Constructions sur le ruisseau de Saint-Vrain, par Charles Rognon, pour le rendre flottable ; même année, sur celui de Saint-Fargeau, pour flotter à bûches perdues les bois de Saint-Fargeau et de la Puisaye jusqu'au canal de Briare (*). Le canal fut construit pour amener les marchandises de la Loire à la Seine. C'est de cette époque que date l'invention des écluses, qui servent aujourd'hui à tous les canaux (**).

1736. Édification, par M. le comte de Damas Crux, du ruisseau d'Aron entre Saint-Saulge et Saint-Reverien (Nièvre), dont les eaux allaient dans la Loire par la Nièvre, et qui aujourd'hui les porte dans l'Yonne. Ce ruisseau est très-remarquable par ses belles retenues d'eau et son aqueduc suspendu entre deux collines sur lequel est pratiqué un couloir en planches où le bois flotte sans obstacle.

C'est dans le même temps à peu près qu'un frère capucin, aumônier du château de la Tournelle, commune d'Arleuf (Nièvre), fit jouer la mine et construire des étangs pour le flottage à bûches perdues des bois des plus hautes montagnes des environs de Château-

(*) Le port ou dépôt des bois est à Rogny (Yonne).

(**) L'inventeur de ces écluses était le garde de le Pelletier, comte de Saint-Fargeau, qui obtint une pension de son maître, pour lui laisser auprès du roi le mérite de l'invention.

Chinon, jusqu'au bourg de Montreuillon, où l'on flottait dès 1642. Ces montagnes étaient alors couvertes de futaies vierges et sans aucune valeur ; elles ne servaient qu'à nourrir des cochons, ou à faire des cendres, qu'on vendait aux fabriques de Nevers ou d'Autun.

Du temps de Jules César, Château-Chinon était son chenil, par sa position favorable à la chasse. Villapourçon, près cette ville, indique par son nom que les sangliers avaient droit de bourgeoisie dans ces montagnes.

1762. Sous Louis XV : population, 576,630 âmes ;

1791. Sous Louis XVI : population, 610,620 âmes ;

1802. Sous le consulat : population, 673,000 âmes ;

1811. Sous l'empire : population, 650,100 âmes.

1833. Population, 774,338 âmes.

1834 à 1836, population, 885,780 âmes ; constatée par ordonnance du 30 décembre 1836.

Ces détails feront connaître que l'approvisionnement de Paris, en bois de chauffage, a augmenté au fur et à mesure de l'accroissement de la population, et en raison aussi de ce que l'aisance et le bien-être domestique se répandirent d'abord dans les classes moyennes et industrielles, et ensuite dans le peuple.

La consommation du bois pour le chauffage et les constructions commença notamment à se faire remarquer sous Henri II, Henri III, même sous Henri IV, malgré les troubles de la guerre civile, et toutefois elle n'était pas en harmonie avec la population de

Paris. Les guerres civiles et les barricades ne sont, sous aucun rapport, favorables aux consommations même de première nécessité.

Ce n'est qu'en 1610 qu'un mouvement ascendant et progressif de population se développa, et la consommation du bois s'ensuivit.

De 1628 à 1632, sous Louis XIII, la grande aristocratie féodale, vaincue à Castelnaudary et forcée de quitter ses châteaux, vint à la cour du roi solliciter des gouvernements et des honneurs; alors elle se fixa à Paris, fit construire des hôtels et des palais dans le quartier dit du Marais, et commença à apprécier les douceurs du coin du feu (*). Avant cette époque, l'approvisionnement de Paris n'allait pas au delà de Boulogne, Saint-Germain, Bondy, Vincennes, Fontainebleau, enfin les rives de la Seine et l'Yonne.

En 1719, sous la régence, et particulièrement sous l'influence du papier-monnaie émis par Law, l'approvisionnement de Paris prit un grand essor (**); tout le monde se croyait riche, comme on le crut un moment en 1793, lorsque l'on créa cet autre papier-monnaie, les assignats. Ce système, contre lequel les gens mêmes qu'il a enrichis se sont élevés, liquida les dettes de Louis XIV; il détruisit de grandes fortunes, il est vrai, mais il ne prit à plusieurs que le superflu. Sans juger la question, on ne peut révoquer en doute que l'émission du papier-monnaie a enrichi le com-

(*) Premier mouvement de la progression rapide de la population de Paris, *et de sa consommation en bois.*

(**) Second mouvement de consommation et de population à Paris.

merce, qui donne le mouvement à tout, et a rendu depuis lors les capitaux plus mobiles; l'action commerciale produisit un changement total dans l'intérieur des classes industrielles, et eut les plus heureux résultats. Un marchand alors commença à restaurer sa boutique et à se donner de l'aisance; la plus douce comme la plus utile pour tout le monde est de se mettre à l'abri des rigueurs du froid, de l'humidité, surtout dans les grandes villes, où les rez-de-chaussée et les habitations enterrées sont glacials. Aussi le premier soin du marchand de Paris fut de quitter l'obscur réduit de son arrière-boutique, qui lui servait de salle à manger, de chambre à coucher, de cuisine, de bûcher même; il agrandit son logement, le rendit plus salubre et l'orna en raison de ses ressources. Quel changement de 1589 à 1775, en 185 ans!

A ce second mouvement de consommation bien remarquable en succéda un troisième qui prit subitement un essor qui a peu d'exemples dans l'histoire des peuples.

Après la paix de 1748 (*), nos colonies présentèrent une grande quantité de productions qui se répandirent sur tous les marchés de l'Europe, et bientôt notre marine rivalisa avec celle de l'Angleterre; le commerce intérieur s'éveilla au bruit du succès du commerce extérieur; les préjugés s'affaiblirent, et on osa être riche, bien que marchand ou laboureur.

(*) Troisième point de la progression de la population et consommation de bois à Paris, comme dans toute la France.

Sans autre stimulant que quelques arrêts du conseil rendus en faveur des terrains incultes et du commerce des grains, arrêts dont on ne soupçonnait pas toute la puissance, et surtout au moyen du prix avantageux que les grains conservèrent pendant dix années consécutives, l'agriculture s'améliora par l'aisance que ce prix procura aux propriétaires, et 420 à 450 mille arpents de terre sans valeur auparavant furent défrichés.

La supériorité de goût et d'élégance et la variété des formes qui caractérisent les produits de nos manufactures, de nos arts et de nos modes, les firent bientôt préférer par l'étranger à ceux des autres nations. Cette prospérité du commerce extérieur augmenta considérablement la masse du numéraire en circulation en France. Son accroissement fit hausser progressivement le prix des denrées, et par suite le revenu des propriétés foncières.

Avec plus de revenu, on se créa plus de besoins; des milliers de foyers nouveaux répandirent la chaleur jusque sur les escaliers des riches. On vit paraître les premiers jardins d'hiver; les serres chaudes se multiplièrent.

Des manufactures en grand nombre furent établies; les maisons des villes et des campagnes furent reconstruites avec plus de propreté, de soin et d'élégance.

Dès 1780, on ne voyait presque plus de chaumières ou d'habitations en ruines sur les grandes routes.

Tant de feux nouveaux, tant de constructions civiles ou navales firent augmenter le prix des bois sur pied, au point que le même arpent, se vendant 33 francs à l'âge de 20 ans en 1746, fut adjugé à 250 francs en 1786, toutes choses égales d'ailleurs.

En remontant plus loin, on verra une progression bien plus étonnante du prix du bois, surtout depuis la découverte des mines du Pérou (1498).

En 1418, sous Charles VII, autorisation est donnée aux maîtrises de vendre sans enchères les forêts de Senart et celles aux environs de Paris à huit livres l'arpent, même à six et au-dessous ; mais à la condition expresse de livrer le bois au consommateur à raison de huit sols parisis le moule ou la voie, et le cent de cotrets à 14 sols.

En 1425, sous le même règne, il est vendu 60 arpents de bois dans les châtellenies de Montréal et Château-Girard (Yonne), à dix sols l'arpent ou un setier de blé environ (le marc d'argent à 7 francs 10 sols). On trouve dans l'histoire de Sens, de M. Tarbé, que le chapitre de cette ville alla en procession au-devant du sire de Beaujeu, en 1474, et lui présenta un muid de vin du prix de 5 francs, deux brocs de vin de 9 sols, douze chapons de 1 fr. 5 sols (règne de Louis XI).

En 1492, sous Charles VIII, époque de la découverte de l'Amérique par Christophe Colomb, le blé valait 14 sols (70 centimes) le setier ; le marc d'argent, 11 livres 10 sols.

En 1603, sous Henri IV, le blé était déjà du prix de 9 livres 16 sols, et le marc d'argent à 22 livres ; l'arpent de futaie fut vendu 18 livres, finage d'Argilly, ou deux setiers de blé; aujourd'hui que le marc d'argent est à 52 francs, l'arpent de futaie se vendrait, au plus bas prix, 2,500 francs, ou 280 setiers de blé !

Ces rapprochements feront apprécier combien les bois ont gagné sur tous les autres produits, au point d'exciter la surprise de ceux mêmes qui sentent que l'accroissement de la population et de l'aisance dans les classes moyennes et dans le peuple doit faire encore augmenter le prix de cette denrée, à la fois, de première nécessité et de luxe, dont les besoins sont continuels : aussi, dès qu'elle eut acquis l'importante valeur que nous venons de signaler (de 1786 à 1790), le domaine et les particuliers furent tentés d'abuser de ce qu'ils possédaient.

L'état doubla ses coupes annuelles lorsqu'il en trouva le prétexte; les grands maîtres des eaux et forêts jardinèrent dans les plus belles futaies du domaine, afin d'augmenter leurs revenus par les rétributions qu'ils en touchaient.

Les princes apanagés et les gens de mainmorte obtinrent, sous différents prétextes, des anticipations de coupes, ainsi que des quarts de réserve; les propriétaires privés imitèrent ce funeste exemple et coupèrent tous les anciens arbres que leurs pères avaient conservés si soigneusement; les futaies sur taillis, les parcs, les avenues, les arbres épars, rien de ce qui était bois ne fut épargné.

Malgré cet état de choses de 1748 à 1790, les bois sur pied étaient toujours en hausse, et la consommation semblait s'accroître à mesure que les ressources diminuaient; en sorte qu'on était au moment d'éprouver une véritable disette de bois, lorsque la révolution de 1790 est venue retarder ce fléau en imposant à chacun des privations de tous les genres.

Le renchérissement des bois sur pied produisit quelque bien; on cessa d'en arracher; on replanta de grandes superficies à Fontainebleau, à Compiègne, à Saint-Germain; on créa la forêt du Vesinet près Chatou (Seine-et-Oise); des pères de famille prévoyants imitèrent cet exemple sur plusieurs milliers d'arpents de friches. On forma presque partout des pépinières forestières qu'on ne connaissait point alors; on conserva mieux les vieux bois, et on en éloigna les bestiaux. Une grande quantité d'arbres furent cultivés sur les grandes routes, les chemins vicinaux et usagers.

Ces améliorations étaient réelles, mais insuffisantes, parce que le renchérissement successif des bois portait imprudemment le propriétaire à la tentation de les couper.

Sous le gouvernement républicain, la convention nationale et le directoire, jusqu'à Napoléon, la consommation en bois rétrograda. Paris éprouva cependant une disette de bois. En 1793, mon père livra à M. le duc de Nivernais, propriétaire d'immenses forêts, du bois sortant de l'eau glacée, et qu'il ne put lui faire parvenir qu'en prenant les plus grandes précautions.

Mais, sous le règne impérial, la consommation reprit son cours, et s'est continuée sous Louis XVIII et

Charles X; elle a fait plus de chemin de Napoléon à Charles X que de Henri IV à Louis XVI, c'est-à-dire plus de progrès en 30 ans qu'en 200.

De 1800 à 1830, presque tous les bois-futaies en pleine forêt, lisières, avenues, arbres épars, traces et buissons ont disparu, même des parcs; on ne connaît plus d'autres futaies aux environs de Paris que celles du domaine royal et de quelques pairs de France; on en citerait au plus trois.

Nos ancêtres conservaient leurs bois en futaies comme ils recherchaient, pour les conserver, les vieux louis, afin de s'en former un trésor; on ne connaissait pas comme aujourd'hui l'art des placements, on ne pensait nullement à calculer ce qu'un écu bien employé peut produire chaque année, même chaque jour; c'est une science nouvelle, mais déjà universelle, et que tout le monde apprend, depuis le grand capitaliste jusqu'à la modeste économe du foyer domestique : aussi, là où les héritiers trouvaient des sacs d'or et d'argent, de nos jours on recueille des contrats de rente ou des obligations portant intérêts. C'est donc à cet avantage d'utiliser, chaque jour, les capitaux qu'on doit attribuer principalement la disparition des bois-futaies en France, et aussi aux dots à faire et autres besoins qui minent toutes les classes.

La vie, au surplus, n'est pas assez longue pour créer des futaies. Quelle est la famille qui, en 150 ou 200 ans, n'éprouve pas quelques grandes vicissitudes?

Les bois se mettaient ordinairement en réserve pour parer à des revers de fortune; on use trop de ces ressources ; chacun vise maintenant à l'aisance, et à ce qu'on pourrait appeler une vie confortable. Le besoin des plaisirs ou du luxe fait altérer le principe de la richesse, et de là vient, chez le propriétaire forestier, que les bois taillis ne sont plus aussi bien garnis de réserves que lorsqu'ils étaient à bas prix, et surtout, il faut le dire, que lorsqu'on était moins versé dans le grand art des spéculations. Comment croire que, avec la facilité qu'on a présentement de placer ses capitaux en tous genres, on hésitera à se priver de la jouissance d'un bois de haute futaie, quand avec 25 hectares seulement le propriétaire pourra mettre dans sa caisse plus de 300,000 francs !... On jugera encore mieux du degré de tentation auquel il sera continuellement exposé, par le tableau qui va suivre, où le prix auquel la superficie lui revient est établi avec la plus scrupuleuse exactitude.

Supposons un taillis de quarante ans, valeur en superficie de 1,000 francs l'hectare.

PROGRESSION DES AGES.	CAPITAUX ET INTÉRÊTS SIMPLES.	CAPITAUX ET INTÉRÊTS COMPOSÉS.
A 40 ans, valeur de la superficie de la première coupe.	1,000	1,000
A 80 ans.	5,000	8,040
A 120 ans.	21,000	57,602
A 160 ans.	85,000	405,278
A 200 ans.	341,000	2,845,432

Ainsi, à deux cents ans, la superficie d'un hectare de futaie reviendrait donc à l'énorme et incroyable somme de 2,845,432 fr., laquelle futaie même, placée sur un riche fonds, en buisson ou bouquet, recevant l'air de toutes parts, en un mot, de première qualité, et aux portes de Paris, ne se vendrait pas au delà de 36,000 francs. Ce calcul, que chacun peut faire, sera, nous le prédisons, l'arrêt de mort de toutes les futaies en France.

En résumé, nous croyons avoir suffisamment démontré que la consommation du bois n'est point à son apogée, qu'elle augmentera beaucoup encore par l'accroissement de la population et quand la tranquillité publique sera complétement assurée ; à moins, cependant, que la température ne change sensiblement en France, ce qui est peu probable et ce qui surtout n'est pas prochain.

Le bois est à la fois un objet de première nécessité et de luxe, si important et si agréable dans nos usages domestiques, que, malgré la concurrence du charbon de terre, il est bien certain que, s'il ne dé-passe pas, il suivra, au moins, la progression ordinaire des autres propriétés, et augmentera de valeur comme elles, à mesure que la masse du numéraire s'accroîtra par l'exploitation des mines d'or et d'ar-gent, plus active aujourd'hui que jamais. Une autre cause progressive résultera du mécanisme des banques et de la création des signes monétaires ou papier-monnaie en circulation dans toute l'Europe, excepté en France ; ce qui nous place au dernier rang financier, en nous rendant plus particulièrement tributaires des Anglais nos voisins, bien plus ingénieux que nous à cet égard, et dont tout le secret consiste cependant à se mettre en main cinq onces d'or au moins pour une qu'ils ont en caisse.

Un papier-monnaie est bien plus agréable dans les rapports commerciaux et la circulation que le numéraire; aussi tout prend *un caractère de richesse chez nos voisins d'outre-mer*, tandis que chez nous, faute de papier-monnaie, tout est petit et mesquin comme nos banques. Ayons donc des banques comme dans toute l'Europe, et nous jouirons bientôt, sous le rapport du système financier, d'une prépondérance évidente sur les autres nations.

Les terres exigent des bâtiments immenses et des soins infinis. Les manufactures et leurs machines s'usent et périssent avec le temps; les bois, au contraire, ne demandent, quand ils sont bien exploités, qu'à être oubliés; ils poussent jour et nuit, gagnent en superficie, et encore plus comme immeubles, par la dépréciation de l'argent, bien remarquable tous les demi-siècles.

Les associations, qui, dans l'intérêt des établissements qu'elles formaient, ont acheté, dès leur création, des fonds de bois, comme les compagnies des canaux, des forges, des fonderies et autres, se trouvent très-bien aujourd'hui de ces acquisitions et leur doivent même leur plus grande prospérité, leurs plus beaux revenus. Dans les moments de crise, quand les autres *établissements* ne peuvent donner de dividende, ceux qui possèdent des bois sont toujours en état d'en présenter. C'est dans ces moments-là, surtout, qu'on peut apprécier l'immense avantage d'avoir placé des fonds plutôt en bois qu'en toute autre propriété.

Aucune, et nous en appelons à tous les propriétaires de bois, n'a gagné et ne gagnera autant que celle-là, parce que, à mesure que la population de la France augmentera et qu'elle s'enrichira par son industrie, le besoin de combustibles *ira toujours croissant*.

La France est placée dans une région tempérée, et cependant ses habitants, selon leur plus ou moins grand éloignement du Midi, sont obligés de faire un feu continuel dans leurs appartements pendant près de neuf mois de l'année, pour se garantir du froid ou de l'humidité.

Quelle énorme quantité de combustibles une population de trente-trois millions d'habitants ne doit-elle pas consommer ! Et si l'on ajoute à cette consommation personnelle le bois nécessaire à la préparation des aliments, celui employé annuellement pour l'agriculture, pour les constructions civiles et maritimes, les manufactures et les arts, on pourra se faire une idée de son importance. Aussi ne faut-il pas perdre de vue que l'étranger, d'après les registres des douanes, nous en fournit, tous les ans, pour plus de trente millions en merrains, mâtures, bois de construction, madriers et planches de pin et de sapin ; l'État, avec toutes ses forêts, n'en produit annuellement que pour vingt à vingt-six millions, et toute la France pour cent trente millions au plus. Devenons forestiers, et nous nous suffirons à nous-mêmes. (Voir, tome II, *Importation et exportation des bois.*)

Quoique cette consommation soit immense et qu'elle augmente au fur et à mesure de la progression de la population, que l'industrie française s'accroît et multiplie les foyers utiles et de luxe, on n'a point encore à craindre une disette.

Néanmoins le prix des bois s'élèvera, comme celui de toutes les autres productions, en raison de l'accroissement de l'aisance; mais alors nous connaîtrons la culture forestière, on soignera mieux les bois; on en plantera sur des terrains incultes; on multipliera les bonnes espèces, *en les assortissant au sol qui leur sera convenable;* et, quoi qu'en aient dit certains grands économistes, nous soutenons qu'avec le secours du charbon de terre, de la tourbe et des chemins de fer on ne manquera pas de si tôt de combustible.

Plus la capitale s'agrandit et plus ses besoins augmentent ; son cercle d'approvisionnement, il est vrai, qui, sous Philippe le Bel (1299), ne dépassait pas Saint-Germain-en-Laye et les rives de la Seine, depuis Montereau, ainsi que nous l'avons déjà dit, s'étend aujourd'hui à plus de soixante-quinze lieues en ligne directe, et à cent au moins, à cause des sinuosités des ruisseaux et rivières flottables. Mais une augmentation de prix de 5 francs par voie (deux stères) franchirait ce cercle de six lieues par terre, et de vingt ou vingt-cinq lieues par eau, peut-être bien davantage. Cette augmentation envahirait, sans aucun doute, sur son passage une immense quantité de forêts qui ne servent actuellement qu'à l'exploitation des forges, hauts fourneaux et verreries.

Qu'on se rassure donc, nous le répétons, sur la disette des bois, sans en négliger toutefois la culture, qui est la plus agréable de toutes, la plus à l'abri des intempéries des saisons, comme la plus avantageuse. Pas de belles terres, pas de grande fortune sans bois.

Tout concourt, on le voit, à faire, en quelque sorte, préférer les propriétés de bois à toutes les autres, parce que l'usage en augmente chaque jour, et qu'il n'y en a pas de plus faciles à administrer.

Que l'on porte maintenant un coup d'œil sur le tableau suivant, et l'on jugera avec quelle étonnante rapidité marchent la population et les revenus, puisqu'ils ont plus que doublé en cent trente ans seulement !

ANNÉE.	TOTAL DE LA POPULATION	TOTAL DES REVENUS.	REVENU PAR HABITANT		TOTAL DE L'IMPOT.	IMPOT PAR HABITANT	
1700	16,000,000	1,500,000,000	93	75	200,000,000	12	50
1750	18,000,000	3,500,000,000	194	44	250,000,000	13	88
1800	26,000,000	5,400,000,000	207	69	650,000,000	25	»
1810	28,000,000	6,300,000,000	225	»	870,000,000	31	07
1820	30,000,000	7,400,000,000	216	66	950,000,000	31	66
1830	32,000,000	8,800,000,000	275	»	1,100,000,000	34	37

Voltaire, dans son *Dictionnaire philosophique*, rapporte qu'une famille égyptienne, en deux cent quinze ans, produisit une population de deux millions d'âmes.

En France, lors du dernier recensement du 11 mai 1832, rectifié par ordonnances des 28 août suivant et 5 septembre 1834, la population s'élevait à 32,569,223 âmes répandues sur trente-huit mille neuf cent quarante-neuf communes ; savoir :

Mille huit cent soixante-sept villes. 8,543,391 âmes.
Campagnes. 24,025,832

TOTAL. . . 32,569,223

Au 15 mars 1827, elle était de 31,838,171
Au 16 janvier 1822, de . . 30,449,081

Augmentation en cinq ans et deux
mois. 1,389,090
par an. 268,848
par mois. . . . 22,404
par jour. . . . 736

Cette population augmente toujours, car en 1832, ainsi qu'il est dit, elle s'élevait à 32,569,223, et, par ordonnance du 30 décembre 1836, elle a été constatée à 33,540,908 ; augmentation en quatre ans, 971,685.

Quelques légères fractions sont négligées ; mais, au surplus, les tables de M. Arago (1833) établissent que l'accroissement actuel est du dixième en seize ans : ainsi, en cent dix-sept ans seulement, la population doublerait encore et serait, en 1951, de soixante-deux millions. Si elle continue ainsi, comment, dans mille ans, pourra-t-on nourrir et chauffer convenablement tous les habitants de la France?

Les pauvres émigreront aux gages des riches, et la consommation du bois n'en sera que plus grande encore, parce que la fortune publique s'accroîtra à mesure que nous étendrons nos relations à l'extérieur, ainsi que le font les Anglais dans l'Inde, et presque dans tout le monde connu, toujours accompagnés de leur papier-monnaie, source de leur grande prospérité. Nous aurons alors grand besoin de l'Afrique, qui comprend douze cent mille lieues carrées, c'est-à-dire d'une étendue trente fois supérieure à celle de la France, laquelle n'en a que quarante mille et ne possède en diverses propriétés foncières que :

Terres.	22,818,000 hectares.
Bois taillis.	6,912,000
Bois-futaies.	460,000
Châtaigniers.	406,000
Prés.	3,488,000
Pâturages.	3,535,000
Bâtiments.	213,000
Vignes.	1,977,000
Vergers.	359,000
Potagers.	328,000
Diverses cultures.	975,000
Étangs.	213,000
Carrières, mines, tourbes.	186,000
Terres vagues, landes.	53,000
Bruyères, montagnes stériles et rochers.	11,296,000
Total	53,219,000 hectares.

Il résulte du tableau ci-dessus que le cinquième de la France environ est inculte. Sur les quatre autres cinquièmes, que reste-t-il pour chacun ? 1 hectare 31 ares 93 centiares, ou 2 arpents 62 perches; en bois, 23 ares ou 66 perches environ.

Supposons leur aménagement fixé à vingt ans, ce serait deux perches et un quart par an, dont la moitié au moins est employée par les boulangers, pâtissiers, traiteurs, rôtisseurs, brasseurs, les tuileries, briqueteries, fours à chaux et à plâtre, vignes, jardins, verreries, poteries, faïenceries, etc.

Sur les 7,372,000 hectares de bois annoncés par le tableau d'autre part, qui diminuent tous les jours, puisqu'on n'en compte plus que 6,500,000 hectares environ, et que bientôt ce sera moins de 6,000,000, en supposant cette quantité exacte et en distrayant, pour ordre, 372,000 hectares qui sont situés sur des montagnes inaccessibles ou tellement éloignés des rivières et populations qu'on ne peut les exploiter, il resterait 7,000,000 d'hectares exploitables, dont 3,500,000 hectares pour les foyers ou environ une perche un cinquième par chaque habitant : pour nous garantir, pendant un an, du froid et de l'humidité, ainsi que pour faire cuire nos aliments, blanchir notre linge, chauffer nos bains, nos jardins d'hiver; cette quantité pouvant produire communément en France, en bois de moule, 14 à 16 bûches du poids d'environ 12 kilog. chaque, ensemble 180 kilog. ou 360 livres; Charbonnage,   93 kilogrammes ou 186 livres; Bourrées 5, du poids de 20 livres chaque, 100 livres.

TOTAL. . . . 646 livres.

C'est environ une livre trois quarts par jour pour chacun de nous; mais pour celui qui en consomme 150 cordes (75 décastères) ou 375 voies dans ses foyers, cuisine, bains, serres chaudes, etc., c'est 337,500 kilogrammes ou près de 900 kilogrammes par jour. Combien y a-t-il de malheureux qui éprouvent la dure privation d'une denrée si précieuse pour la santé, d'une si grande nécessité pour les enfants, les vieillards, les infirmes et pour tous! Ce qui nous porte à répéter que plus l'aisance s'étendra en France, plus le bois augmentera de valeur ; et que bien loin de baisser, comme quelques personnes le prétendent, nous pensons, au contraire, que le prix actuel n'est pas encore au taux qu'il doit atteindre.

En dépit de la houille, de la tourbe et de tous les autres combustibles, en un siècle et un tiers, de 1700 à 1830, le cercle de l'approvisionnement de Paris s'est étendu sur plus de 150,000 hectares. Cette extension prodigieuse s'explique, parce que, dans l'origine, presque tous les bois en France étaient en pleine futaie et qu'une futaie produit vingt fois plus qu'un taillis de 15 à 20 ans ; ainsi, les futaies abattues, leur vide a été rempli successivement par d'autres futaies ou de nouvelles conquêtes sur les forges , verreries et autres établissements qui ont entièrement disparu à cause du renchérissement des bois et par suite de leur envahissement pour l'approvisionnement de Paris.

De 1726 à 1833 , la rivière d'Yonne, jusqu'à Clamecy, a produit, par année, une moyenne, sur 107 ans, de . . . . .   25,505 décastères.

L'année où cette rivière a
produit le moins est 1736 . .   3,198

Le plus, en 1752 . . .   43,765

Ce faible produit de 1736 n'a aucune cause connue, les années précédentes ayant été de 20 à 25,000 décastères. Nous pensons qu'on aura moins exploité de bois, ou que les eaux auront été tellement basses qu'on n'aura pu flotter. Ce qui prouverait cette dernière assertion, c'est qu'en 1735 on a reçu 15,796 décastères, et, en 1737, 22,754. Malgré ces intermittences assez rares, Paris n'a jamais manqué de bois, excepté en 1793.

Les futaies, la houille et le charbon de terre ont paré, jusqu'à présent, aux disettes dont Paris était menacé par son accroissement progressif depuis 1600.

L'approvisionnement de Paris se fait par eau pour les dix-neuf vingtièmes sur les rivières de Seine, Marne, Oise, Yonne, et les canaux de Briare, Orléans et de l'Ourcq ; par terre, pour un vingtième provenant de parcs et bois à sept ou huit lieues de Paris.

La consommation annuelle de cette ville est d'environ 1,200,000 stères ou 600,000 voies. L'octroi de Paris ne porte pas cette quantité, mais il y a un boni de mesurage d'environ un cinquième provenant des chambres à louer dont le Parisien se plaint toujours sans succès auprès des impitoyables cordeurs de chantiers ; ainsi notre calcul est plus vrai que celui de l'octroi. Cette administration fait, en outre, erreur, en ce qu'elle annonce environ deux vingtièmes en bois venus par terre; tandis que, dans ce nombre, il y a un vingtième au plus en bois flottés ou bateaux déchargés hors barrières, et qui arrivent à Paris en voiture comme bois neufs, provenant d'exploitations des environs de la capitale.

Nous évaluons que, pour fournir cette quantité de combustibles, il faut au moins une masse de 408,057 hectares, ou 800,000 arpents, et 20,402 hectares 28 ares, ou 40,000 arpents par an, de 22 pieds pour perche, aménagés à 20 ans d'âge, pouvant rendre l'un dans l'autre 3, 6, 9 cordes ou une moyenne de 6 cordes (3 décastères) par 51 ares 7 centiares ou un arpent. Le charbon, les fagots, cotrets ou cotrillons sont la représentation du charbonnage, des bourrées et autres menus bois qu'on tire après le bois de moule. C'est la portion du pauvre, qui lui coûte plus cher que le bois de choix; nous allons l'établir.

Un cotret en bois dur, de deux pieds de long sur dix-huit pouces de tour, pèse, sec, de douze à treize livres; cent cinquante équivalent environ à une voie pesant neuf cents kilogrammes, et se vendent 7 fr. le quarteron; pour cent cinquante   42 fr.

Voiture pour un quarteron, 75 c.; 6 quarterons,   4 fr. 50

Sciage et montage à 1 franc; 6 quarterons,   6 fr.   }   10   50 c.

TOTAL. . .   52 fr. 50 c.

On aura pour 38 francs, au plus, une voie de bois
neuf, en bonne qualité, ci   38 fr. » c.

Voiture, sciage et montage   4   50

             Total. . . 42 fr. 50 c.

Soit dix francs de moins que pour 150 cotrets; en
outre, la voie de gros bois fera plus du double
d'usage dans le feu, et produira beaucoup plus de
chaleur.

Nous avons cru devoir entrer dans ce calcul
pour faire comprendre l'avantage d'acheter le bois le
plus gros possible, en rondin surtout, afin de le faire
fendre ensuite; la fente produisant un bénéfice de
20 à 25 pour 100, même jusqu'à 35 dans le bois
blanc, particulièrement quand il est gros.

Le cotret en bois blanc, pris au bateau, pèse de
dix à onze livres, et se vend 4 fr. 50 c. les vingt-six.

Le petit cotrillon ou petit cotret, destiné à allumer le feu, est en bourrée, et pèse, sec, environ un
kilogramme et demi (trois livres); il se vend 3 fr. 50
le quarteron ; il est encore plus cher que le cotret.

Une falourde de harts est préférable, parce qu'elle
vaut dix cotrillons, et qu'on l'obtient pour 1 fr. 10 c.

Le bois le plus cher est toujours le meilleur marché, c'est un fait constaté par l'expérience ; car le
bois blanc ne vaut pas, pour le chauffage, la moitié
du bois dur, et il est à 26 et 30 fr. la voie quand le
bois dur est de 32 à 38 fr.; c'est qu'il a une spécialité pour les fours. Qu'on nous pardonne cette longue
digression, faite en passant dans l'intérêt du consommateur, et du pauvre surtout, qui paye toujours

trop cher le bon marché de la basse marchandise. Revenons maintenant à notre statistique, en faisant observer de nouveau que la France entière n'a que 3,500,000 hectares au plus de bois qu'on puisse exploiter pour les usages domestiques; en les supposant toujours aménagés à 20 ans, ce serait 175,000 hectares par an, pour une population de 33 millions d'habitants, on aurait donc 546 hectares par 100,000 habitants; mais, comme le midi de la France consomme beaucoup moins de bois que Paris et les provinces septentrionales, nous croyons pouvoir déterminer 600 hectares pour 100,000 habitants, ce qui donnera 60 centiares pour chacun, ou une perche un cinquième.

Il résulte de cet exposé que Paris, avec ses 885,780 habitants, non compris 100,000 allant et venant, consomme à lui seul le produit de 20,402 hectares 28 ares, bien qu'il ne devrait participer dans la distribution commune que pour 5,258 hectares, ou 315,480 stères; ainsi cette ville prend 884,520 stères sur ses voisins. — Quantité égale à son approvisionnement, 1,200,000 stères.

Cependant on se chauffe bien mieux en province qu'à Paris; encore bien qu'en province on soit beaucoup moins soigneux de concentrer, par l'usage des poêles, la chaleur dans les appartements et autres lieux; mais c'est que dans la capitale il y a une énorme consommation causée par les foyers de luxe, les bains, les serres chaudes, et que le pauvre est entièrement privé de se chauffer, ou, au moins, obligé d'économiser beaucoup le bois, par suite de son excessive cherté.

. A Paris, en outre, le nombre, déjà si grand, des riches oisifs s'augmente encore des personnes de la province et de l'étranger qui viennent y passer l'hiver. Tous sont de grands consommateurs de bois comme de toute autre denrée. C'est un véritable gouffre que cette ville, ayant un octroi qui, en l'année 1837, lui a rendu 30,861,156 fr. 65 cent., qui entretient quatorze hôpitaux avec   5,397 lits, douze hospices de charité avec   12,158

TOTAL. . . 17,555 lits;

qui paye 88,740,815 francs d'impôts, c'est-à-dire plus que certains royaumes; qui, enfin, possède cent soixante-quinze journaux quotidiens, hebdomadaires, etc.

Et comment lire ces feuilles chez soi, dans les cabinets de lecture, dans les restaurants, les cafés et estaminets, si l'on n'a les pieds chauds, et, en quelque sorte, sans avoir les mains sur le poêle?

Paris renferme, en outre, une armée d'employés qu'il faut chauffer sept à huit mois de l'année à 12 ou 15 degrés; enfin les sinécuristes de tous étages, plus

2000 banquiers et agents d'affaires;
1800 médecins;
 700 avocats plaidants et consultants;
 210 avoués;
 150 huissiers;
6000 restaurateurs-pâtissiers-rôtisseurs;
3150 maîtres et jardiniers-maraîchers;
1050 maîtres et jardiniers-fleuristes;

800 Maîtres jardiniers et pépiniéristes ;

300 Pharmaciens ;

143 Notaires ;

120 Agents de change ;

80 Commissaires-priseurs ;

Des négociants et marchands par milliers ; des rentiers qui reçoivent annuellement le cinquième du budget.

Que de combustible ne faut-il pas, en outre, à tous les favoris de la fortune ou de l'intrigue, qui ne sont pas gens à se lever sans feu, ni à souffrir le froid comme nos souverains, jusqu'en l'année 1600.

Si les nouveaux quartiers de François Ier, Poissonnière, Tivoli et autres, s'achèvent, et ce fait n'est pas douteux, d'ici à un demi-siècle la consommation du bois augmentera d'un tiers dans le département de la Seine.

Paris et sa banlieue ont donc le plus grand besoin des départements forestiers, puisque, avec un territoire de 46,181 hectares et une population de 1,106,891 habitants constatée par ordonnance du 30 décembre 1836, le département de la Seine ne possède que 4,052 hectares de bois.

Rhône.	Territoire,	293,000 hectares.
	Population,	416,675 âmes.
	Bois,	11,862 hectares.
Côte-d'Or.	Territoire,	876,956 hectares.
	Population,	370,943 âmes.
	Bois,	243,496 hectares.
Haute-Marne.	Territoire,	633,173 hectares.

	Population,	244,823 âmes.
	Bois,	222,190 hectares.
Nièvre.	Territoire,	701,550 hectares.
	Population,	271,943 âmes.
	Bois,	184,279 hectares.

La Haute-Marne, en raison de son étendue et de sa population, est le département le plus boisé de France; les Vosges, les Ardennes, la Meurthe, le Bas-Rhin, le Jura, la Côte-d'Or et la Nièvre viennent après.

Excepté en sciage et charpente, Paris reçoit peu de bois à brûler de la Haute-Marne; les forêts de ce département alimentent :

	52 hauts fourneaux.
La Côte-d'Or,	38
La Haute-Saône,	35
Les Ardennes,	24
La Meuse,	24
La Nièvre,	22
L'Indre,	14
Le Cher,	10
L'Indre-et-Loire,	8

Les départements de la Nièvre et de l'Yonne, et une faible partie du département de Saône-et-Loire, fournissent à eux seuls la moitié de l'approvisionnement de Paris en bois de chauffage.

On voit, par ce que nous venons d'exposer, que le territoire où est située la capitale n'ayant ni forêts, ni mines de houille comme celui de Lyon et autres grandes cités du Nord, est fortement intéressé à ce que les départements qui peuvent l'approvisionner ne soient point déboisés, et que pour toute la France, mais particulièrement pour Paris, il faut que chaque propriétaire de bois apporte le plus grand soin à la culture de cette production, d'autant plus que les futaies et les gros bois ont disparu en partie; qu'enfin nous sommes maintenant réduits à des taillis de 10 à 30 ans, et que sans les immenses travaux qui ont été successivement exécutés sur les ruisseaux flottables, rivières, canaux et routes, le bois serait à un prix auquel le pauvre ne pourrait atteindre, et il en résulterait pour le riche lui-même d'assez grandes privations.

Nous ajouterons que le bois, indépendamment de son poids, de sa position sur des montagnes souvent presque inaccessibles, où il n'existe aucune route, et qui sont fort éloignées de toute communication, occasionne, en outre, de grands frais indispensables, pour être transporté jusque chez le consommateur de la capitale, de longs et minutieux travaux dont nous allons donner un aperçu, particulièrement en ce qui concerne les bois de moule provenant des ruisseaux du Morvan (Nièvre), qui passent *au moins* trente-six fois dans les mains des ouvriers; savoir :

1° Abatage;
2° Ébranchage;
3° Mise sur le chevalet de l'ouvrier;
4° Sciage;
5° Empilage sur feuille, par l'ouvrier;
6° Empilage par l'empileur du propriétaire;
7° Martelage sur feuille;

8° Chargeage pour le conduire au port ;

9° Déchargeage ;

10° Empilage sur le port ;

11° Martelage sur le port ;

12° Régalage ou troisième martelage ;

13° Jetage à l'eau ;

14° Conduite sur l'eau par des pousseurs armés de crocs ;

15° Tirage sur le port flottable en train ;

16° Empilage ;

17° Triage des marques (*) ;

18° Empilage de chaque marque ;

19° Brouettage du bois sur l'atelier du flotteur ;

20° Garnissage des branches avec un fort maillet ou pidance ;

21° Mise en train ;

22° Conduite à Paris ou autre destination ;

23° Làchage au port du marchand ;

24 Tirage ;

25° Lavage ou brossage ;

26° Chargeage pour le chantier ;

27° Déchargeage au chantier ;

28° Empilage à cinq, six ou huit étages sur de grands théâtres (remué autant de fois d'un étage à l'autre) ;

29° Abatage de théâtre, mise dans la mesure ou les balances ;

(*) Les bois se flottent en commun dans un grand flot où il y a vingt intéressés et plus : chacun a sa marque.

30° Mise dans la voiture ;

31° Sciage à deux ou trois traits ;

32° Descente à la cave ;

33° Montage dans les chambres.

Enfin, arrivant de cent lieues par eau, à cause des sinuosités des chemins et des rivières, payant le cinquième de son prix en droit d'octroi et d'énormes loyers de chantiers, il ne revient encore au consommateur de Paris qu'à 2 francs et 2 francs 25 centimes les 50 kilogrammes, ou 2 centimes un quart la livre. Mais il faut, pour atteindre ce résultat, apporter la plus stricte économie, et autant d'ordre que d'intelligence. Ce prix augmentera, il est vrai, si le système des grandes améliorations se continue.

En 1774, on mettait huit jours pour aller à Lyon par les premières diligences, espèces de tombereaux que l'on nommait *turgotines*, merveilles du jour où l'on ne pouvait tenir que six personnes, et qu'on était obligé de raccommoder à chaque ville. Maintenant, on fait ce voyage en soixante heures, dont une partie en dormant presque aussi commodément que dans son lit ; et, lorsque les chemins de fer seront en pleine activité, qui sait si on ne parcourra pas cette distance en moins de dix heures, et pour quelques centimes par lieue ?

Certes, le bois ne perdra pas à toutes ces améliorations ; cependant plusieurs propriétaires expriment, à ce sujet, de vives inquiétudes ; ils redoutent la houille, les fourneaux économiques et ces chemins de fer, dont nous venons de parler. Ils se plaignent, depuis 1830, d'avoir fait de grandes pertes sur leurs bois, etc.; de là, qu'ils sont trop imposés. Ils peuvent avoir raison de se plaindre, mais qu'ils se rassurent, un temps meilleur pour eux ne tardera pas à revenir, et, pour qu'ils partagent notre sécurité, nous les prions de réfléchir au progrès toujours croissant du bien-être qui pénètre, chaque jour, dans les classes moyennes, et même dans le peuple, le plus grand des consommateurs. (Voir notre article sur l'*introduction des houilles étrangères*.)

Enfin, pour dissiper toute crainte, nous allons passer rapidement en revue les événements les plus remarquables, les progrès et les inventions depuis nos premiers rois; c'est un tableau qui ne sera pas sans utilité pour une partie de nos lecteurs. Ce genre de résumé fixe le souvenir des uns et instruit les autres.

Qu'était la France sous Clovis en 485, sous François Ier en 1515, 1030 ans plus tard; et même, quant aux arts mécaniques et à l'intérieur domestique, sous le règne brillant de Louis XIV?

Que sera-t-elle dans un siècle, avec ses banques et lorsqu'on la verra sillonnée en tous sens par des chemins de fer? Le temps seul peut l'apprendre.

Quel sera surtout le prix de ses bois, entraînés comme nous le sommes par la pente irrésistible des défrichements, et par l'intérêt qu'a chaque propriétaire, pour satisfaire à des besoins impérieux, de battre monnaie avec ses superficies de bois, puis ensuite avec le fonds, très-fonds et racines?

AMÉLIORATIONS ET INVENTIONS DEPUIS CLOVIS.

496. Moulins à eau. . . . . . . sous Clovis Iᵉʳ.
550. Cloches venant d'Italie. . . . . Childebert.
558. Vers à soie venant de l'Inde. . . *Id.*
560. Premiers grands chemins établis par
      la reine Brunehaut. . . . . Clotaire Iᵉʳ.
631. Orfévrerie de saint Eloi. . . . Dagobert.
691. Plumes à écrire. . . . . . . Clovis III.
741. Chimie par les Arabes. . . . . Interrègne?
750. Premières orgues. . . . . . Pepin le Bref.
760. Horloges à rouages. . . . . . *Id.*
778. Écoles publiques. . . . . . . Charlemagne.
     Première foire, dite *du Landit*. . *Id.*
     Première académie. . . . . . *Id.*
779. Projet d'un canal du Rhin au Da-
      nube. . . . . *Id.*
809. Création d'une marine pour résister
      aux Normands. . . . . . *Id.*
877. Hérédité dans les fiefs ; commence-
      ment de la féodalité. . . . . Charles III.
892. Usage de la cavalerie.. . . . . Eudes.
923. Première fabrique de toiles établie
      près de Caen, par Creton. . . . Raoul.
987. Berceau de notre droit public et de
      nos lois constitutives. . . . . Hugues Capet.
991. Les chiffres et les horloges à balan-
      ciers par les Arabes introduits par
      Gerbert. . . . . *Id.*
1022. Invention des notes de musique par
      Guy d'Arezzo. . . . . . . Robert.
     Hérétiques brûlés à Orléans. . . *Id.*
1095. Moulins à vent en usage en Nor-
      mandie. . . . . Philippe Iᵉʳ.

1095. Concile de Clermont où fut prêchée
la première croisade. . . .   Philippe Ier.

1129. Premier canal construit en Angleterre. . . . .   Louis le Gros.

Suger, abbé de Saint-Denis, 1er ministre du roi, forme une armée
de 200,000 hommes ; par ses
soins fait porter l'octroi de la
porte Saint-Martin à 50 livres,
au lieu de 12 ; achète un hôtel rue
Saint-Merry, 1,000 sols, pour
loger la royauté et tous les ministres. . . . .   *Id.*

1143. Duel défendu pour une somme qui
n'excédera pas 5 sols. . . .   Louis VII.

1145. Premier papier fait avec des chif-
fons, dû aux Arabes. . . .   *Id.*

1152. Formation de l'université de Paris.   *Id.*

1162. Reconstruction de Notre-Dame à
Paris, par Maurice Sully. . .   *Id.*

1170. Commencement de la navigation
sur la Seine. . . . . . .   *Id.*

1185. Deux rues pavées dans Paris. . .   Philippe II.

1225. Affranchissement des serfs dans les
domaines du roi. . . . . .   Louis VIII.

1248. Boussole introduite de Venise en
France. . . . .   Saint Louis.

Fondation de l'hospice des Quinze-
Vingts, à Paris. . . . . .   *Id.*

Droit de battre monnaie réservé
au roi. . . . .   *Id.*

Police des marchands et artisans
établie par Étienne Boileau, premier prévôt des marchands de
Paris. . . . .   *Id.*

1282.	Premières lettres d'anoblissement accordées à Raoul, orfévre. . .	Philippe III.
1285.	Premier usage de signer des actes par-devant notaire.	*Id.*
1292.	Découverte de la poudre à canon en usage chez les Indiens et les Chinois, 500 ans auparavant.	Philippe le Bel.
1299.	Première ordonnance sur la police des bois pour Paris.	*Id.*
1300.	Invention des lunettes.	*Id.*
1301.	Établissement du jubilé. . . .	*Id.*
1304.	Abolition de l'ordre des templiers.	*Id.*
	Les mystères de la passion joués au théâtre; origine de la comédie en France..	*Id.*
1325.	Premières glaces soufflées à Venise.	Philippe VI.
1345.	Gabelle ou impôt sur le sel. . .	*Id.*
1346.	Premiers canons employés par les Anglais à la journée de Crécy. .	*Id.*
1370.	Première horloge sonnante établie au palais de justice, à Paris, par l'Allemand Uric. . . .	Charles V.
	Fondation de la Bastille. . . .	*Id.*
1371.	Origine de la bibliothèque royale, 900 volumes réunis par le roi.	*Id.*
1374.	Majorité des rois de France à 14 ans.	*Id.*
1375.	Usage des fourchettes.	*Id.*
1379.	Premier carrosse suspendu, pour l'entrée de la reine Isabeau à Paris.	*Id.*
1380.	Cartes à jouer.	Charles VI.
1415.	Fabrique de toiles peintes, à Reims.	*Id.*
1418.	Premières craintes du manque de bois, manifestées par le prévôt des marchands.	*Id.*

1420.	Découv. de la peinture à l'huile par les frères Van-Dyck, de Bruges.	Charles VI.
1421.	Invention de l'imprimerie , par Jean Guttemberg.	Charles VII.
1445.	Taille perpétuelle (impôt). . .	*Id.*
1448.	Création des troupes réglées. . .	*Id.*
1452.	Fonte des caractères d'imprimerie.	*Id.*
1462.	Création des postes.	*Id.*
1470.	Première imprimerie à Paris. .	Louis XI.
1474.	Première manufacture de soieries en France.	*Id.*
1490.	Flottages à bûches perdues pour Paris,sur le ruisseau d'Andelles, dans la forêt de Lions, près Rouen.	Charles VIII.
1492.	Découverte de l'Amérique. . .	*Id.*
1498.	Plantation du mûrier en France.	*Id.*
1518.	Réforme religieuse par Luther et Calvin.	François Ier.
1524.	Première loterie.	*Id.*
1531.	Création du grand livre des rentes.	*Id.*
1539.	Ordonnance portant que les actes cesseront d'être écrits en latin.	*Id.*
	Construction de Fontainebleau et de Chambord.	*Id.*
	Des cabanes en bois, enduites de plâtre, forment les rues de Paris.	*Id.*
1545.	Pistolets inventés à Pistoie, en Italie.	*Id.*
	Commencement du flottage des bois sur l'Yonne.	Henri II.
1550.	Orangers apportés de la Chine par les Portugais.	*Id.*
	Invention de l'arquebuse. . . .	*Id.*
	Premières monnaies façonnées au moulin.	*Id.*

1560. Établissement des jésuites. . .	François II.
Plants de tabac apportés par Jean Nicot.	*Id.*
Fusil à vent inventé par Gutin, de Nuremberg.	*Id.*
Édit de Charles IX fixant le commencement de l'année au Ier janvier.	Charles IX.
1563. Pommes de terre importées de l'Amérique par l'Anglais Drake.	*Id.*
1564. Fondation du palais des Tuileries par Catherine de Médicis. . .	*Id.*
1567. Première porcelaine peinte. . .	*Id.*
1569. Premiers régiments organisés avec leur colonel en tête. . . .	*Id.*
1570. Invention des épingles. . . .	*Id.*
Actes devant notaire signés par les parties.	*Id.*
1573. Massacre de la Saint-Barthélemy.	*Id.*
1574. Construction du Pont-Neuf par	Henri III.
1600. Premier usage des chemises en toile et des mouchoirs : les dames portaient, auparavant, un petit bandeau sur la manche, sur lequel elles se mouchaient.	*Id.*
1605. Création du journal *le Mercure de France*.	Henri IV.
1609. Commencement du canal de Briare, joignant la Seine.	*Id.*
Construction de la galerie du Louvre.	*Id.*
1614. Premier carrosse à glaces. . . .	Louis XIII.
1620. Art des perruques.	*Id.*
1626. Création du jardin des plantes. .	*Id.*
1631. Premier journal quotidien sous le titre de *Gazette*.	*Id.*

1634. Premier usage des bombes. . .   Louis XIII.
1635. Académie française fondée par
      Richelieu. . . . .   *Id.*
1643. Invention des baromètres par To-
      ricelli. . . . .   *Id.*
1661. Balzac, Voiture et Vaugelas corri-
      gent la langue française. . .   Louis XIV.
1669. Premier usage du café, de l'émé-
      tique et du quinquina. . .   *Id.*
1670. Invention de la baïonnette à
      Bayonne. . . . .   *Id.*
1672. Colonnade du Louvre, par le mé-
      decin Perrault. . . . . .   *Id.*
1683. Premier mémoire présenté à
      Louis XIV, par Samuel Morland
      sur les effets de la vapeur. . .   *Id.*
1700. Canaux du Languedoc, d'Orléans,
      ruisseaux du Morvan (Nièvre),
      de Saint-Fargeau et du Saint-
      Vrain (Yonne). . . . . .   *Id.*
1722. Premiers corps de pompiers. . .   Louis XV.
1731. Fondation de l'Académie de chi-
      rurgie. . . . .   *Id.*
1757. Invention des paratonnerres, par
      Franklin. . . . .   *Id.*
      Invention de l'artillerie légère, par
      le grand Frédéric. . . . .   *Id.*
1760. Invention de la poudre à poudrer,
      dite à la maréchale, pour cacher
      les cheveux blancs du maréchal
      de Richelieu; mise en usage même
      par la jeunesse jusqu'en 1796.   *Id.*
1764. Système de la vapeur mis en pra-
      tique pour les fabriques et l'ex-
      traction de la houille, par l'An-
      glais Watt. . . . . . .   *Id.*

1777. Établissement du mont-de-piété. Louis XVI.
Aérostats de Montgolfier. . . . *Id.*
1780. Abolition de la question. . . . *Id.*
Premiers essais de la sténographie. *Id.*
1783. Fondation du pont Louis XVI. . *Id.*
Suppression des cimetières dans l'enceinte des villes. . . . *Id.*
Essai d'un bateau à vapeur sur la Saône, à Lyon, par le marquis de Joufroy. . . . . . . *Id.*
1786. 20 juin. Serment du jeu de paume. *Id.*
1788. Abolition des priviléges et des titres de noblesse. . . . . . . *Id.*
1790. Suppression de l'ordre des avocats remplacé par des défenseurs officieux, rétabli en novembre 1805 (ventôse, an XII). . . . *Id.*
1793. Mort de Louis XVI sur l'échafa ud. *Id.*
1795. Fondation de l'Institut et du con-servatoire des arts et métiers. Directoire.
1799. Bonaparte premier consul. . . Consulat.
1800. Organisation des préfectures et sous-préfectures. . . . . . *Id.*
1804. Bonaparte proclamé empereur. . Empire.
18 mai. Création des maréchaux de l'Empire. . . . . . . *Id.*
1815. 9 juillet. Louis XVIII monte sur le trône de ses ancêtres. . . . Restauration.
1816. En août, premier bateau à vapeur lancé sur la Seine, à Bercy, et construit par Fulton, à qui le marquis de Joufroy revendiqua, par un procès, le mérite de l'in-vention. . . . . *Id.*

Lecteurs, méditez maintenant sur le grand mouvement d'améliorations qui s'est opéré, en France particulièrement, de 485 à 1815, et dont nous n'avons donné qu'un aperçu pour ne point étendre le cercle que nous nous sommes tracé ; jetez ensuite un regard sur le passé, et remarquez que, sous Jules César, la première enceinte de Paris ne renfermait que .... 15 h. 28 c.

			h.	c.
En 375, sous Julien,	2ᵉ enc.		38	28
1211, Phil.-Auguste,	3ᵉ enc.		252	85
1383, Charles VI,	4ᵉ enc.		439	20
1581, Henri III,	5ᵉ enc.		483	»
1634, Louis XIII,	6ᵉ enc.		567	80
1686, Louis XIV,	7ᶜ enc.		1,103	70
1717, Louis XV,	8ᵉ enc.		1,337	12
1788, Louis XVI,	9ᶜ enc. (*)	3,437	43
1830, Charles X,	10ᵉ enc.		3,450	»

Voyez, d'un côté, le pays, couvert d'étangs et de forêts aussi anciennes que le monde, presque nu aujourd'hui.

Voyez, d'un autre côté, ces constructions nouvelles de tous genres qui s'élèvent d'une extrémité de la France à l'autre et qui sont occasionnées par cette immense population qui, depuis un siècle seulement, a presque doublé malgré les décimations des guerres si longues et si désastreuses, population qui s'accroît chaque jour, et qu'on nous pardonne ce mot, dans une proportion effrayante, attendu que ses besoins et son

---

(*) Sur les instances du fermier général Lavoisier, Paris enferma dans son enceinte une grande partie de sa banlieue, au moyen de cinquante-deux barrières et de l'immense mur qui l'entoure maintenant.

luxe lui mettent constamment en main la hache et la pioche pour achever la destruction du dernier cinquième des forêts qui nous reste comme par miracle.

Que ce tableau soit constamment présent à la pensée de nos économistes, afin que, par leur prévoyance et leurs vœux, ils contribuent à procurer au sol forestier la culture et les soins qu'une impérieuse nécessité exigera bientôt.

Suivant nous, il n'y a pas un moment à perdre pour marcher à une réforme radicale dans cette partie de la richesse publique : tous les bons esprits la réclament et s'étonnent même de ce qu'elle n'est point encore arrivée ; nous nous flattons de la provoquer par les renseignements, les instructions et les conseils de notre expérience, et si, cependant, nous n'y parvenions pas, elle n'en aurait pas moins lieu avant un siècle, la force des choses, le goût et l'heureuse vanité qui portent de nos jours à tenir les propriétés dans le meilleur état nous y conduisant chaque jour.

On ne saurait trop encourager ces améliorations, si on réfléchit que la France possédait 33 millions d'hectares de bois en 768, première année du règne de Charlemagne, et qu'il ne nous en reste plus que 6 millions, déficit 27 millions.

Comment, dans l'avenir, pourrons-nous subvenir aux besoins d'une population toujours croissante et multipliante, et, surtout, à l'alimentation de

30,030 manufactures ,

420 hauts fourneaux à fer,

1,263 feux de forges,

et de plus de 50,000 foyers consommateurs, tels que faïenceries, porcelaineries, verreries, tuileries, briqueteries, fours à chaux et plâtre, etc., presque toujours en feu? comment enfin pourrons-nous alimenter, chaque année, en échalas, perches, cercles, treillages, tonneaux et cuves, 1,977,000 hectares de vignes? Herbin de Halle, dans son *Mémorial forestier*, en porte le nombre à 2,227,000 hectares. Il est vrai que cette culture augmente chaque jour, même dans les départements où on n'en avait jamais eu.

Ceux qui contiennent le plus de vignes vont être indiqués ci-après :

Gironde,	110,000 hectares.
Gard ,	100,000
Charente-Inférieure ,	98,000
Hérault ,	75,000
Charente ,	66,500
Lot-et-Garonne ,	60,000
Haute-Garonne ,	57,300
Lot ,	47,000
Loire-Inférieure ,	45,000
Vaucluse ,	45,000
Loiret ,	39,000
Indre-et-Loire ,	36,000
Yonne ,	36,000
Maine-et-Loire ,	35,000
Saône-et-Loire ,	28,000
Loir-et-Cher ,	28,000
Côte-d'Or,	26,467
Seine-et-Oise ,	20,000

Nièvre, 15,000
Cher, 12,000
Calvados et Lozère, 4

Finistère , Côtes-du-Nord , Manche, Seine-Inférieure, Orne, Pas-de-Calais, Nord, Creuse ne comptent pas dans les produits vignobles.

A ces inquiétudes sur la nécessité de la conservation des bois, on nous fera peut-être observer que chez les Anglais, dont nous vantons tant la prospérité, il n'y a pas de bois, ou, du moins, il n'y en a qu'une très-petite quantité.

Nous répondrons que nos voisins les insulaires marchent sur la houille (*), et qu'au moyen de leurs canaux et de leurs chemins de fer, ce combustible, qui est loin de valoir le bois, est en usage dans outes les classes et à la portée des plus pauvres. Les Anglais, au surplus, par leur position topographique, par la puissance de leur commerce et de leurs banques, ne manqueront jamais d'aucun bois.

(*) Le chauffage par la houille altère la santé de l'homme et avance ses jours. On assure qu'un vingtième de la population, notamment dans les ateliers, périt par les miasmes de ce combustible.

CHAPITRE II.

FAMILLE DES BOIS DURS.

1º	Le chêne.	*Quercus.*
2º	Le fouteau ou hêtre.	*Fagus.*
3º	Le châtaignier.	*Castanea.*
4º	Le charme.	*Carpinus.*
5º	L'orme.	*Ulmus.*
6º	Le frêne.	*Fraxinus.*
7º	Le merisier.	*Cerasus sylvestris.*
8º	L'érable.	*Acer.*
9º	L'alizier.	*Cratægus.*
10º	Le cormier.	*Sorbus.*
11º	Le poirier sauvage.	*Pyrus silvestris.*
12º	Le pommier sauvage.	*Malus.*
13º	Le coudrier.	*Corylus.*
14º	Le buis.	*Buxus.*

FAMILLE DES BOIS BLANCS.

1º	Le bouleau.	*Betula.*
2º	Le tremble.	*Populus tremula.*

3o Le saule marseau ou
   marsault.   *Salix capræa.*

4o L'ypréau ou blanc de
   Hollande.   *Populus alba.*

5o L'aune ou verne.   *Alnus.*

6o Le tilleul.   *Tilia.*

FAMILLE DES ARBRES RÉSINEUX OU ARBRES VERTS.

1o Le pin.   *Pinus.*

2o Le sapin.   *Abies.*

3o Le mélèze.   *Larix europeæ.*

L'ordre des numéros indique les espèces les plus convenables aux forêts. On s'étonnera sans doute que l'orme, qui est le meilleur des bois pour le charronnage et le chauffage, ne soit pas avant ou immédiatement après le chêne, on doit en expliquer la cause : c'est qu'il lui faut, pour prospérer, un terrain particulier riche de fonds : cet arbre pousse horizontalement de grandes et fortes racines, et verticalement un chevelu semblable à de gros pivots de luzerne ; il est envahissant et gourmand de sa nature, et, par conséquent, prospère peu en pleine forêt, où on le trouve rarement ; il meurt ou végète sur un sol qui n'est pas le sien. Il y a donc avantage de ne le cultiver qu'en allées ou sur des terrains privilégiés et qui lui conviennent bien ; mais aussi, quand le sol lui est favorable, il faut le préférer à toutes les autres essences.

SECTION PREMIÈRE.

—

FAMILLE DES BOIS DURS.

—

N° I. — LE CHÊNE.

Notre but n'est pas de reproduire ici la nomenclature si connue de toutes les espèces de chênes; nous ne parlerons même pas du chêne blanc du Canada, n° 16, de Duhamel du Monceau, *quercus virginiana glande dulci*, qui rapporte du gland aussi bon que la noisette, parce qu'il est à croire que, depuis 1755, il se serait beaucoup répandu, au moins dans nos jardins, s'il avait pu s'acclimater et produire un fruit aussi agréable.

Miller admet. . . . . . 72 espèces de chênes.
Duhamel du Monceau. . 23
Tournefort. 20
Vaillant 7
De Perthuis. . . . . 3 à 4

Nous éviterons toutes ces distinctions d'espèces, nous ne parlerons même pas de la contexture et échancrure des feuilles, résolu à ne traiter que des espèces que nous considérons comme type de toutes les autres. Il en sera de même pour les fleurs mâles ou femelles, chaque nature de chêne portant les unes et les autres. Au surplus, comme tous les glands et les faînes produisent également du bon plant, cela nous

suffit, et nous ne sommes point encore à la hauteur
de ces hommes de mérite pour discuter sur ces distinctions infinies.

Nous dirons donc simplement que nous ne connaissons pour nos forêts que trois espèces :

1° Le chêne vert ou yeuse à feuilles persistantes,
en latin *ilex*, qu'on ne trouve qu'en Provence, en
Gascogne, dans les Pyrénées, en Saintonge et en
Corse; conservant ses feuilles toute l'année comme
le laurier-sauce.

2° Le chêne-liége (*quercus suber*), qui ne diffère
du chêne vert que par son écorce épaisse, tendre et
élastique, arbre des provinces méridionales ; aussi
on n'en voit en France que dans celles que nous
avons citées plus haut.

Ces deux espèces viennent rarement assez grosses
et assez longues pour donner de belles pièces de
charpente ou de marine : en conséquence, nous ne
les mentionnons ici qu'à titre de renseignements.

3° La troisième espèce, connue sous la dénomination latine de *quercus cum longo pediculo,* est le
chêne femelle à racines pivotantes et muni de branches
légères et élancées, quand il est en plein bois ; il est
connu dans beaucoup de localités, sous la désignation
de chêne franc ou blanc, qui perd ses feuilles en
automne, porte un fruit pendant à longues queues,
une écorce argentine unie et bien moins épaisse que
celle du chêne rouvre, semblable enfin au *white oak*
d'Amérique, qui se divise en trois variétés.

Cette espèce se fend très-bien ; c'est d'elle que l'on

tire particulièrement les bois pour la marine et la belle menuiserie ainsi que la boissellerie, le merrain et la latte; elle est très-vivace et vient admirablement dans les terres riches de fonds et à prairies.

La première variété du chêne blanc est le chêne mâle ou rouvre à glands sessiles, *quercus robur,* désigné sous ces titres et sous celui de derlin ou durlin ou chêne cerris ou rouge suivant les localités, à écorce grise et raboteuse, dont le premier épiderme est d'un rouge cerise, plus épais et mieux nourri que celui du chêne blanc, et bien plus avantageux pour le produit et la qualité de l'écorce; portant ses fruits sur de courts pédoncules et par petits paquets. Son tronc est gros, et, quand il n'est pas environné d'autres arbres, il a beaucoup de dispositions à produire quantité de branches, qui s'étendent horizontalement; dans ce cas, il s'élève peu ; cependant, lorsqu'il est dans un massif et en bon terrain, il produit de belles et grandes pièces.

Comme le chêne blanc, il est très-propre aux constructions maritimes de premier ordre ; il est même plus recherché par les constructeurs de navires.

Son bois est haut en couleur, particulièrement quand il est abattu de février à avril; il est dur et de bonne qualité, mais quelquefois rebours et les fibres un peu torses, d'un cinquième plus pesant que le pédonculé; enfin, bien plus sujet à la vermoulure et moins propre à la menuiserie que le chêne franc : cette variété est probablement le *quercus latifolia mas quæ brevi pediculo est.*

La seconde variété est le chêne gravier à écorce

dure et grossière : c'est un bois de coteau, trapu, qui s'élève peu, pousse beaucoup de rameaux qui s'étendent horizontalement et quelquefois jusque rez terre, mais de très-bonne qualité pour brûler et faire du charbon ; les terrains où il se trouve sont généralement arides, au point qu'il produit rarement des pièces propres à la fente et à la charpente.

La troisième variété est le chêne noir, la plus mauvaise des trois. Ce chêne est très-branchu, rabougri, poussant des branches en grande quantité, tendant à s'écarter et à ramper sur terre ; les feuilles en sont d'un vert blanchâtre, parce qu'elles sont ordinairement chargées d'un long duvet, surtout quand elles sont jeunes, alors elles paraissent bordées d'une teinte de couleur rose ; ces feuilles sont allongées et fort échancrées, on les voit rassemblées par bouquets.

Le bois de cette variété est un avorton qui ne vient que sur un sol humide et aride, il est très-brun, d'une couleur de bois gâté, ce qui fait qu'on l'appelle chêne noir ; son aubier cependant est blanc et fort épais, et quelquefois il est pourvu d'un double aubier.

Le bois en est très-dur et pesant, mais sujet à être rebours ; il produit rarement des pièces d'une grosseur un peu considérable, surtout quand il est entièrement dépouillé de son aubier. Ce rachitique est le *quercus foliis molli lanugine pubescentibus.*

Nous pensons, au surplus, que l'écorce du chêne, plus ou moins blanche ou grise, plus ou moins épaisse ou grossière, ridée ou chargée de mousse, enfin que les trois variétés que nous venons de décrire et toutes les diverses nuances quelque fortes et prononcées qu'elles puissent être, ne désignent point des espèces différentes. Ce sont des variétés provenant uniquement du terrain, de l'exposition et de l'âge.

Dans les Pyrénées, l'Aquitaine, l'Anjou et le Maine, on voit le chêne pyramidal et le chêne toza ou tauzin.

Le premier est admirable par sa grande élévation, le second très-propre à l'écorce pour la tannerie et également d'une très-belle végétation ; nous attribuons, nous le répétons, ces variétés aux positions et au climat, et nous ne les considérons pas comme des espèces particulières.

Linnée, en résumé, qui fait autorité en botanique, a réduit, et avec raison, la famille des chênes à trois espèces : le chêne blanc, que nous admettons pour type des chênes forestiers; les chênes verts et les chênes-liége. Nous sommes parfaitement d'accord avec ce savant, et, à l'exception de ces deux dernières espèces bien marquées, nous répétons de nouveau que nous ne reconnaissons pour espèce mère, dans nos forêts, que le chêne blanc ou femelle : nous avons tellement cette idée que nous sommes convaincu qu'un gland de chêne durlin, grisâtre, rouge ou noir, même d'un gravier bien prononcé et à gland rabougri, semé dans une bonne terre propre au chêne blanc, changerait de nature à ne plus reconnaître la variété, même à la première génération.

CULTURE.

Pour le chêne comme pour les autres arbres, nous engageons les propriétaires qui veulent planter à faire, par avance, des pépinières. Cependant beaucoup de forestiers prétendent qu'il convient mieux de cultiver le chêne par des semis plutôt que par des plantations (et nous en conviendrons avec eux) ; mais, dans un semis que d'ennemis à combattre, indépendamment, du corbeau, du mulot et de mille insectes rongeurs qui sont friands de glands, châtaignes et faînes !

Rien de plus simple que l'intelligence d'un semis ou d'une plantation ; toutefois, pour y réussir, il faut encore en avoir l'expérience et y mettre du soin (voir notre article *Pépinière*).

M. de Perthuis, page 39, annonce qu'il faut que le chêne à planter soit sans pivot ; il ajoute qu'il a reconnu que, sur cent plantés avec pivots, la moitié reprend à peine. Nous le concevons, mais ce n'est pas une raison pour ne pas planter un chêne avec son pivot : s'il prend, il aidera puissamment à la végétation de la tige ; s'il meurt, il ne lui nuira pas. Quand il est trop fort, qu'on le coupe ou qu'on ne le coupe pas, il mourra toujours ; et, s'il réussit, ce ne sera que fort rarement. Nous pensons, au surplus, que le mieux est, pour s'assurer du succès d'une plantation en chêne, de ne la former qu'en plant d'*un an* provenant particulièrement d'un terrain sablonneux ou très-léger, ou qu'on peut arracher sans perte, c'est-à-dire sans altérer son pivot. Ce plant pourra avoir un pivot de sept à huit pouces et plus, et une tige seulement de trois à quatre : à ce jeune âge , on obtiendra le pivot dans tout son entier et avec un chevelu plein de vie, surtout en l'arrosant fortement avant de l'arracher, enfin en le noyant d'eau.

Dans ce cas, ne couper du pivot que la partie qui aura pu être froissée par la pioche ou l'arrachage. Pourquoi couper une racine si jeune et si pure ?

Il n'en est pas de même du plant de forêt dont on ignore l'âge. Un chêne nain qui, dans un bois sera supposé n'avoir que trois à quatre ans en aura quinze; alors son pivot sera énorme, et, quoique la tige soit très-belle en apparence, il sera sans valeur; après avoir été arraché, il ne lui restera qu'une faible partie de ses membres, et encore seront-ils mutilés ; le surplus scra resté en terre : ainsi blessé dans sa partie la plus vitale, il ne sera bon qu'à jeter au feu. Cependant nous avons vu, dans le haut et bas Limousin, des plantations de chêne faites en avenues, sur les routes et en plein bois, très-bien venantes, quoique composées de sujets pris en forêts et à cinq ou six ans d'âge; quoi qu'il en soit, un plant de forêt, même en très-bon état, ne peut valoir celui d'une pépinière, qui a un âge connu, qui est intact, dont le pivot n'est encore qu'en herbe, flexible et accompagné d'un chevelu frais et plein de vigueur. En définitive, nous conseillons de préférence la culture du chêne blanc, du pyramidal et du chêne toza, et de choisir, autant que possible, pour semis le gland des chênes de bellevenue, quelles que soient la nature, la contexture et la grosseur du gland ; d'autant plus qu'on ne le rencontre sain et beau que sur les chênes de bonne essence et bien venants.

Les glands du Midi venus sur un bon terrain seraient excellents à semer dans le Nord, comme toutes les autres graines qui des régions chaudes passent aux régions froides. — Le chêne n'est fertile en semences que de cinquante à quatre-vingts ans.

Pour semer un hectare en bois de chêne, d'après Duhamel, il faut huit mines ou seize pieds cubes de glands, non compris la garniture en bois blanc. Nous pensons que c'est trop peu, on ne doit pas tenir à quelques mesures de semences pour assurer le succès d'un semis. Employer jusqu'à quinze à seize hectolitres ou environ dix sacs l'hectare ; le litre de glands pesant cinq cent cinquante à six cents grammes.

Le chêne tient le premier rang parmi nos arbres forestiers, tant pour son utilité à tous les usages que par sa grosseur, son élévation et sa longévité. A quelque âge qu'on le coupe, il ne pousse pas de drageons ; mais, lorsqu'il n'est pas trop vieux, les souches se reproduisent très-bien par cépées ; cependant, après la coupe d'une vieille futaie, en terrains frais et privilégiés, on en voit se reproduire sur souches et racines, mais, dans le dernier cas, très-peu ; au reste, le genre de reproduction sur des fonds épuisés ne vaut pas celui des semis. Sur les montagnes et coteaux en France, jusqu'à trente ans, la végétation ne leur fait pas défaut ; à cinquante ans, on en voit périr la moitié, de soixante jusqu'à quatre-vingts les quatre cinquièmes au moins, et à cent et au-dessus les souches ne repoussent plus, du moins c'est fort rare.

Le chêne est l'arbre qui a le plus de racines, son pivot va jusqu'à 3 mètres de profondeur, quoiqu'il se contente de 1 mètre à 1 mètre 33 centimètres pour prospérer : quand son pivot ne peut percer, il marche horizontalement, et alors il s'élance peu ; il a besoin des climats tempérés ; il ne vient pas dans les régions glaciales, ni sous la zone torride ; on ne le connaît point à la Guyane ni au delà.

En général, tous les terrains lui conviennent ; et, à l'exception des hautes montagnes, dont la température trop froide lui est tout à fait contraire, et des sols de craie pure sur lesquels on n'a pu encore l'acclimater, cet arbre, même sur les plus mauvais fonds, trouve une nourriture suffisante pour prospérer plus ou moins bien. Sa longévité ne peut être fixée, elle dépend de la qualité de la terre et des soins que l'on donne à son exploitation.

Le chêne gèle plus facilement en massifs que lorsqu'il est isolé ; dans ce dernier cas, il prend plus de consistance et de dureté ; entouré d'autres arbres, il est plus tendre et, par conséquent, il craint davantage les gelées.

L'hiver de 1788 à 1789 détruisit environ le huitième des chênes de taillis de M. de Perthuis ; ils étaient âgés de vingt ans et plus, et situés en Bourgogne et en Brie, tandis qu'il ne fit périr aucun des baliveaux que ce célèbre forestier réservait annuellement sur ses haies de clôture.

La rigueur de ce même hiver fit fendre une grande quantité de chênes anciens sur ses taillis, tandis qu'un petit nombre seulement de ceux des haies éprouvèrent cet accident. Au surplus, le même événement n'occasionna qu'un préjudice peu sensible à la qualité du bois, car M. de Perthuis fit exploiter plus de dix mille chênes qui tous avaient supporté les trop fameux hivers de 1696, 1709 et 1740, et il en trouva rarement qui portassent des marques de ces gelées extraordinaires.

Les grands vents font encore plus de mal aux chênes que la gelée ; ils les tordent et leur occasionnent le défaut que le commerce appelle roulure ; alors le chêne le plus vigoureux, en apparence, attaqué de cette maladie, ne peut se débiter en industrie, et il y aurait même danger à l'employer comme charpente ; dans cet état, il n'est bon qu'à brûler.

Les chênes exposés aux vents de sud-ouest ou de l'ouest sont rarement droits.

A terrain égal et convenable à chaque espèce de bois, le chêne est parmi les bois durs un de ceux dont l'accroissement est le plus certain et le plus prompt.

Un taillis uniquement peuplé en chêne croît moins vite que lorsqu'il est mélangé avec d'autres essences. Sa végétation est plus prompte, notamment avec les bois blancs ; la cause de ces effets est facile à expliquer.

Ces différentes espèces puisent leur nourriture à des profondeurs inégales et laissent à chacune la jouissance des portions de terrain qui peuvent leur convenir; mais, lorsqu'il arrive que les essences sont de même nature, elles vivent à la même table et sont obligées, quand elles se rapprochent par l'âge, de se disputer leur subsistance.

Il en résulte que, pour assurer le succès de la plantation d'un bois, il faut avoir soin, nous le recommandons particulièrement, d'en mélanger les essences et de les choisir parmi celles qui s'accordent le mieux entre elles, toujours en consultant les terrains qui leur sont propres. Ainsi il faut mettre spécialement avec le chêne, car il convient presque partout, un mélange de trembles et de bouleaux. Ces essences, nous ne saurions trop le dire, ont cet avantage que le chêne pivotant et tirant sa nourriture dans les profondeurs du sol, les bois blancs, au contraire, vivant à la superficie de la terre, prospèrent très-bien côte à côte sans se nuire.

En outre, ces essences prolifiques, ayant une croissance puissante et double du chêne, l'abritent et le protégent, particulièrement le jeune chêne des plantations, dont elles facilitent la végétation d'une manière merveilleuse : aussi, quand un bois est annoncé comme riche et bien plein, c'est qu'il est garni de plusieurs essences qui se conviennent.

Les chênes francs, blancs, cerris ou rouges, ainsi que nous l'avons déjà dit, gagnent ou dégénèrent suivant le sol et l'exposition, de même le gravier; mais, quand ce dernier se trouve sur les montagnes ou en coteau et sur un terrain pierreux, sa croissance est magnifique les trois ou quatre premières années de sa coupe, notamment la première; tandis

que le chêne blanc, dans un riche fonds, frais et profond, pouvant à peine se remettre de l'amputation
qu'il a éprouvée, surtout quand la coupe s'est opérée
à un âge avancé (40 à 45 ans), ne se montre qu'au
bout de deux ou trois ans, et ne s'arrête plus ensuite :
quant à la végétation du gravier, elle se ralentit
avec l'âge, de sorte qu'il a besoin d'être coupé
quelquefois avant quinze ans, à l'âge précisément
où un fonds de bonne nature commence à prendre
de la force et de la qualité.

Ainsi, lorsqu'un propriétaire veut donner de l'apparence aux bois de cette nature, il fait abattre toutes les
réserves, même les baliveaux sur taillis ; la superficie
devient alors si épaisse, qu'on ne peut plus y entrer.

C'est là une ruse dont il faut se défier lorsqu'on veut
évaluer un sol forestier. C'est donc aux anciens arbres
qu'il faut s'attacher plutôt qu'aux taillis. On ne peut
véritablement bien apprécier un bois que d'après ses
réserves. Si l'on voit de beaux chênes et un mauvais
taillis, c'est que le bois a été mal exploité ou mal
conservé ; mais si les réserves sont petites, garnies de
lichen ou mousse blanche aux branches, si la cime
est ronde et fait le pommier et la tige peu élevée, c'est
que le fonds est mauvais et d'un stérile produit. (Voir
nos *Remarques sur les curiosités forestières,* t. II.)

PROPRIÉTÉS ET VALEUR DU CHÊNE.

Le chêne est l'arbre qui a le plus d'aubier ; aussi,
lorsqu'un chêne n'a que 60 ans, il a, au moins, autant

d'aubier que de cœur. Il y a donc perte, à cet âge, en beaucoup de localités, à faire du merrain, planches et autres marchandises où il n'entre pas d'aubier. Il faut un chêne d'au moins 80 ans, pour qu'on trouve de l'avantage à le débiter en industrie, où il n'entre que du cœur.

Le chêne, par son écorce, alimente nos tanneries, et, sans les sollicitations intéressées ou irréfléchies des tanneurs de Paris auprès du gouvernement, le commerce exporterait beaucoup de nos écorces, par la Loire et la Seine, sans que nos foyers et nos tanneries en souffrissent et sans augmenter le prix du tan que de quelques centimes par livre. (Voir ce que nous disons sur l'*écorçage,* la *longévité des chênes* et pour ce qui concerne leurs grosseur et hauteur.)

Le gland, quoi qu'en aient dit plusieurs auteurs, n'est pas mangeable en France, excepté pour les cochons et la volaille. Dans les famines de 1709 et 1789, on a essayé d'en mettre dans le pain ou de les faire griller comme des marrons, mais inutilement; tandis qu'en Espagne le gland catalan se vend sur les marchés comme un fruit nourrissant et agréable.

Le grand âge du chêne, les fortes gelées, les vents, le givre et différents autres accidents particuliers altèrent la qualité de son bois.

Le chêne gravier est très-lourd et a beaucoup de qualité, mais presque spéciale au chauffage; cependant, quand il est propre à l'industrie et qu'on peut le fendre sans perte, il est très-recherché. L'échalas ou pesseau, la latte qu'on en tire sont excellents. Le merrain et la planche qui en proviennent sont, il est vrai, rebutés par le commerce, mais uniquement parce qu'il est difficile de les travailler.

Les chênes de la Haute-Marne et des Vosges, après le chêne dit de Hollande, produisent les meilleures planches et membrures pour la menuiserie. (Voir l'article *Sciage*, tome II.)

Sans le chêne en France, nous ne pourrions avoir de marine, ou il faudrait alors entrer en concurrence avec les Anglais pour s'en procurer.

Comment nourrir, en outre, assez de boucs pour en avoir les peaux, comme en Espagne, à l'effet de remplacer le merrain provenant du chêne avec lequel nous fabriquons exclusivement les barriques et tonneaux pour le transport des vins.

L'essence du chêne est la plus estimée dans toutes les constructions, de quelque nature qu'elles soient ; on n'y emploie, avec raison, d'autre bois que lorsque le chêne manque ou revient à un prix trop élevé. Avec lui on fait des pilots, des madriers, des planches de tous échantillons, des cuves, des seaux, des parquets, des cercles, du treillage, de la latte, des poutres, du merrain, du bardeau, de l'écorce, des cribles, des moules à fromages, du charronnage, etc.; des perches de toute espèce, du charbon, des harts, du fagot, des bourrées, des barreaux. Que ne fait-on avec cette précieuse essence et toujours en première qualité ?

POIDS.

Le chêne gravier de Provence pèse jusqu'à 30 kilogrammes le pied cube, après un an de coupe ;

Le chêne rouge, durlin et de Bour-
gogne, de . . . . 27 à 28 kil.
Celui de Bourgogne blanc . . . 25 à 26
Le chêne blanc de la Haute-Marne . 24 à 26

On cube ou toise les bois pour la marine sous la déduction du cinquième de leur circonférence au milieu, comme pour la belle charpente, et du sixième pour celle ordinaire.

La qualité du bois est en raison de son poids; plus il pèse, mieux il vaut : aussi le gouvernement aurait un grand bénéfice à fournir les troupes et les administrations en bois livrés au poids, en y mettant, toutefois, une grande concurrence. Le marchand serait intéressé lui-même à ne pas tromper et à ne vendre que des bois de bonne qualité, surtout si on lui imposait la condition « de ne livrer que des bois au moins « d'un an de coupe, bien secs, ayant deux mois de « hangar pour les bois neufs et quatre mois pour les « bois flottés ; de n'être nullement mouillés, et avec « condition expresse de les livrer par un temps sec et « à l'abri de la pluie. »

Le chêne, comme tous les autres bois, pèse plus en hiver; ou plutôt quand il est hors séve, c'est-à-dire en maturité, que lorsqu'il est en séve. Un vieux chêne abattu à la fin du mois de janvier ou de cette époque jusqu'au mois de mars aura perdu un trente-troi-sième de son poids; de mars à juin, un dixième ; c'est-à-dire que, si un morceau coupé en janvier pèse 170 kil., un autre de même dimension, coupé en mars, ne pèsera que 165 kil., et en juin 149 kil.

Le chêne sur pied, au contraire, diminue en hiver suivant le froid, en volume seulement, de trois ou quatre lignes en rotondité et augmente dans la même proportion par la dilatation quand le temps change et devient chaud même, sans aucune influence végétative.

Nous n'avons point épargné les détails et les instructions sur le chêne, que l'on doit considérer comme le roi des arbres et le type des bois d'industrie, attendu que ces instructions sont communes, dans les principaux points de culture et d'exploitation, aux autres essences dont nous allons successivement nous occuper.

Le chêne rouvre fraîchement abattu contient, sur 100 parties :   en bois,   66 6/10
en eau,   33 4/10
Le chêne pédonculé en bois,   62 7/10
en eau,   37 3/10

Le gland se vend, en province, sur les lieux où il se récolte, de 3 à 5 francs l'hectolitre ; à Paris, de 10 à 15 francs, suivant qu'il est plus ou moins abondant.

N° II. — LE HÊTRE.

Le hêtre, connu sous les noms de fau, fayard, foyard, fouelle, foiteau, fouteau, selon les localités, arbre forestier de la première grandeur, s'élève presque aussi haut que le chêne. Aucune espèce d'arbre n'a le port plus élégant ; si une nombreuse famille de grands végétaux l'a accompagné dans sa jeunesse, sa tige se développe droite et sans branches, jusqu'à soixante pieds ou vingt mètres et plus, et balance dans les airs un bouquet arrondi de la plus éclatante verdure.

Isolé, il gagne beaucoup en branches et s'élève peu, semblable, en cela, au chêne, à l'orme, au frêne, etc.

Le hêtre est un bois de montagne, qui ne déploie toute la richesse de sa végétation que sur les terrains élevés, et particulièrement sur les sols légèrement argileux, mélangés de pierrailles granitteuses, ainsi que sur les terrains limoneux et sablonneux, mais de bonne qualité. L'exposition de l'est et du nord-ouest lui est favorable, celle du nord lui est contraire. Il ne réussit pas aussi bien que le chêne sur les terrains médiocres, et, en général, il ne prospère pas sur les terrains mauvais et humides; ceux, cependant, qui sont mêlés de gravier sans être marécageux lui conviennent assez bien; ses racines redoutent les rigueurs du froid et les excès de la chaleur à cause de leur peu de profondeur, cet arbre n'ayant presque pour appui que de courtes racines et qu'un fort chevelu.

CULTURE.

On doit dresser et régir les pépinières de hêtres comme celles de chênes, semer les graines à la volée, ou au fichot, par rangées régulières, sur une terre bien ameublie et légère, mélangée de sable, en couvrant la semence d'un demi-pouce de terre seule-

ment pour la mettre à l'abri du froid et de la sécheresse. Huit à dix hectolitres de faînes par hectare, du
poids de 405 à 425 grammes le litre, doivent suffire.

Il est important de conserver aux semis de hêtres,
comme à toutes graines forestières, de l'ombrage;
il faut, pour cela, les mélanger avec du seigle ou de
l'avoine, et, encore mieux, avec des plantations de
bouleaux, trembles et marseaux, comme nous
l'avons recommandé à l'article des *semis de glands*.

Le hêtre, livré à lui-même, se buissonne; on peut y
remédier en émondant jeunes les branches latérales;
mais, s'il était resté faible et rabougri, il conviendrait
de le couper au pied pour le fortifier et lui procurer
à nouveau de belles tiges.

Il ne pivote pas et ne pousse point, comme l'a
avancé Buffon, de grosses racines dans la profondeur
du terrain; ses racines, au contraire, s'étendent peu
et sont d'une grosseur apparente assez prononcée quelquefois, mais garnies d'une grande quantité de chevelu formant une masse compacte et ronde : aussi une
couche peu épaisse de terre végétale, pourvu qu'elle
soit à sa convenance, suffit à sa nourriture. Il ne se
gâte pas plus que le chêne, jusqu'à l'âge de 250 ans;
mais il est moins sujet à la roulure, et résiste aux
plus fortes gelées.

La plupart des baliveaux de hêtre qu'on réserve
sur les futaies et les gaulis se dessèchent ordinairement dans leur partie supérieure, à 25, 30
et 35 pieds de hauteur, surtout lorsqu'ils sont trop
élevés et trop élancés; il ne faut pas, pour cela, les

considérer comme en état de dépérissement; car, au point où la séve cesse de s'élever, il se forme une nouvelle tête souvent très-fournie, sans que cet accident nuise, du reste, en aucune manière à la bonne qualité de la tige, qui prend alors une grosseur relative à la dimension de la hauteur de l'arbre : c'est de ces sortes de hêtres que l'on tire les beaux étaux de boucherie.

Les bois peuplés de hêtres, et dans lesquels les bestiaux ne pénètrent pas, se garnissent d'une grande quantité de plants dont on peut faire usage pour regarnir ou faire des plantations, en les choisissant jeunes et avec tout leur chevelu.

Quand le terrain est propre à cette essence, les plantations y réussissent assez bien; elle est cependant plus difficile à faire prendre que le jeune chêne de pépinière.

De quelque manière que les faînes aient été recueillies, il faut les vanner et les bien nettoyer en les passant au crible. Dans quelques localités, pour les éprouver, on les met dans un baquet d'eau, et l'on rejette les graines que leur défectuosité fait surnager. Quelques ménagères portent la précaution jusqu'à étendre les faînes sur une table pour les choisir l'une après l'autre, et ne conserver que celles bien mûres et bien saines, ce qu'on devrait faire encore avec plus de soins pour les semis que pour l'huile.

Le hêtre se multiplie naturellement par ses graines, qui, ordinairement, sont abondantes de deux ou trois années l'une : il se reproduit aussi par les faibles pousses qui naissent de sa souche et par les plants enracinés ; mais celui des semis est préférable à ce dernier mode. Quand on transplante de jeunes hêtres, il faut les enterrer jusqu'aux feuilles séminales. (Voir enfin, sur la reproduction de cet arbre, ce que nous en disons pour l'*exploitation au furetage*.) Le hêtre ne porte guère de fruits que lorsqu'il a acquis une grande partie de sa croissance.

Quant à son exploitation et à sa direction, consulter le chapitre *des coupes* et celui *des aménagements des bois de hêtre*.

PROPRIÉTÉS DU HÊTRE.

Quoique les produits du hêtre n'équivalent pas en valeur à ceux du chêne, ils sont bien plus variés ; le hêtre, dans beaucoup d'industries, remplace le chêne ; en outre, on en tire de superbes tables de cuisine, des étaux de boucher, des planches, membrures et madriers pour les menuisiers, du merrain pour *envaisseler* les huiles, des jalousies, lattes à ardoises, boîtes, étuis, violons, mesures à grain, caisses à tambours, formes de teinturiers, sabots, seaux, gamelles, sébiles, salières, cuillers, mortiers, moules à fromage, cercles à cribles et tamis, copeaux de gaîniers, miroitiers, fourbisseurs, embouchoirs de bottes, fûts de bâts et de selles, arçons, panneaux de soufflets, jougs de bœufs, pelles à four, à grains et à boue, battoirs à lessive, manches à couteaux, rouleaux de pâtissiers, etc.; il est enfin très-recherché par les rôtisseurs, pâtissiers, boulangers et pour tous les fours en général, mais spécialement pour ceux des faïenciers et porcelainiers.

Les copeaux de hêtre mis dans le vin le fortifient.

Le hêtre se corrompt après quelques mois de coupe, aussi les exploitants de cette essence ont-ils grand soin de faire débiter en objets d'industrie, étaux de boucherie, plateaux et membrures, leurs gros hêtres, et de faire fendre les bois de chauffage presque aussitôt qu'ils sont abattus.

Dans le Morvan (Nièvre), le hêtre destiné à la consommation de Paris se fend par l'ouvrier même qui l'abat, immédiatement après qu'il a scié ses bûches, et avant même de les empiler. Dès qu'il est échauffé, il se brise ; on ne peut plus le fendre sans le mettre en éclats.

Le hêtre, scié en plateaux ou planches et exposé au grand air, se détériore également en peu de temps ; il faut le couvrir de bourrées ou copeaux, ou le mettre à l'abri, pour empêcher les extrémités de se gercer. On le conserve, en outre, en le faisant séjourner dans l'eau, en garnissant ses bouts d'une petite planche transversale qui les couvre et les empêche d'éclater, ou en les faisant fumer. Des marchands soigneux les revêtent d'une peinture grossière à l'huile, ce qui vaut encore mieux.

Les dosses de hêtre étant en bois poreux et non entièrement mûr se gercent beaucoup moins que le bois du milieu de l'arbre, c'est-à-dire du cœur pur.

Quelle que soit l'utilité du hêtre, le chêne doit lui être préféré, attendu que sa valeur commerciale est beaucoup plus grande.

Il est des contrées où le hêtre, et plus encore le frêne et l'orme, malgré leurs excellentes qualités, sont sans valeur, à cause de leur éloignement des routes et rivières, comme de toute population ; cette cause en rend le débit impossible, les frais de transport absorbant tout le bénéfice qu'on en pourrait tirer.

Mais, quelque éloigné qu'on soit des rivières navigables, des grandes routes ou des grands vignobles, on ne sera jamais embarrassé du chêne ayant seulement quatre pieds de tour (1 mètre 33 centimètres), parce que les produits en sont tellement précieux qu'on peut en tirer une assez grande valeur pour supporter des frais considérables de transport, notamment en lattes et merrains. Nos provinces méridionales s'approvisionnaient autrefois de merrains provenant d'Amérique, et des bords de la Baltique ; maintenant nous en recevons de la Dalmatie et des Calabres.

Le hêtre, comme chauffage, est ce qu'il y a de plus agréable. Ce bois n'a que le défaut de brûler trop bien.

Lorsque, par sa position et son éloignement des débouchés, il est sans valeur, c'est le cas de le laisser croître en vieille futaie de 120 à 150 ans, et d'avoir soin d'en conserver des masses assez importantes pour qu'elles puissent, à la suite des temps, produire des exploitations industrielles sur une grande échelle, même des constructions de ruisseaux et rivières de flottage en trains ; travaux auxquels on ne peut songer que lorsqu'il y a des quantités de bois assez grandes pour en supporter les frais.

On peut cependant exporter plus loin encore que le chêne, et même pour tous les pays, les produits d'un beau et gros hêtre, notamment quand il est converti en raclerie, vasellerie et boissellerie ; c'est-à-dire en boîtes, étuis, copeaux de gaîniers, pelles, jalousies, salières, égrugeoirs, etc.

L'huile que l'on tire de la faîne est fort en usage dans les Vosges, le Jura, les Alpes, et dans les départements septentrionaux ; elle s'emploie sur les tables et dans les arts. Quand elle est bien préparée, sa qualité équivaut, à peu de chose près, à celle de l'huile de Provence. Les épiciers, cependant, ne l'achètent qu'en secret, et la vendent sous le nom d'huile d'olive.

La pesanteur spécifique de l'huile d'olive superfine, reconnue à l'aéromètre, est de 22 degrés, et celle de l'huile de faîne de 21 1/2 : le thermomètre de Réaumur était, au moment de l'expérience, à 15 degrés.

L'huile d'olive se conserve difficilement après dix-huit mois, où elle perd de sa qualité : l'huile de faîne, au contraire, s'améliore en vieillissant ; c'est à cinq ans qu'elle a acquis toute sa valeur, et on peut la conserver pendant plus de dix ans.

Le hêtre pèse de 24 à 25 kilogrammes le pied cube, suivant son âge. Comme l'écorce est légère, et qu'il n'y a presque pas d'aubier, il se toise au quart, c'est-à-dire sans réduction.

Le hêtre fraîchement abattu contient, sur 100 parties :

En bois,	60 3/10
En eau ,	39 7/10

La faîne ou graine du hêtre se vend, sur les lieux où elle se récolte, de 8 à 12 francs l'hectolitre; à Paris, 15 à 20 francs.

N° III. — LE CHATAIGNIER.

Nous ne parlerons du châtaignier que sous le rapport forestier, et nullement de la culture de son fruit, qui est tellement en pratique et connue, que nous regardons comme superflu de nous en occuper.

Le châtaignier est le bois qui rend plus que tous les autres, quand on est en position de le convertir en industrie, comme cerceaux, échalas, treillages et perches à houblon.

L'échalas de châtaignier avec son écorce dure presque autant que celui de cœur de chêne, qui vaut le double de l'échalas commun, dans lequel on met l'aubier et le cœur; mais la destination la plus profitable qu'on puisse donner au châtaignier, quand on a la certitude d'en vendre les produits dans la première ou seconde année de son exploitation, c'est d'en faire de la perche à treillage et des cercles, dont le prix est à peu près le même dans toute la France.

Le cercle à feuillettes vaut 60 à 75 centimes la botte de vingt-quatre cercles ;

Le cercle à muid, 1 franc à 1 franc 20 centimes;

Le cercle à tonneaux de quatre barriques, 1 franc 75 centimes à 2 francs 50 centimes.

Le bois de la Malmaison, autrefois domaine de Napoléon (à trois lieues de Paris), appartenant maintenant à M. Hagermann, célèbre banquier de la capitale, fournit des cercles à la Bourgogne, où cependant le chêne et autres bois à cercles sont à bas prix; mais on préfère celui du châtaignier. Aussi 1 hectare de ce bois, de 8 à 9 ans, vaudra 1,000 à 1,200 francs; et près d'Auxerre, sur les rives de l'Yonne, on aura, pour 800 francs, la même quantité en chêne et à 20 ans d'âge.

On voit, par cet exposé des produits du bois de châtaignier, quel avantage on trouverait à introduire cette culture dans certaines localités, surtout près des grands vignobles et des houblonnières, d'autant que, dans les terrains où ce bois vient le mieux, les autres espèces, excepté le bouleau, y viennent mal.

Avant 1790, la Normandie et les environs de Paris fournissaient nos colonies de cercles de châtaigniers; mais les Américains, ayant cultivé cette essence, en fournissent à leur tour à un prix si faible, que nous ne pouvons plus en expédier.

Dans la Gironde, où il se fait une si grande consommation de cette marchandise pour son vignoble et pour ses expéditions dans les mers du Sud, on a le plus grand soin des taillis de châtaigniers; c'est peut-être le seul bois dont on s'occupe dans ce département, il est vrai qu'il rapporte autant que le pré. C'est à un tel point, qu'à chaque coupe il reçoit deux labours comme la vigne : le premier de mars à avril, le deuxième en juin.

Ces deux façons reviennent à 40 fr. l'hectare. Cette culture est tellement favorable, qu'on coupe les taillis à cinq et six ans, et qu'on les vend, à cet âge, jusqu'à 1,000 francs l'hectare en première qualité, mais couramment de 7 à 800 francs.

On fait même, dans de si jeunes taillis, des cercles de douze pieds, pour tonneaux contenant quatre barriques de 228 litres, et jusqu'à quatre cercles dans une seule lance. Nous conseillons donc cette culture à tous les propriétaires de taillis de châtaigniers, bien que nous pensions que le terrain et le climat de Bordeaux puissent avoir une bonne part à cette étonnante végétation.

Le châtaignier ne prospère que sur les terrains limoneux, sablonneux et granitiques ; encore faut-il qu'ils aient de la profondeur pour que ses racines puissent s'étendre. Cet arbre a peu de moyens de multiplication ; ses graines sont tellement recherchées à la fois par les hommes et les animaux, qu'il en échappe rarement assez pour produire du jeune plant.

Beaucoup de forestiers et de vieux gardes veulent qu'on coupe le châtaignier plutôt après l'hiver qu'avant, parce que la gelée, dans les saisons rigoureuses, en fera beaucoup moins périr.

A cet égard, il y a une distinction à faire et que nous allons signaler.

Il est vrai qu'en coupant le châtaignier dans les mois d'exploitation en France (janvier et février) il y a péril pour cette essence feuilletée, dont les pores se dilatent si facilement, que souvent, par une journée chaude, on peut y introduire une lame de couteau sans obstacle.

Toutes les personnes qui s'occupent d'agriculture savent que tous les grands végétaux commencent à entrer en séve dès les premiers jours du mois de janvier; quand ils sont abattus en transpiration et que la marche de la végétation est ouverte, les troncs alors sont imprégnés de séve. On remarquera, dans cet état, que, s'il gèle dans la nuit, leur superficie n'est qu'une glace, et parfois ils succombent, seulement à un froid de 3 à 4 degrés, notamment le châtaignier; si, au contraire, on les coupe, comme nous l'indiquons pour les autres bois, à partir du mois d'octobre au 1ᵉʳ janvier, ils seront alors sans sève; enfin ils auront eu le temps de se remettre de leur amputation, de se coudrer ou sécher, en terme forestier, c'est-à-dire de fermer leurs pores insensiblement en s'aguerrissant contre le froid : rien de mieux donc que de couper quand il n'y a pas de séve. Suivant nous, cette opération doit se faire pour le châtaignier d'octobre à novembre, afin que les troncs puissent se guérir de leur plaie dans les derniers beaux jours de l'automne. Qu'on suive ce régime, notamment pour toutes *les essences poreuses*, et particulièrement pour le châtaignier, qui est encore plus sensible à la gelée que le chêne, nous garantissons qu'on s'en trouvera bien.

Le châtaignier doit se couper au-dessus de sa couronne ou précédente coupe; en l'essouchetant on le tue : d'autant que les vieilles et grosses souches produisent de magnifiques rameaux.

Dans les lieux bas et humides, lorsque les hivers

sont rigoureux, les trois quarts des souches de cette essence périssent, surtout si elles ont été exploitées du 15 décembre au 15 mars ; c'est le cas alors de remplacer ces souches mortes par des marseaux et des bouleaux, dont la croissance est aussi très-rapide, qui ne craignent pas les gelées, et sous la protection et à l'ombre desquels on pourra utilement, plus tard, reproduire le châtaignier, d'autant que ces essences s'exploitent jeunes et font aussi de très-bons cercles.

Lorsqu'on plante de jeunes sujets de châtaignier sur un terrain convenable, il faut s'attendre à une perte d'environ moitié ; ils reprennent difficilement, nous le répétons, mais les semis faits dans une terre en bon état et en saison propice réussissent très-bien ; on doit donc les préférer aux plantations.

Pendant les vingt premières années, le châtaignier pousse mieux que le chêne et s'élève presque aussi haut dans les pleines futaies ; mais, isolé, sa hauteur surpasse celle du chêne en même position ; son fruit, en outre, est beaucoup plus gros qu'en plein bois.

Le châtaignier est indigène, quoi qu'on en ait dit, puisqu'il s'en trouve dans les forêts les plus anciennes : d'ailleurs les charpentes de nos vieux monuments attestent qu'autrefois il y avait des forêts entières de cet arbre (*).

Son bois est très-bon pour charpentes ; mais il

(*) Voir notre article sur la *Disparition du châtaignier en France.*

faut qu'il soit à couvert de la pluie et du soleil. On rencontre rarement des arbres de cette espéce propres à former des pièces importantes, parce que maintenant ils sont presque tous mutilés par la greffe. Le châtaignier a sur le chêne l'avantage que l'araignée ne s'y fixe point, qu'il ne gerce ni ne se déjette, et qu'enfin il n'est pas attaquable par les vers. Cet avantage, réuni à l'élasticité qu'il possède en taillis de sept à neuf ans dans toute sa puissance, fait préférer les cercles de ce bois à ceux que l'on fabrique avec d'autres essences.

Dans un taillis, on peut apprécier l'âge du châtaignier par les nœuds et les pousses des jeunes arbres, qui marquent leurs années comme les cornes du cerf; c'est le seul bois dont on puisse distinguer l'âge avec le plus de certitude.

Le sciage du châtaignier est peu recherché en certaines contrées, parce qu'il est feuilleté; aussi l'emploie-t-on rarement en menuiserie; cependant on fait aujourd'hui, avec ce bois et le marronnier d'Inde surtout, de jolies tables façon chinoise et des écrans peints maintenant très-recherchés, du papier en le découpant très-fin; mais, pour ces divers emplois, il faut l'abattre en pleine séve, de mai à juin, afin de lui donner de la blancheur : c'est en appliquant, en outre, au châtaignier un vernis blanc, qu'on le rend propre à l'ébénisterie; on l'emploie également à la confection des gibernes de la troupe : pour chauffage, il est rebuté par le commerce, attendu qu'il petille au feu et souvent y noircit, surtout lorsqu'il a flotté; pour cet usage il est le plus mauvais des bois et le plus dangereux; cependant, lorsqu'il provient de terrains légers ou lorsqu'il est coupé en séve, il n'a point cet inconvénient.

On reconnaît que le terrain ne convient pas au châtaignier quand il se rabougrit et jette ses rameaux horizontalement ; lorsque sa feuille jaunit avant l'automne, c'est un signe de mort.

Pour semer un hectare de ce bois il faut neuf à dix hectolitres de châtaignes non greffées.

Le châtaignier, ayant l'écorce à peu près aussi forte que le chêne, doit se toiser sous la réduction du sixième; le pied cube pèse, après un an de coupe, 24 à 25 kilog.

(Voir nos observations sur la conservation du gland pendant l'hiver.)

On doit soigner de même la châtaigne pour semence ainsi que pour manger.

Le châtaignier, sur cent parties, contient :

En eau. 45 8/10
En bois. 54 2/10

La châtaigne pour graine se vend, à Paris, de 16 à 20 fr. l'hectolitre.

N° IV. — LE CHARME.

Le charme est un arbre de moyenne grandeur Son élévation la plus considérable, sur les meilleur terrains, paraît être de 60 pieds en plein bois, et sa grosseur de 5 à 6 pieds de tour. Isolé comme tous les bois durs non élagués, il devient plus gros, mais c'est aux dépens de sa hauteur.

Le charme est, parmi tous les bois durs, celui qui vient le plus lentement sur quelque terrain qu'il soit placé. Il pousse une grande quantité de tiges et de branches. La hauteur commune de sa tige isolée même sur traces et buissons est rarement de plus de 25 à 30 pieds, et sa grosseur est, en proportion, beaucoup plus forte au pied qu'à son extrémité supérieure. Il ne pivote pas, mais ses racines, très-multipliées, grosses comme des harts, s'étendent au loin et s'enfoncent peu. Cet arbre est d'un arrachage difficile quand il a plus de soixante ans.

Lorsque cette essence est dominante dans un plein bois, elle fait périr tous les bois blancs qui ont pu se produire dans les premières années d'une coupe au milieu de ses nombreux rejetons ; il en est de même à l'égard des bois durs, lorsque le terrain n'a pas de profondeur. L'orme, le noisetier et l'ypréau sont les seules espèces qui résistent à sa voracité ; en conséquence, on ne doit le cultiver que sur les terrains marneux et de peu de fond où les autres essences ne peuvent prospérer.

Malheureusement cet arbre est annuellement chargé d'une grande quantité de graines qui germent toujours ; car, à l'exception du sanglier, des souris et des écureuils, aucun autre animal ne s'en nourrit ; ses racines ne poussent pas de drageons, mais ses souches, quelque vieilles qu'elles soient, semblent ne devoir jamais périr.

Si cet arbre pouvait être expulsé des bois, la consommation générale gagnerait annuellement un dixième de matière, et, par conséquent, les propriétaires une augmentation de revenu.

En comparant le produit de cette essence à différents âges avec celui du chêne, nous avons trouvé sur certains terrains et localités, lorsque le charme a un emploi spécial, qu'à quinze ans, toutes choses égales d'ailleurs, un arpent de ce bois a plus de valeur commerciale qu'un arpent de bois de chêne, mais qu'à vingt-cinq ans un arpent de chêne vaut mieux que 175 perches de charme, et qu'à 70 ans 1 arpent vaut 4 arpents de charme.

M. de Perthuis, p. 73, conseille, pour éliminer des bois cette espèce dangereuse, de ne pas conserver de baliveaux de charme, d'en arracher les souches et de semer des glands à la place.

Nous sommes d'avis du semis de glands, pourvu, toutefois, que ce soit dans une proportion à ne pas faire de suite un nouvelle plantation ; nous voulons bien aussi qu'on expulse successivement cette essence, mais de manière à se conserver toujours un revenu, et en admettant encore que les racines de la souche qu'on extirpera en payeront les frais ; nous conseillerons en outre, en y substituant du gland ou plant de chêne, d'y ajouter sa garniture obligée : d'un tiers ou quart en bois blancs.

Quant à ne pas laisser de baliveaux de charmes

pour mieux en détruire l'essence, nous ne partageons pas cette opinion ; au contraire, nous avons
confiance dans la vérité de ce vieux proverbe forestier : « que pour faire revivre son père il faut lui
« couper la tête. »

Plus le chêne et autres essences sont coupés jeunes,
plus ils reproduisent et se garnissent ; plus on les
laisse en réserve, plus ils disparaissent du sol : il est
d'autant plus nécessaire de soigner la régénération
d'un bois par les souches, que les graines forestières
enlevées par les vents, dévorées par les animaux, tombant sur une couche de mousse ou de gazon impéné-
trable, ne réussissent pas toujours ou réussissent fort
rarement. Souvent elles poussent pour quelques
jours, comme un arbre abattu, dont les racines à
l'air et aboutissant à un peu d'eau ou à un terrain
frais traînent une chétive existence pendant deux
ou trois ans et meurent.

En conservant en réserve l'essence qu'on veut détruire, les souches, épuisées par l'exigence des rameaux âgés, s'usent plus vite et périssent ; alors elles
font place aux autres essences, qui, régénérées par de
fréquentes coupes, finissent par envahir le terrain :
les jeunes chassent les vieux ; c'est un des principes
de la nature : il ne faut pas, au surplus, être grand
forestier pour savoir que plus un bois est coupé
jeune, mieux il pousse et se regarnit ; de même, plus
un bois est coupé âgé, plus il se dégarnit et se perd,
et que le meilleur moyen de régénérer une futaie est
de l'arracher successivement par éclaircie, ou plutôt

entièrement et d'un seul coup, si l'opération de l'éclaircie n'avait pas de succès. Nous pensons donc, contre l'opinion de M. de Perthuis, qu'il est de principe que, pour détruire les mauvaises essences de bois, il faut les laisser *en réserve et vieillir* sans se priver entièrement de celles qu'on veut conserver. Ne laissât-on même qu'un ou deux baliveaux en chêne par arpent, il y en aura encore assez pour graine.

Nous nous sommes étendu sur les moyens de parvenir à la destruction du charme, parce qu'ils sont communs à toutes les essences qu'on voudra faire disparaître ou protéger, soit en les laissant vieillir en réserve pour les détruire, soit en les coupant en taillis et souvent pour les multiplier.

Le charme n'est pas toutefois sans qualités ; après l'*épine* et le *chêne*, il produit le meilleur charbon : le charronnage en emploie beaucoup, et on fait, en outre, de bonnes vis de pressoir avec ce bois ; c'est un des meilleurs pour le chauffage ; enfin c'est l'essence qui, par ses nombreuses tiges, produit les plus beaux *chantiers* et les harts de première qualité pour le flottage des trains.

Avec le pied du charme on fait des pidances ou maillets pour fendre le bois ou pour les menuisiers. C'est un bois très-dur et très-compacte avec lequel on fabrique, à Paris, des formes à bottes, à souliers et à chapeaux, et d'un mérite tellement recherché qu'en en exporte beaucoup à l'étranger.

Pour semer un arpent de charme, employer en

en graine ailée. . . . . 50 à 55 kilog.

   Désailée. . . . . 45 à 50

La graine de charme se vend, à Paris, de 3 à 4 fr. le kilogramme.

Le charme, ayant une écorce fine et peu d'aubier, peut se toiser au huitième réduit; il pèse, après un an de coupe, 25 à 26 kilogrammes.

Il contient, fraîchement abattu, sur 100 parties :

   En bois. 81   4/10

   En eau. 18   6/10

N° V. — L'ORME.

L'orme ne peut que subsidiairement être compté parmi les arbres forestiers; il se voit peu dans les grandes forêts, à moins qu'il n'y ait été planté : on ne le rencontre ordinairement que dans les buissons, sur les lisières des bois; car il ne paraît pas avec avantage dans les taillis de nos forêts, parce que, de sa nature, il est intolérant, et que pour grossir il a besoin d'espace, ainsi que le peuplier; mais il doit tenir le premier rang parmi les arbres isolés ou d'alignement. On prétend que cet arbre, si utile pour le charronnage, n'est acclimaté en France que depuis l'année 1300.

L'orme est un arbre de première grandeur; sa hauteur la plus considérable ne dépasse cependant pas 90 pieds, et sa circonférence 8 à 9 pieds; communément sa tige a de 30 à 50 pieds, et sa grosseur est de

4 à 6 pieds de circonférence. Il a un grand nombre de variétés qui paraissent différer entre elles par la qualité de leur bois, leur forme et leur manière de croître; mais beaucoup de ces variétés peuvent être dues aux différences du sol, de l'exposition et de la température, et ce qui nous confirme dans cette opinion, c'est que, lorsque l'on fait un semis de graines d'orme commun, il arrive souvent qu'on y rencontre plusieurs autres espèces.

L'orme tortillard ou pyramidal paraît seul faire une véritable variété de l'orme commun ; on ne l'a jamais rencontré dans une localité qu'à l'époque de son extraction des lieux où on le cultivait; il croît naturellement dans les environs de Meaux.

Nous ne distinguons donc que deux espèces d'ormes : l'orme commun et l'orme tortillard. La meilleure espèce de l'orme commun, c'est-à-dire l'espèce la plus utile à placer dans les plantations isolées et d'alignement, est l'orme à petites feuilles dentelées et d'un vert foncé. Cet orme prend naturellement une belle tige et s'élève, avec le temps, à la hauteur que nous venons d'indiquer, lorsqu'il est placé sur un terrain convenable; nous préférons l'orme tortillard par la précocité de sa végétation et sa valeur commerciale. C'est avec son bois qu'on fait des moyeux qui n'ont pas besoin de frette pour être solides.

Cette variété de l'orme tortillard a été mal décrite par les nomenclateurs, qui lui ont donné, on ne sait pourquoi, la dénomination de pyramidal, car ce nom convient mieux à l'orme commun dont nous avons parlé plus haut. Nous allons essayer de rectifier l'erreur et de suppléer au silence des nomenclateurs.

La fleur et la graine de l'orme tortillard sont absolument semblables à celles des ormes communs; seulement les graines du premier sont un peu moins abondantes, et il y en a bien les trois quarts d'infécondes.

Les ormes qui proviennent de ses semis se ressentent de leur origine, et les bois de ses enfants ne sont pas d'une qualité aussi bonne que celui de l'arbre qui a produit la graine : aussi ceux qui cultivent cet arbre en grand ne le multiplient-ils que par les drageons et les marcottes.

Les feuilles de l'orme tortillard sont dentelées comme celles des autres ormes, leurs couleurs sont d'un vert foncé, et la grandeur de ces feuilles dépend de l'âge et de la vigueur des arbres; sur un terrain convenable, elles sont du double plus larges et plus étendues que celles de l'orme commun, et presque semblables à celles du mûrier.

Sa tige est verte et souvent lisse jusqu'à douze ou quinze ans; dès huit ans, elle commence à montrer des protubérances et des renfoncements. En deux ou trois ans, ce qui était protubérance devient renfoncement et *vice versâ*; ainsi de suite.

Ces variations, dans la forme de sa tige, paraissent être le résultat d'une surabondance de séve qui, se trouvant obstruée dans les canaux minces et flexibles de ce bois, les enléve et les enlace. C'est à cette contexture, à sa nature liante et particulière que l'orme tortillard doit la préférence que les arts lui donnent sur l'orme commun pour la fabrication des jantes et surtout des moyeux.

Les charrons peu consciencieux n'aiment pas à employer l'orme tortillard pour faire des moyeux, parce qu'ils durent trop longtemps, et ensuite parce que ce bois est plus cher que l'orme commun.

Le tortillard a encore une propriété essentielle qu'il ne partage pas avec l'orme commun, c'est celle de resserrer en séchant : aussi les rais des roues sont-ils plus solidement enchâssés dans un moyeu d'orme tortillard que dans ceux de toute autre espèce.

Il ne s'élève pas aussi haut que les bonnes espèces de l'orme commun. Sa tige excède rarement 35 pieds de hauteur ; mais, lorsqu'il est placé sur un bon terrain, il peut acquérir cette hauteur en trente-cinq ans. Il n'est pas nécessaire, d'ailleurs, de lui laisser prendre une grosseur de plus de 5 pieds de tour, puisque cette grosseur est propre au moyeu ; plus développée, elle ne donnerait pas à l'arbre une plus grande valeur commerciale ; en outre, l'excédant serait réduit en copeaux, par conséquent perdu, et occasionnerait au charron un travail long et inutile.

La culture de l'orme tortillard a lieu particulièrement à Vareddes, près Meaux, d'où il est originaire ; elle s'est répandue en Champagne et en Picardie. L'orme de Vareddes est en grande réputation ; il s'en fait des expéditions nombreuses pour la Beauce, la

Normandie et le Vexin, et tous les charrons de ces pays assurent alors que leurs moyeux sont de Vareddes.

La nature a donné à l'orme, en général, beaucoup de moyens de reproduction ; ses racines poussent un grand nombre de drageons, même avant qu'il soit coupé ; elles en produisent davantage encore après qu'il est abattu, et il faut que sa souche soit bien gâtée pour qu'elle ne repousse pas.

Sa graine est souvent très-abondante, la forme de son enveloppe et sa légèreté permettent aux vents de la répandre à d'assez grandes distances ; de plus, les oiseaux et les autres animaux ne s'en nourrissent pas.

A ces moyens naturels de reproduction et de multiplication, l'homme a ajouté des moyens artificiels ; il se sert de cette graine pour former des semis ; il en provigne les pousses, et cette manière de multiplier ces arbres sur les mauvais terrains est infaillible.

On ôte aux ormes sur pied cette quantité de drageons que poussent leurs racines et qui prendraient une assez grande partie de leur nourriture, si on n'avait la précaution de les extirper ; avec ces plants on forme des pépinières ; enfin on les multiplie par des boutures : mais ce dernier mode de reproduction ne doit être employé que s'il occasionne peu de frais et seulement sur des terrains perdus, car ces boutures reprennent bien rarement.

L'orme ne prospère grandement que sur les terrains à sa convenance, et qui ont de la profondeur ; cependant nous l'avons vu réussir sur des terres de mince qualité : toutefois il vient fort mal dans les marais, dans les sables mouvants et sur la craie, mais admirablement bien sur les terrains frais et riches de fonds.

Sa végétation est vigoureuse sur les bonnes terres, ses racines tracent horizontalement, et, quand elles ne trouvent pas le terrain convenable ou qu'il y a résistance, elles cherchent pâture, s'enfoncent dans la terre qui convient à cette essence, et donnent à l'orme toute la beauté du chêne.

L'orme prospère étant mélangé avec le chêne, mais il s'accorde encore mieux avec le frêne ; il détruit tous les bois blancs et finirait par détruire le chêne, si son essence était fort multipliée dans un même bois.

Nous répéterons qu'il vaut mieux planter l'orme en lisière, isolément ou en alignement, qu'en plein bois ; car, dans tous les terrains où il pourrait prospérer, le chêne réussira également, produira autant et n'aura pas l'inconvénient de détruire les autres essences.

L'orme de forêt, produit d'un semis, a un pivot, mais bien moins fort que celui du chêne ; l'orme planté n'en a pas ; il a deux fortes et principales racines, diamétralement opposées, qui poussent horizontalement, et un grand chevelu vertical, sur lesquels il est puissamment appuyé. L'orme des forêts ou d'allée est envahissant de sa nature, et la plantation n'en est véritablement avantageuse que sur de bons terrains où il a du large.

Les racines de l'orme isolé, lorsqu'il ne pivote pas,

s'étendent à une longueur proportionnée à la hauteur de sa tige, et elles endommagent les récoltes des terres et prés qui l'environnent; quel que soit ce dommage, on aura toujours profit à le cultiver, toutes les fois que le prix du décastère de bois de chauffage (2 cordes) sera de 60 fr. et au-dessus; on doit calculer, en outre, qu'un orme en bon terrain donne, tous les six ou huit ans, en branchage, douze à quinze bourrées, ensemble de la valeur d'environ 1 fr. 50 c. à 2 fr., suivant les localités.

L'orme est, au surplus, un bois précieux, indispensable même, et spécialement propre à la fabrication des instruments aratoires : les charrons n'en emploient presque pas d'autre; les usines ne peuvent s'en passer : on en fait des roulons de voitures, des ridelles, brancards, charrettes, carrioles, brouettes, civières, jantes, moyeux, poulies de navire, plateaux pour les moulins; étant en jeunes taillis, des brancards pour les voitures de luxe; enfin du cercle, depuis la plus petite dimension jusqu'à la plus grande. Une loupe d'orme bien suivie peut s'employer en ébénisterie, comme l'acajou et le frêne, pour meubles de luxe, et se vendre de 60 à 80 fr. la solive et même au delà. En notre présence, une demi-solive a été vendue 45 francs.

L'orme est aussi fréquemment employé dans les constructions maritimes. A Bordeaux, où ces constructions se font avec le plus d'élégance et de solidité, surtout pour naviguer dans les mers du Sud, la quille, principale pièce du navire, se fait en orme commun, ainsi que le bordage jusqu'au petit pont (4 à 5 pieds), souvent même le brion et l'étambot (devant et derrière), quand on peut se procurer des pièces courbes et assez fortes pour embrasser le cintre du vaisseau.

Nous concevons cette préférence sur le chêne, parce que l'orme, lancé sur un récif, grâce à sa nature compacte, se déchirera par morceaux plutôt que de rompre; c'est la même différence qu'entre le plomb et le fer; l'un se courbera, l'autre cassera : on sait, en outre, que l'orme dure dans l'eau autant que le chêne.

Les bons semis d'orme se font aussitôt après la récolte de la graine (fin de mai), 28 à 30 kilogrammes par hectare ; et en répandant six pouces de sable terreux en avril sous des ormes, dès le mois d'août suivant, on aura une pépinière innombrable, dont les plants seront excellents à repiquer en novembre.

L'aubier de l'orme, s'employant comme le cœur, se toise au quart, c'est-à-dire sans réduction, et pèse de 26 à 27 kilogrammes le pied cube.

Fraîchement abattu, il contient sur cent parties :

En bois. 55 5/10
En eau. 44 5/10

La graine d'orme se vend, à Paris, 2 fr. 50 c. le kilogramme.

Nº VI. — LE FRÊNE.

Le frêne est un arbre de la première grandeur.

Il est indigène, car on le trouve dans les forêts

les plus anciennes; on ne lui connaît pas de variétés, si ce n'est dans les jardins anglais.

Il aime un bon terrain, et surtout humide; il prend une couleur jaune et languit sur un sol médiocre; il ne peut exister sur un mauvais.

La souche de cet arbre repousse facilement, même lorsqu'on le coupe à un âge avancé; il se reproduit par ses graines, qui sont très-abondantes; mais dans leur nombre il s'en trouve beaucoup d'infécondes : ses racines ne poussent point de drageons.

Si on sème ses graines pendant l'automne, à la charrue, dans une terre préparée à l'avance, elles lèveront six à neuf mois après; mais, si on les sème au printemps, elles ne lèveront qu'au printemps suivant.

Lorsqu'on plante des frênes sur des terrains fangeux, il faut avoir la précaution de couper le terrain par des fossés d'au moins 18 pouces (50 centimètres) de largeur et d'un pied (33 centimètres) de profondeur, en ayant soin, en outre, de les espacer de 3 en 3 pieds (1 mètre), sauf à les dédoubler, c'est-à-dire les mettre à une distance de 6 pieds l'un de l'autre, s'ils viennent bien (2 mètres).

Le frêne pousse vigoureusement sur ces terrains; il y en a quelquefois de plus gros à 50 ans que le chêne à 60 ans; mais autant sa tige s'élève lorsqu'il est pressé par d'autres arbres, autant elle est petite et se garnit de branches lorsqu'il est isolé.

Le bois de frêne est souple, sa fibre longue et élastique, ce qui le rend propre au charronnage soit ordinaire, soit de luxe.

Il pivote rarement, mais il pousse de grosses racines latérales dont la longueur est proportionnée à sa hauteur. Dans les terrains fangeux, les racines sont apparentes; près des marais, il réussit où d'autres essences périssent; il est souvent en voisinage de l'aune, du peuplier et du tremble, qui aiment les terrains frais : son bois, fort recherché pour tous les instruments aratoires, l'est davantage encore pour fabriquer des meubles dont la beauté surpasse celle de l'acajou. Un mobilier tout en frêne est aujourd'hui de rigueur dans les appartements les plus élégants. Aussi avons-nous été témoin de la vente d'une planche de frêne de 3 pieds (1 mètre) sur 20 pouces (55 centimètres), 3 pouces (9 centimètres) d'épaisseur représentant trente pouces cubes et provenant d'une loupe de frêne, pour la somme de 50 fr.; c'est cent vingt francs la solive ou 40 fr. le pied cube.

Les charrons emploient beaucoup ce bois, ainsi que les tourneurs et les fabricants de chaises : dans les ports de construction, on en fait des rames de navires; pour ce dernier objet, le frêne d'Amérique surpasse tous les autres en qualité.

Les sabots en frêne sont excellents, les cercles de cuves sont très-recherchés.

La feuille est, en hiver, une fort bonne nourriture pour les moutons; dans certaines localités, on fait de grands approvisionnements de ces feuilles, ainsi que de celles des peupliers suisses ou carolins. Les moutons sont très-friands de cette sorte de fourrage.

Les plants de frênes prospèrent assez bien au milieu des herbes, lorsqu'ils sont légèrement abrités. par d'autres bois; sans cela, ils y languissent pendant 10 ans avant de bien pousser, mais leur végétation est rapide à l'abri des jeunes bois blancs : **M.** de Perthuis en a planté au milieu de jeunes trembles, sur un terrain convenable, qui, à 4 ans, avaient déjà 10 pieds de hauteur.

Le frêne n'est pas aussi sensible à la gelée que le chêne ; en taillis, il ne paraît pas souffrir des hivers les plus rudes ; il est rare d'en rencontrer un qui ait été fendu par le plus grand froid.

On voit peu de frênes très-vieux, excepté dans les haies désignées sous le nom d'étrognes ; comme les saules et chênes, on les étête tous les 5 ou 6 ans.

La rareté, l'utilité de ce bois dans le charronnage, et plus encore sa valeur commerciale, ne permettent guère de le laisser vieillir ; et, dans le fait, ce ne serait que par curiosité que l'on en conserverait, car à 70 ans il a déjà acquis une grosseur et une hauteur plus que suffisantes pour les besoins de l'agriculture et des arts.

(Pour la longévité et la grosseur, voir notre article sur la longueur et la grosseur des arbres, et ce que nous rapportons du frêne du parc de Beauvoir).

La sève du frêne est un remède éprouvé contre la gangrène.

On exprime cette sève des feuilles, en les macérant, ou on l'extrait du bois vert en le mettant au feu.

Les mouches cantharides aiment beaucoup les feuilles de frêne ; elles s'y fixent et les dépouillent quelquefois entièrement : l'odeur qu'elles répandent assez loin les fait reconnaître à ceux qui les recherchent.

Pour semer un hectare en frêne on y emploie 40 à 45 kilogrammes de graine. L'aubier du frêne s'employant comme le cœur, ainsi que l'orme et tous les bois propres au charronnage, se toise au quart, et pèse, après un an de coupe, 24 à 25 kilogrammes le pied cube, suivant son âge et le sol où il a crû.

Ce bois, fraîchement abattu, contient, sur 100 parties :

En bois. 71 3/10
En eau. 28 7/10

La graine de frêne se vend, à Paris, de 1 fr. 50 c. à 3 fr. le kilogramme.

N° VII. — LE MERISIER.

Le merisier est dans la classe des arbres forestiers, de la seconde grandeur ; en pleine forêt il s'élève jusqu'à 60 pieds de hauteur, avec peu de branches et bouquets très-grêles ; sa grosseur n'est remarquable que sur les rives et isolé ; elle va jusqu'à 5 pieds de tour. On trouve le merisier dans tous les bois, mais en petit nombre ; dans les futaies de 120 à 150 ans on n'en rencontre plus ; on y voit seulement des rejetons poussés de leurs racines. Ces particularités font présumer qu'il ne vit pas plus d'un siècle et qu'il est indigène.

1.   7

Ce bois est précieux pour les tourneurs et le sciage, et sans l'inconvénient qu'il a d'attirer les pâtres et les maraudeurs par ses fruits, nous conseillerions de le cultiver de préférence à tout autre bois, parce qu'il pousse rapidement jusqu'à 60 ans et presque aussi bien que le tremble.

Avec lui on fait d'excellents cerceaux à futailles et à cuves, des meubles et des chaises qui, au moyen d'un vernis, imitent l'acajou. Aujourd'hui les exploitants près Paris font débiter leurs merisiers en montants, dos et bâtons de chaises, sur les modèles donnés par les fabricants, de manière qu'il n'y a plus qu'à polir, vernir et monter les chaises. On en trouve facilement les échantillons rue de Cléry et au faubourg Saint-Antoine, à Paris. Après deux ans de sciage, une charrette à six chevaux conduirait bien des douzaines de chaises.

Comme bois à brûler, il vaut le hêtre et dure même plus au feu.

C'est véritablement un bon chauffage; malgré tous ces avantages et celui qu'il a de se reproduire merveilleusement sur souches et par drageons, nous engageons toutefois à ne le cultiver que pour l'exploiter en taillis et jamais en réserve, parce que son fruit est une occasion de ruine pour les fonds de bois qui le contiennent et qu'il n'a pas une longue vie.

M. de Perthuis n'avait pas une idée favorable du merisier, car il dit, page 86, « *qu'il ne mérite pas d'être* « *conservé dans nos forêts;* » et, page 87, « *qu'en gé-* « *néral on a peu cultivé cet arbre comme forestier,*

« *excepté dans les localités où le bois de charpente*
« *est rare et cher.* »

Nous nous élevons contre cette opinion, et nous soutenons, au contraire, que c'est un très-bon bois, et qu'un propriétaire qui entend bien ses intérêts le multipliera en l'introduisant dans ses plantations comme bois taillis seulement *et de garniture,* en tiers ou quart avec les bois blancs.

Ce bois s'accommode parfaitement avec le charme, parce qu'il vient également par exception sur les terrains marneux et crayeux ou le tuf, et qu'il est beaucoup plus productif.

Le merisier vient, en outre, nous ne saurions trop le répéter, sur la craie et terrains blancs, où tous autres bois, excepté l'ébénier et le noyer, ne peuvent prendre racine. Parmi ces derniers il tient le premier rang pour la beauté de la végétation.

Avec l'écorce, dans certaines localités, on fait des liens, des boîtes et des ustensiles de ménage.

Il se multiplie par ses souches, par des drageons qui poussent de ses racines, et par ses fruits, qui manquent rarement. Les oiseaux, tels que pies et geais, en sont très-friands ; les écureuils et les mulots recherchent avidement son noyau.

Le merisier a de nombreuses variétés, auxquelles nous devons d'excellentes cerises par les greffes.

Greffé et cultivé, il est plus recherché par les ébénistes-menuisiers que celui des forêts, à cause de sa couleur plus prononcée et de ses veinures plus brillantes.

Le bois de merisier se gâte et devient creux quand
on le mutile, notamment en cassant ses branches pour
en avoir le fruit. En outre, ainsi que le tremble, il se
pourrit intérieurement très-promptement, dès qu'il
a atteint 50 ans, surtout en pleine forêt ; sa gomme
s'emploie aux mêmes usages que la gomme arabique ;
il a peu d'aubier : on le toise au quart ; le pied cube,
après un an de coupe, pèse 27 à 28 kilogrammes.

La facilité qu'on a, en tous pays, de se procurer les
noyaux du merisier, en mangeant la griotte ou le fruit,
est cause que nous ne mentionnons point ici le prix
de sa graine, qu'on peut évaluer néanmoins à **3** francs
l'hectolitre.

N° VIII. — L'ÉRABLE.

L'érable est un arbre dont la plus grande hauteur
n'égale pas même celle du charme ; on le rencontre dans
presque tous les bois, mais toujours en petite quantité ;
on n'en voit jamais de grands, excepté dans les vieilles
futaies. La plus forte élévation qu'atteint l'érable est
d'environ 45 pieds. La hauteur commune de cet arbre
est de 15 à 20 pieds de tige et de 16 à 20 pouces de
circonférence. Nous en avons cependant vu de 36 pieds
de long et de 30 pouces de rotondité au moins, dans
les bois du duc d'Aumale, près de Guise. En Suisse et
aux États-Unis, il y en a qui portent plus d'un pied
d'équarrissage. Le plus recherché est celui de Suisse.

En général, ce bois n'a pas une grande valeur commerciale, et, sous quelque rapport qu'on le considère,

il est loin de valoir même le charme; le tremble, le bouleau et l'ypréau lui sont préférables, parce que, dans beaucoup de localités, les bois blancs produisent par leur quantité autant que les meilleures qualités de bois durs.

Nous pensons qu'on pourrait substituer dans nos forêts le platane à l'érable; il en a les mœurs et il vient de même sur les terrains marneux et le tuf, il pousse mieux, et là où le platane trouverait le sol à gré, il rivaliserait avec le frêne, sans en avoir la qualité, il est vrai, mais il produirait, sur quelque terrain que ce fût, pour le moins, le double de l'érable.

Cet arbre, que nous ne possédons que depuis l'année 1700 (sous le règne de Louis XIV), est encore inconnu dans nos forêts.

L'érable est un bois dur; les tourneurs l'emploient pour faire des roulettes, des toupies pour les enfants et pour remplacer le gaïac dans certains cas, parce qu'il est gras et ne se gerce pas. On l'emploie aussi particulièrement à la fabrication des pianos, basses, violons et autres instruments à cordes; à l'exception de la partie harmonieuse, qui est toujours en sapin saigné, c'est-à-dire dont on extrait la résine, tout est en bois d'érable dessus et dessous, côtés et poignées.

Miller avance que l'érable blanc ou de montagne, le sycomore et l'érable plane ou à feuilles de platane sont de gros et grands arbres, qui, avec l'érable panaché, font l'ornement des bosquets.

Ces variétés sont nouvellement acclimatées en

France, et la qualité de leur bois n'est pas encore assez constatée pour fixer leur place parmi nos arbres forestiers. Il faut d'ailleurs être toujours en garde contre l'exagération des qualités que les auteurs attribuent souvent à de nouveaux débarqués, et ne jamais oublier qu'en bonne économie un mauvais arbre ne doit jamais tenir la place d'un bon.

L'érable de France se reproduit par ses graines, que les pies et les mulots dévorent avidement. Ses racines ne poussent point de drageons, mais ses souches repoussent aisément.

Il résiste aux plus fortes gelées, et se défend très-bien contre les arbres les plus gourmands, même contre le coudrier ; et si la nature lui avait donné plus de moyens de reproduction, il nuirait beaucoup aux autres essences.

Pour le semis d'un hectare, 60 à 65 kilogrammes du poids de 120 à 130 grammes le litre sont nécessaires.

Ne pouvant servir ni à la charpente, ni comme bois de fente, il n'est pas besoin d'en fixer le mode de toisé.

Son poids est de 26 à 27 kilogrammes le pied cube.

La graine de l'érable se vend, à Paris, 4 fr. le kilogramme.

N° IX. — L'ALIZIER.

L'alizier est un arbre forestier de la troisième grandeur ; sa tige en plein bois peut s'élever à la hauteur de 15 à 20 pieds, et sa hauteur totale à 30.

Les oiseaux aiment beaucoup son fruit, et ils en

répandent la graine, qui germe très-bien à l'ombre ; le fruit est bon à manger lorsqu'il commence à s'amollir ou à blossir ; dans beaucoup de localités, on en fait du vinaigre, ou de l'eau-de-vie.

Cet arbre croît lentement ; isolé, il prend un plus grand développement qu'en pleine forêt. Son bois est fort dur et sert à faire des vis de pressoir, des alluchons, des outils de menuisier, de tanneur, des pièces de tour, des pieds-de-roi, et autres mesures, auxquelles on donne, par un vernis, la couleur du buis, etc.

Pour le chauffage, il est de premier ordre, ainsi que tous les bois très-durs.

Malgré tous ces avantages, comme il est par son fruit, ainsi que le merisier, une occasion de ruine pour les taillis, et que sa végétation est faible, nous ne conseillons de garder cet arbre en forêt qu'autant que les besoins des localités le réclament et en petite quantité.

Ce bois pèse de 24 à 25 kilogrammes le pied cube, fraîchement abattu ; il contient, sur 100 parties :

En bois. 67 7/10
En eau. 32 3/10

N° X. — LE CORMIER.

Le cormier présente en France deux variétés qui diffèrent essentiellement dans leur feuille, dans leur fruit, dans leur grosseur et dans leur évaluation.

La première est le cormier proprement dit ; c'est celui qu'on rencontre dans presque tous les bois.

La seconde est le sorbier des oiseaux, qui n'existe encore que dans la forêt de Villers-Cotterêts, et dans les parcs, jardins et bosquets des curieux, qu'il décore agréablement, au printemps par la beauté de sa fleur, et en hiver par l'éclat de son fruit. La hauteur commune du cormier dans les deux variétés est de 20 pieds, et sa circonférenee de 26 pouces.

Nous laisserons cette seconde variété dans les jardins d'agrément, et nous ne nous occuperons que du cormier des forêts.

Cet arbre est, pour la grandeur, au-dessous du merisier et au-dessus de l'alizier. On lui donne deux sous-variétés ; nous ne connaissons bien que celle dont le fruit ressemble à une petite poire ronde et courte qui rougit en mûrissant.

Les plus forts cormiers de nos forêts n'ont pas plus de 40 pieds d'élévation et 5 pieds de tour. Isolés, ils prennent plus de grosseur, mais c'est aux dépens de leur hauteur, ainsi que cela arrive à tous les arbres.

Le cormier, comme arbre fruitier, est d'un bois très-dur qui se travaille parfaitement ; il est estimé des fermiers et des petits propriétaires, parce qu'ils l'emploient, même jusqu'à ses branches, à toutes sortes d'instruments aratoires et de ménage, et, en outre, parce qu'on extrait de son fruit un cidre excellent.

Il ne porte guère de fruits que tous les 2 ou 3 ans. Ce fruit aigre-doux est assez agréable à manger lorsqu'il est parfaitement mûr.

Son bois est de tous les arbres forestiers le plus dur ; il est, avec l'alizier, recherché pour différentes pièces de machines exposées aux frottements, et pour les ouvrages de tour, etc., etc. Mais, comme on peut le remplacer dans ces usages par l'orme, le charme et l'érable, il ne se trouve pas aussi apprécié qu'il devrait l'être ; ainsi que tous les bois durs, il peut vivre plus d'un siècle sans se détériorer.

C'est cependant, au résumé, un arbre fruitier dont nous ne voulons pas dans les bois, à moins que ce ne soit par prévoyance pour des usines, et encore en petite quantité. Nous n'aimons les arbres fruitiers que dans les vergers, jardins, allées, et autour des maisons, où ils peuvent être cultivés, surveillés et recevoir des soins qu'on ne peut leur donner en pleine forêt.

On fait avec le cormier et l'alizier d'assez beaux meubles qui prennent parfaitement la couleur.

Pour chauffage son bois est excellent, même ses vieux branchages. Son poids est d'environ 28 à 30 kilogrammes le pied cube.

N°s XI ET XII. — POIRIER ET POMMIER SAUVAGES.

Ces deux arbres sont certainement indigènes, puisqu'on les trouve dans les forêts les plus anciennes.

Le poirier prend une hauteur plus forte que le pommier : les plus grands poiriers ont 35 à 40 pieds de hauteur et les plus gros 6 pieds de tour ; mais ils ne parviennent à ce degré que sur les lisières des pleins bois ou dans leurs clairières.

La conservation de ces arbres est d'autant moins désirable que leur végétation est lente, que les jeunes plants sont arrachés par les maraudeurs d'arbres, et que, sous le rapport de leurs fruits, ils sont d'une bien faible utilité; il n'y a que perte à attendre pour ceux qui les cultivent dans les forêts. Leur bois est pourtant très-propre à faire des meubles et il prend bien la couleur, il est également bon à brûler.

L'ordonnance de 1669 n'en prescrit la conservation que parce que leur fruit attirait et nourrissait le petit et le gros gibier; il faut néanmoins dire à l'avantage du poirier sauvage que ses variétés ont procuré à nos jardins d'excellentes espèces de poires, telles que la crassane et le Saint-Germain.

Ces arbres se reproduisent naturellement par le semis de pepins, et par les nombreux drageons qui poussent de leurs racines.

Leur longévité est plus grande lorsqu'ils sont isolés qu'en pleine forêt; quoique bois dur, ils vont rarement à plus d'un siècle sans tomber en décrépitude.

Leur poids est d'environ 26 kilogrammes le pied cube.

Nº XIII. — LE COUDRIER.

Le coudrier n'est qu'un grand arbuste. On peut l'appeler la teigne des bois, où son essence est en quantité dominante; car, à la longue, elle fait périr toutes les autres ; cependant, en certaines localités, il vient encore assez bien, pour en faire des cercles, des perchettes : partout on peut en faire des paniers communs et des harts. Ce bois, par sa souplesse, est, en outre, employé spécialement à faire des fossets ou petites brochettes servant à boucher le trou que l'on fait à un tonneau pour en goûter le vin.

Ses racines sont fort nombreuses; elles ne sont pas à une grande profondeur, mais on ne les voit jamais tracer à la superficie de la terre.

Le coudrier est toujours entouré d'une très-grande quantité de rejetons, qui vivent aux dépens des essences voisines; nos jardins en sont souvent infestés.

Son fruit est fort abondant, très-recherché par les hommes et par les animaux; mais il leur en échappe encore trop, au grand désavantage des propriétaires, car ces fruits germent facilement et contribuent à la grande multiplication de cette essence pernicieuse.

Le coudrier prospère sur toutes sortes de terrains, notamment sur un sol crayeux et sec; il vient sur les plus mauvais, seulement il prend une grande hauteur sur les bons. Sa carrière paraît être bornée à 50 ans.

Nos grands auteurs forestiers assurent que l'ypréau et le tremble, par la puissance de leur végétation, font périr une partie des souches du coudrier; nous ne le pensons pas, à moins que ce ne soit sur un terrain tourbeux, aquatique, et où il meurt de lui-même; tandis que, sur ceux propres au noisetier, ces deux essences, périssent également d'elles-mêmes. Il est à croire néanmoins qu'en introduisant l'ypréau et le tremble, qui aiment les terrains frais et de vallée, dans un bois qui serait grandement peuplé de coudrier, mais qui aurait beaucoup de fraîcheur, on parviendrait sinon à le détruire entièrement, au moins à paralyser son invasion. L'orme le détruirait encore plus promptement.

Un autre moyen de destruction du coudrier, c'est de laisser vieillir les essences avec lesquelles il est mélangé; on ne voit pas le coudrier sous les vieilles futaies, mais le meilleur parti encore à prendre, et le plus sûr, serait d'arracher les souches, et d'y substituer l'essence la plus convenable au terrain, d'après nos indications, particulièrement le bouleau, le marseau et le charme.

M. de Perthuis assure que le coudrier vaut moins que l'érable; cette opinion pourrait être controversée.

En bon terrain, il vient aussi bien que l'érable, fournit davantage et s'élance mieux sur ses souches; on en tire, en outre, une grande quantité de harts d'une très-bonne qualité; sans nuire à la cépée, cet élagage lui est, au contraire, favorable.

A dix ou douze ans, on peut le mettre presque tout en cerceaux, pour tonneaux de toutes dimensions, et en tirer des fourches, des treillages et des perchettes. Lorsqu'il est dans un terrain privilégié, à 25 ans, on en fait des cercles à cuves.

Le cercle en coudrier se façonne très-bien, il est brillant et recherché dans la tonnellerie, surtout pour les vins blancs; une baguette de coudrier a la vertu, dit-on, de contribuer à la découverte des sources d'eau vive.

Néanmoins il faut dire que le coudrier et l'érable sont de mauvais bois forestiers, et du plus mince produit; tandis que, comme arbre fruitier, le coudrier mérite tous nos soins. La noisette mélangée avec la noix procure une huile d'un goût exquis.

N'ayant jamais vu de coudrier susceptible d'être équarri, nous ne parlerons ni de son cube ni de son poids.

N° XIV. — LE BUIS OU BOUIS.

Le buis est un arbuste de jardin plutôt que de forêt; cependant il n'est pas sans utilité; on l'emploie beaucoup dans la tabletterie, particulièrement à faire des tabatières et des manches de couteaux, des jouets d'enfants, des peignes, des boules, des pieds-de-roi, etc., etc. Les tourneurs en font des jeux de quille, des vis et toutes sortes d'ouvrages de luxe et d'utilité.

Les graveurs sur bois l'emploient aussi : c'est une essence très-dure, de couleur jaune très-prononcée; il y en a de jaune marbré, ou jaune blanc; c'est celui de France.

Dans nos contrées, sa plus forte dimension n'excède pas 10 pouces de diamètre (30 centimètres) environ et 7 à 8 pouces d'équarrissage; on en trouvait assez communément autrefois de 15 à 25 pouces de circonférence; dans cette essence, le petit comme le gros, tout s'emploie jusqu'à 3 ou 4 pouces de tour; car on se sert des plus petites dimensions, même des branches, qui, dans cet arbrisseau, ne sont jamais très-fortes.

La France a presque épuisé ce bois, que nous recevions abondamment, il y a un demi-siècle, de nos provinces de Bretagne, de Champagne et de la Franche-Comté. Maintenant les grandes dimensions nous arrivent de Turquie; les plus belles qualités et les plus jaunes viennent d'Espagne.

Les fabricants achètent, à Paris, le kilogramme de ce bois, savoir :

      1re qualité, de   80 c. à 1 fr. 20 c.
      2e qualité, de   40 c. à » fr. 60 c.
      3e qualité en branches,   05 c. à » fr. 15 c.

Il y a plusieurs espèces de buis; le nain pour les jardins, et sept autres espèces : celui des forêts est le *buxus arborescens,* qui croît aussi rapidement que le houx.

Les feuilles du buis sont toujours vertes, luisantes, et posées alternativement sur les branches.

On multiplie le buis par sa graine, et pour les bonnes espèces par marcottes et boutures.

Cet arbrisseau se plaît mieux à l'abri et sur les coteaux exposés au nord qu'aux endroits brûlés par le soleil; cependant il s'accommode assez bien de tous les terrains.

Lorsqu'il a plu, le buis répand une odeur fort agréable.

Cette essence, bien qu'approchant du gaïac pour la dureté et l'usage, est loin d'en avoir le poids, qui est de 75 à 80 kilogrammes le pied cube.

Le pied cube de buis pèse de 34 à 36 kilog. Ainsi une solive ou pièce en buis, de 6 pouces d'équarrissage, ou 30 pouces de circonférence, et de 12 pieds de long, si on en porte le poids seulement à 36 kilogrammes le pied cube, et le prix dans cette qualité à 80 c. le kilogramme, la pièce ou décistère reviendrait à 86 francs 40 c. ou 28 francs 80 cent. le pied cube. Or un baliveau en buis, quelque faible qu'il pût être, rapporterait encore plus qu'un autre en chêne cent fois plus gros, et nuirait beaucoup moins aux taillis. Cet exemple a pour but de justifier notre système sur les moyens *de bien espacer les réserves* d'un bois; nous voulons, en outre, établir qu'il est très-utile à la reproduction des bois de choisir les baliveaux *dans toutes les essences,* le coudrier excepté.

Le buis, sur 100 parties, contient :

    En bois. 82
    En eau. 18

Ici se termine la nomenclature des bois durs. On sera probablement surpris de ce que nous n'avons pas parlé de l'acacia et de ce que nous ne l'avons pas même classé au rang des bois durs, avant ou après le charme : nous répondrons que cette essence ne nous a pas semblé, plus que l'orme, propre à venir en plein taillis, ni de nature à régénérer nos forêts, attendu qu'il y a beaucoup mieux, même pour les terrains qui conviennent spécialement à cette essence.

L'acacia nous est venu d'Amérique; on le voit dans nos cours, dans les jardins anglais et même sur les rives de quelques-unes de nos forêts. Quelle est donc la cause qui s'oppose encore à ce qu'on cultive cette essence étrangère, en plein bois, comme les autres essences forestières? Nous allons le dire, en commençant par l'historique de son apparition en Europe. C'est François de Neufchâteau, un de nos cinq directeurs en 1798, qui, par son influence pourprée, ou comme homme de science et naturaliste distingué, lui donna la vogue en France, en publiant un ouvrage spécial sur les avantages que devait produire cet arbre, avantages qui étaient vraiment par trop exagérés. Une impulsion alors très-grande fut donnée à sa culture; aussi voit-on presque partout des acacias de cette date, c'est-à-dire de 36 à 40 ans. Mais les brillantes espérances des planteurs ne s'étant pas réalisées, aujourd'hui on n'en cultive plus que pour les jardins anglais et pour les allées.

Si nous sommes d'avis que l'acacia doit être exclu de nos forêts, c'est qu'il est de sa nature encore plus gourmand et plus envahissant que le charme (*), dont nous demandons aussi l'expulsion sur certains terrains, où il est très-nuisible par sa fécondité et son empiétement; l'acacia est, de plus, très-cassant, le moindre vent ou atteinte lui porte dommage; ses branches sont faibles et grêles, son feuillage offre peu d'ombrage et ne sert point à la nourriture des bestiaux, comme l'a encore avancé François de Neufchâteau, attendu la difficulté de l'extraire à

____

(*) Voir notre article sur *le charme*.

cause de ses épines, dont la piqûre est dangereuse ;
enfin il s'écuisse et se brise facilement dans ses extrémités.

En définitive, on trouve peu d'acacias sains, particulièrement au-dessus de 30 ans. Cette essence n'est
cependant pas dépourvue de qualités assez remarquables. D'abord son bois n'a presque pas d'aubier et
il est très-dur. En taillis on en fait du charbonnage
et du moule de bonne qualité et surtout des échalas
très-recherchés. Au-dessus de 40 ans on en tire des
rais pour roues de luxe, très-solides, qui se polissent
à merveille et prennent parfaitement la peinture.

Les ouvriers des bois et les manœuvres se servent
des pieds pour s'en faire des manches d'outils ; aussi
trouve-t-on souvent des acacias coupés en délits pour
en obtenir seulement un mètre dans le pied.

L'acacia jaunit et végète misérablement sur beaucoup de terrains, particulièrement sur ceux humides
et froids ; sur d'autres, quoique légers et d'une
chétive nature, il vient très-bien, dans ce cas et lorsqu'on est certain de posséder un fonds de terre qui
lui convient ; enfin, où les autres essences ne peuvent
prospérer, il y a tout profit à le cultiver, essentiellement en haie ou bordure, afin qu'il puisse mieux
satisfaire sa gourmandise et nourrir ses nombreux
rejetons. Dans cette position, il présente, en outre,
l'avantage de faire une défense, ayant des pointes
plus prononcées et plus piquantes encore que celles
de l'épine.

SECTION II.

—

FAMILLE DES BOIS BLANCS.

—

N° I. — LE BOULEAU.

On trouve cet arbre dans les plus grandes forêts et dans les moindres buissons, sur les plus hautes montagnes et dans les marais ; il vient partout, *jusque sur les murs ;* plutôt au nord qu'au midi ; et quand on s'approche du pôle arctique, où on ne rencontre même pas le pin qui est l'arbre par excellence de nos régions froides et des glaciers des Alpes, on voit encore des bouleaux. Aussi cet arbre peut-il, plus que toute autre essence, servir à garnir les fonds sujets à la gelée, puisqu'on en trouve dans la Finlande même au nord de Tornea.

C'est l'arbre le plus rustique, le plus vivace et le plus forestier que nous connaissions ; aussi point de bonnes plantations, ni de beaux bois sans bouleaux, au moins comme auxiliaires obligés. Nous ne savons pas pourquoi quelques auteurs ont avancé que le bouleau était un arbuste, puisqu'à 30 ans il a des lances qui ont de 40 à 50 pieds de long (13 à 16 mètres), propres même à faire des sabots : cet arbre doit être placé dans la classe moyenne, entre le frêne et le tremble ; il s'élève aussi haut, mais il prend moins de grosseur. Les plus forts, lorsqu'ils sont sur les rives et lisières, ou isolés, atteignent tout au plus 4 à 5 pieds de tour (130 à 160 centimètres). Il commence à entrer en décrépitude de 60 à 80 ans ; alors il est à son apogée de valeur commerciale, et peut servir à tous les usages auxquels il est appelé.

Il faut donc abattre, au plus tard, les baliveaux sur taillis de cette essence dans les proportions suivantes :

Sur les aménagements de 25 à 30 ans, baliveaux de deux âges, 50 à 60 ans ;

Aménagements de 18 à 20 ans, baliveaux de trois âges, de 54 à 60 ans ;

Aménagements de 15 à 16 ans, baliveaux de quatre âges, de 60 à 64 ans.

On pourra, néanmoins, les abattre au-dessous de cet âge, suivant les terrains ; mais, au delà de 70 ans, il y aurait souvent tout à perdre.

M. de Perthuis annonce, ainsi que d'autres forestiers renommés, que le bouleau ne se reproduit que par ses graines. Nous nous élevons fortement contre cette opinion ; cet arbre, exploité au-dessous de 30 ans, pousse très-bien sur souche, par cépées, quand il est abattu dans la saison qui convient à son sol, et que ce sol n'est pas submergé l'hiver.

Nous pensons donc qu'il faut le couper sans choix, comme les autres bois, du 1er octobre au 1er janvier, enfin quand la séve est sans action. Beaucoup de marchands de bois assurent cependant avoir fait l'expérience que des bouleaux coupés dans les premiers jours d'avril, lorsque la séve commence à porter aux feuilles, poussent avec plus de vigueur, et qu'il en meurt très-peu, tandis qu'il périt les 3/4 des souches quand elles s'exploitent en automne et en hiver.

Malgré toute assertion contraire sur la coupe des bois blancs ou autres essences prolifiques, nous maintiendrons toujours le principe d'abattre les bois durs et les bois blancs quand l'action de la séve est éteinte. Nous ajoutons que la cause du dépérissement de cette essence ne vient pas toujours de l'époque où la coupe a été faite, mais bien d'abord de ce que la souche du bouleau n'a pas une longue existence, qu'ensuite cette essence, étant très-poreuse et ayant ses racines à la superficie de la terre, géle facilement dans les intermittences de chaud et de froid, et qu'en outre se rencontrant plutôt dans les lieux bas, elle est souvent couverte d'eau pendant toute la saison de l'hiver ; alors la séve se dilate par la submersion, et les racines se pourrissent, étant restées sans défense à la superficie de la terre, par l'amputation des lances ou tiges qui les garantissent de ce fléau, en garnissant le tronc de leur souche. Voilà les véritables causes de la mortalité des souches de bouleaux. Par toutes ces considérations, nous préférons, sous tous les rapports, la coupe en novembre plutôt qu'en mars et avril ; cependant c'est dans ces deux derniers mois que les marchands de bois et les gardes forestiers croient, sans y avoir mûrement réfléchi, qu'il est opportun d'abattre les bouleaux et les châtaigniers : comme ils ne peuvent en indiquer la véritable cause, ils donnent pour raison qu'à cette époque ils n'ont plus à craindre les eaux, les grands froids, les dégels et les funestes résultats, en hiver, d'un temps chaud qui met la végétation en action tout d'un coup, et se trouve suivi presque toujours d'une vive gelée qui alors est meurtrière pour les essences très-poreuses comme le bouleau et le châtaignier, intermittences dangereuses qui se font sentir notamment dans les mois de janvier et de février.

En résumé, à moins d'une expérience suivie qui serait contraire à nos principes d'exploitation hors séve, nous engagerons toujours à exploiter les bois blancs comme les bois durs, d'octobre en janvier, en un mot à marcher en avant et à ne pas faire dans une vente autant d'exploitations qu'il y a d'essences.

Dans les Vosges, en Bourgogne, en Berri et dans la Haute-Marne, où un tiers, au moins, des bois s'abattent pour les forges, avant la fin de janvier, les souches de bouleau, tremble, marseau, châtaignier et autres essences tendres ne meurent pas et poussent parfaitement, souvent trop bien, car elles font de grands envahissements sur les essences plus recherchées.

La graine de bouleau est très-abondante, contenue dans de petits cônes écailleux, un peu plus longs que ceux de l'aune, mais isolés ; elle commence à paraître en avril, mûrit fin d'août ou premiers jours de septembre. Cette graine lève merveilleusement sur les terrains frais et les places à fourneaux, difficilement sur un terrain rocailleux et élevé, même se trouvant sous l'ombrage des bois et des futaies claires ; elle reste longtemps en terre sans se gâter, ou y germe, et on est fort étonné de la voir se développer après l'exploitation d'une vieille futaie, où cette essence avait depuis longtemps disparu.

Cette propriété de la graine de bouleau de se

conserver par semis ou par racines, et de produire des plants en grande quantité dans les forêts
humides et à très-bas prix (1 fr. 50 c. à 2 fr. le
millier), doit faire considérer cet arbre comme
très-précieux pour contribuer, avec le tremble, le
marseau et l'ypréau, au repeuplement des bois,
surtout comme garniture.

Cette essence, loin de nuire à l'accroissement des
bois durs, y contribue au contraire, parce que, sa végétation étant plus rapide, elle les tient frais et les
abrite, répand, en outre, sur eux la rosée du matin et la
pluie goutte à goutte, enfin les garantit des chaleurs
de la canicule et, en hiver, les protége contre le froid.

Le chêne se trouve particulièrement fort bien de
la société des bois blancs, à moins qu'ils ne soient en
trop grande quantité; alors on a la ressource de l'é-
claircissement, qui ne peut jamais être onéreux au
propriétaire, toutes les fois que le fagot du bois de cette
essence vaudra au delà de la dépense de l'essartage.

Le bouleau ne pousse point de drageons; il se sou-
tient par deux ou trois racines de peu d'étendue, avec
un léger chevelu; aussi les vents l'abattent aisément.

En plantant un bouleau, il faut avoir soin de pres-
ser fortement la terre sur les racines, pour qu'elles
soient toujours fraîches; ces racines, plus tendres que
celles des bois durs, se dessèchent aussi plus promptement. On multiplie le bouleau par ses semis, les plants
enracinés et les provins, à raison de 6 à 7 fr. le cent,
de 2 à 4 pieds de long, suivant l'étendue de la
branche. La fosse d'un provin doit avoir, en outre,

6 pouces de large à l'entrée, 18 au bout, et 10 à 11 pouces de profondeur.

Les semis, dans une pépinière, exigent une bonne terre, façonnée avec soin, sur laquelle on répand environ un demi-pouce de sable, pour y placer la semence; puis on la couvre de 2 lignes de terreau, et on la roule fortement ou on la bat avec une batte, comme une aire de grange. La graine de bouleau, qui naturellement vient très-bien, réussit rarement dans nos pépinières. Un semis sur neige, quand le terrain de dessous est la bouré, réussit, dit-on, fort bien. Également, un dépôt de fagots chargés de graines produit un beau semis. Cependant nous avons employé ces deux manières sans succès. Il semble que cette graine redoute la chaleur, le contact de la main de l'homme, ou qu'elle est inféconde hors de son sol: pour en avoir en abondance dans les bois, il suffit de labourer au pied de l'arbre, de gratter au râteau les clairières et les places à fourneaux situées sous les bouleaux des ventes *nouvellement exploitées*. Nous avons vu fort peu de semis réussir dans les anciennes, à moins qu'il n'y ait de grands vides et encore sur les terrains propres à cette essence; nous devons excepter, toutefois, ceux qui viennent naturellement après l'exploitation des futaies. En faisant enfin stratifier la graine de bouleau pendant l'hiver, on prétend que les semis sont plus certains.

Dans le voisinage des villes populeuses, les jeunes bouleaux sont très-souvent exposés au pillage des faiseurs de balais; si encore ces maraudeurs n'enlevaient que les branches inférieures et s'ils les coupaient proprement sur la tige sans laisser de chicots, ces amputations, loin d'être préjudiciables, accéléreraient l'accroissement; mais il n'en est malheureusement pas ainsi : on mutile annuellement les jeunes bouleaux au point d'en faire périr une grande quantité au bout de quelques années. Il n'y a qu'un moyen de prévenir cette dilapidation, c'est de faire élaguer souvent les bouleaux qui peuvent donner des balais, et d'en vendre les fagots, quand ils ne rapporteraient que le prix de la façon, ou même de les abandonner aux balaitières, à la condition expresse de faire cet élagage d'une manière convenable, en observant, néanmoins, qu'un élagage fait avec excès et trop répété pourrit promptement cet arbre.

(Voir notre article *Élagage,* 5ᵉ chapitre.)

Le bouleau est recherché et préféré à tous les autres bois pour les sabots, les cercles à tonneaux et à cuves, pour les boulangers, les faïenciers et pour les fabriques de porcelaines. Les habitants des Alpes font, avec ses branches, des torches qui éclairent assez bien. Son écorce est presque aussi flexible et aussi nerveuse que celle du merisier; elle sert à confectionner des boîtes, des havre-sacs de bergers et autres petits objets de ménage : l'homme, en Laponie, s'en fait des habits; en Suède, on tire de la sève du bouleau une liqueur. (Voir notre article sur les *Curiosités forestières,* t. II.)

Le bouleau, coupé à la fin de l'hiver (fin de mars), particulièrement, se corrompt facilement lorsqu'en termes forestiers on ne lui a pas *donné vent* (*), enfin

(*) *Donner vent* à un arbre poreux consiste à lui ouvrir les deux bouts par une fente longitudinale de 4 à 6 pouces (12 à 18 centimètres).

qu'il n'a pas été fendu. Dans l'intérêt de sa conservation, nous conseillons donc de le scier et de le fendre
dans les dimensions prescrites par l'usage auquel on
le destine et presque aussitôt qu'il a été abattu. Un
bouleau échauffé *s'outrit*, et dans ce cas il se brise et
se fend mal; il n'est plus bon qu'à faire un mauvais
bois de chauffage : tout frais abattu, au contraire, il se
fend à merveille, et le boulanger le recherche vivement.

La fente, sur le bouleau, produit un boni de 15 à
20 pour 100; plus il est fendu menu, plus il produit
et convient, à moins qu'il y ait excès.

Jamais le bois blanc ne se vend que fendu ; après
un an de coupe, même moins, suivant les positions,
cette essence est en putréfaction si on ne lui a pas
donné vent : on a donc tout intérêt à lui procurer
les façons qu'elle exige.

Le bouleau pèse de 22 à 23 kilogrammes le pied
cube; fraîchement abattu, il contient sur 100 parties :

    En bois. 69 2/10
    En eau. 30 8/10

La graine de bouleau se vend, à Paris, 2 fr. le kilogramme; en gros, 180 fr. les cent kilogrammes.

N° II. — LE TREMBLE.

Les nomenclateurs ont placé le tremble ainsi que
l'ypréau dans la famille des peupliers : autant cependant il y a de ressemblance entre le tremble et l'ypréau,
autant il y a de différence entre ces deux arbres et
le peuplier; mais, comme l'examen de cette question
n'est pas nécessaire à l'objet de notre travail,

nous considérerons ces arbres sous le rapport de leur utilité individuelle, ainsi que nous l'avons fait pour tous les autres, et sans chercher à vérifier s'ils appartiennent plutôt à une classe qu'à une autre.

Le tremble est d'une dimension moins grande que l'ypréau. Ses mœurs sont à peu près les mêmes ; mais sa végétation ne se développe pas avec autant d'énergie. Il croît moins promptement, devient moins gros, ne s'élève pas aussi haut, est plus sujet à être taré, et vit moins longtemps.

De toutes les espèces de bois, c'est avec le bouleau, l'essence qui sympathise le mieux avec le chêne, le hêtre, et le frêne enfin, dont le mélange soit le plus désirable.

Les trembles semblent protéger les rejetons et les semis de ces dernières essences ; ils les garantissent des accidents du printemps et de l'ardeur du soleil de l'été. Mais, à 30 ans, les protégés, lorsqu'ils sont en quantité dominante, nuisent bientôt à leurs protecteurs ; à 80 ans, on en rencontre encore quelques-uns dans les futaies ; à 150, il n'en reste plus de traces.

Le tremble vient sur toutes les espèces de terrains, excepté sur les sols brûlants, lorsqu'ils ont peu de profondeur ; plusieurs auteurs ont avancé que le voisinage de l'orme et du charme le fait périr, mais qu'il résiste au coudrier, dont souvent il détruit la souche.

Nous pensons qu'il n'en est ainsi que lorsque le terrain est aquatique ; alors le tremble est dans son élément, et le coudrier périt parce qu'il ne vient ni dans l'eau ni dans les climats trop frais. Voilà, sans doute, la véritable cause de la puissance du tremble sur le coudrier. En position contraire, c'est le tremble qui, selon nous, périrait. (Voir l'article sur le *Coudrier*.)

L'empire de l'orme et du charme sur cette essence provient, toutefois, de ce que ces deux espèces ne poussent vivement et ne prennent de fortes racines que sur les sols qui ne sont pas ceux du tremble ; cette dernière essence pullule tellement par les nombreux drageons de ses racines, qu'elle ne se détruit pas facilement, à moins de la laisser trop vieillir en plein bois et comme isolée.

Le tremble se tare à 50 ans, même sur les terrains qui lui conviennent le mieux ; sur les autres, il dépérit encore plus tôt.

Lorsqu'il est mélangé dans un taillis de bois durs, il le garnit autant qu'il est possible, sans porter aucun préjudice aux autres essences, dont, au contraire, il facilite la végétation, et ce qu'il fournit en bois à l'exploitation est une véritable augmentation de produit, ou un boni très-désirable.

Lorsqu'il se trouve en massifs dans les gaulis trop âgés ou dans les futaies, il y forme des vides en dépérissant : les vents, en outre, lorsqu'il dépasse 70 ans, en renversent de grandes quantités, qui forment des abatis appelés chablis ; on doit alors les exploiter immédiatement, afin que le bois ne s'échauffe pas, surtout quand la racine est tout à fait hors de terre et ne peut plus lui procurer de séve, même pour l'entretenir frais.

Le tremble se multiplie, comme l'ypréau, par les nombreux drageons qui surgissent de ses racines, par ses grainés, les plants enracinés, et les boutures; on le provigne aussi très-aisément et avec succès : on peut notamment l'introduire avec beaucoup de facilité dans les bois, en plantant de jeunes trembles immédiatement après l'exploitation d'une coupe dans les clairières, et entre les souches des bois durs.

Vingt-cinq plants de tremble, ayant seulement 6 pouces ou 16 centimètres de circonférence, suffisent pour garnir un arpent; on peut aussi en planter, 4 à 5 ans avant la coupe d'un taillis peu garni, sur les plus grands vides, fossés, chemins, et les raser avec les autres essences quand l'ordre de la coupe est arrivé. Les drageons se feront connaître plus ou moins vivaces, suivant la force des racines et la beauté de l'arbre; plus le tremble sera gros, plus il aura de drageons.

Le tremble, comme nous l'avons dit, meurt sous les futaies; mais sa graine se conserve, ou ses racines gardent encore assez de séve pour pousser de nombreux drageons, immédiatement après la coupe des futaies. Celles de Villers-Cotterêts fournissent la preuve de ce fait; après l'exploitation d'une coupe de 120 ans et plus, en chêne, en hêtre, charme, et autres bois durs, on ne voit plus dans cette belle forêt que tremble, bouleau et marseau.

Rozier ne connaissait pas tout le mérite du tremble, puisqu'il se contente de dire à son sujet :

« Que cet arbre a peu de valeur, et que dans quel-
» ques lieux on en fait usage pour les cerceaux à cuves
» et à tonneaux. »

C'est ce que nous n'avons jamais vu. Au surplus, si on en fait usage dans quelques endroits, c'est qu'il y a impossibilité de se procurer d'autres essences. — Rozier ignorait, sans doute, que son bois, pour le chauffage, après le bouleau, est un des meilleurs parmi ceux des bois blancs; son sciage, il est vrai, est inférieur à celui du peuplier, cependant ce bois lui est supérieur pour chevrons, en ce qu'il est très-recherché pour sa légèreté; il fait de fort bonnes allumettes, des barres et des chevilles à tonneaux; sa charpente, ses échalas sont, nous en conviendrons, d'une qualité inférieure aux marchandises semblables que l'on retire des bois durs; mais leur moindre prix les met à portée des petites fortunes; enfin ce bois est encore propre à quelques ustensiles de la vasellerie, et à faire des sabots, de peu de durée sans doute, mais fort agréables à porter, parce qu'ils sont presque aussi légers que des souliers. Après le bouleau, il est très-recherché par les boulangers, faïenciers et porcelainiers.

Le tremble, sous tous les rapports et particulièrement à cause de la propriété qu'il a de contribuer sans dépense au repeuplement des bois, est un arbre précieux et des plus forestiers; ses racines, comme celles du bouleau, ne vivant qu'à la superficie de la terre, ne nuisent en aucune manière aux essences pivotantes et horizontales, et le frais répandu par ces essences et par leur ombrage salutaire facilite la végétation des bois durs. Le tremble, poussant, comme l'ypréau, de nombreux drageons, est, avec le bouleau, très-propre à remplir les vides des bois;

il faut néanmoins l'éloigner des jardins, des vergers, des prairies et des champs, car c'est dans ces lieux une lèpre qui se répand avec une rapidité étonnante, et c'est pour cette cause, au contraire, qu'on doit, nous le répétons, le cultiver, le conserver et le protéger, comme l'essence la plus efficace pour garnir un bois et qui produit beaucoup. On compte habituellement dans le commerce 3 décastères de bois blanc pour 2 de bois dur ; un taillis de cette nature est méprisé cependant par nos forestiers de première classe, lorsque cette essence est dominante, parce qu'ils ignorent que, dans un bois entièrement en tremble, à 20 ans on fera 6 décastères, tandis que, dans un taillis de chêne, on n'en fera pas la moitié ; la qualité en certaines choses n'est pas toujours ce qui rapporte le plus. Une vigne en gros plant produira souvent le double d'une autre en plant fin.

Nous recommanderons, ainsi que nous l'avons fait pour le bouleau, la fente du tremble, aussitôt qu'il est abattu, dans l'intérêt de sa conservation et de son produit, bien que le tremble ne s'échauffe pas si promptement que le bouleau.

Son poids est de 17 à 18 kilogrammes le pied cube ; fraîchement abattu, il contient sur 100 parties :

En bois. 56 3/10
En eau. 43 7/10

N° III. — MARSEAU, MARSAULT OU GRANDE BOURSAUDE.

Le marseau, saule-marsault ou grand boursault est un arbre forestier de la troisième grandeur, très-rare dans certaines localités et très-commun dans d'autres.

Les botanistes l'ont placé dans la famille des saules, avec lesquels il n'a de ressemblance que par la feuille et la forme de la graine.

Cet arbre a des qualités qui méritent d'être connues.

Le marseau ne s'élève guère au-dessus de 30 pieds (10 mètres), sur les terrains qui lui conviennent le mieux ; sa tige est courte et difforme ; ses racines, noires et rampantes, sont quelquefois à un pied hors de terre, notamment dans les endroits où l'eau séjourne l'hiver.

Il aime un sol frais et humide ; cependant il vient dans un terrain sec et pierreux, et y pousse quelquefois d'une manière admirable.

Il est vrai que dans ce dernier terrain il ne vit pas longtemps, et se reproduit difficilement de graine, mais on peut le renouveler en jeune plant. Cette essence croît vigoureusement en cépées et rarement d'une autre manière. Sa feuille ressemble à celle du saule ; mais elle est plus large, plus cotonneuse en dessous, moins lisse en dessus et d'un vert plus tendre. Son bois est rougeâtre, plus dur, plus plein que celui du saule, et d'une qualité bien préférable en bois de chauffage et surtout en échalas.

Les tonneliers l'emploient particulièrement comme le tremble pour chevilles à barrer les tonneaux ; le cerceau qu'on fait avec le marseau est préférable à celui du frêne pour être mis dans les caves humides.

La plus grande durée de cet arbre est généralement de trente à trente-cinq ans ; à vingt-cinq, quelquefois même avant, il ne profite plus, et souvent il commence à se gâter.

Ses graines portent des aigrettes ailées au moyen desquelles le vent les transporte souvent à de grandes distances. Le plus grand nombre est arrêté par les bois ; elles y tombent, elles y germent ou s'y conservent saines aussi longtemps que celles du bouleau et du tremble. Le surplus se répand le long des haies et sur le bord des eaux.

On fait, avec le marseau, des haies de clôture qui, à deux ans, sont déjà d'une bonne défense ; avantage qu'on ne peut obtenir aussi tôt de l'épine, de l'ormille et autres essences qu'on emploie ordinairement à cet usage.

Comme le marseau ne dure pas longtemps, il faut avoir soin, quand on veut obtenir promptement une clôture, de mettre l'épine intérieurement en second rang ; ce qui fera que cette dernière se trouvera en pleine force quand le marseau commencera à décliner. On peut garnir avec le marseau les lieux aquatiques qui ne seraient susceptibles d'aucun autre produit.

La seule précaution à prendre dans cette plantation, c'est d'arranger le terrain de manière que la souche soit, le moins possible, couverte par les eaux ; alors elle poussera une grande quantité de rameaux qui, même à dix ou douze ans, pourront produire du bois de boulanger, des échalas et d'excellents cercles pour les caves humides : avec le pied du marseau on fait des sabots plus légers encore que ceux du tremble.

Le frêne se trouve très-bien du voisinage du marseau ; ils sympathisent parfaitement ; il y a donc tout avantage à les mélanger.

Le marseau repousse de souches et se multiplie facilement par les provins, les boutures et les plants enracinés.

Il y a une autre espèce qui n'est qu'un arbuste de dix à douze pieds de hauteur : on la nomme marseau ou boursault bâtard à petites feuilles. C'est une véritable teigne dans les bois ; elle est très-vivace ; ses racines tracent et poussent comme celles du rosier, et il est très-difficile de la détruire où elle s'est introduite ; ses racines étant peu profondes, le mieux est de les arracher complétement et de leur substituer le marseau franc ou l'aune.

Le marseau a besoin d'être fendu comme le bouleau et le tremble.

Son poids est de 18 à 19 kilogrammes le pied cube. Fraîchement abattu, il contient sur cent parties :

     En bois 74.

     En eau 26.

N° IV. — L'YPRÉAU.

Valmont de Bomare regarde l'ypréau comme une espèce d'orme à large feuille ; nous pensons qu'il ressemble davantage au tremble par son bois, son port, même par la forme de ses feuilles, par la nature, la qualité de son bois et par la manière surtout de se reproduire.

On trouve rarement cet arbre dans les forêts de France ; il est encore peu connu dans les nouvelles plantations de pleins bois, parce qu'à l'instar du peuplier et de l'orme il est intolérant et ne peut vivre en société ; c'est un arbre à placer isolément ou en avenue, c'est sa spécialité et il y fait un bel effet.

On le cultive beaucoup en Flandre et particulièrement aux environs d'Ypres d'où il a tiré son nom.

A l'exception des plus mauvaises terres sur lesquelles il ne vit pas, il prospère assez bien sur toutes les autres ; mais c'est sur les terres riches de fonds et humides qu'il prend ses plus grandes dimensions.

A seize ans, il peut avoir trente-six pieds de hauteur et trente pouces de tour ; coupé à vingt ans, il garnit de ses drageons une superficie circulaire de cinquante pieds ou dix-sept mètres ; à quarante ans, il a quinze pieds de tige et jusqu'à soixante de toute hauteur, quarante d'envergure et six à huit pieds de tour.

Cet arbre se multiplie naturellement par les nombreux drageons qui poussent de ses racines ; il repousse aussi de sa souche lorsqu'on le coupe avant sa décrépitude, et alors les drageons qui pullulent à l'entour sont plus abondants et plus vivaces qu'avant son abatage. Ses racines sont en grand nombre, vigoureuses ; et, comme cet arbre ne pivote pas, elles s'étendent au loin et détruisent toutes les essences du bois dont la végétation n'est pas aussi forte que la sienne.

Si dans les pleins bois l'ypréau se trouve à côté d'une clairière, il s'y introduit bientôt et la garnit de ses drageons. Cette propriété qu'il partage avec le tremble facilite d'une manière prompte et économique le repeuplement des forêts.

En massifs, l'ypréau promet de prendre une hauteur considérable; il est moins sujet à s'y gâter que le *tremble*, et son bois est plus dur. S'il n'est pas aussi estimé par les menuisiers et les sculpteurs que celui du tilleul, en revanche il est plus compacte, plus solide et plus durable que les autres bois blancs; quoique nous ne considérions pas l'ypréau comme propre à former des taillis à cause de sa nature gourmande ou intolérante, néanmoins cet arbre mérite toute l'attention des forestiers; nous les engageons à le planter particulièrement sur les rives et les vides des forêts comme garniture seulement.

Rozier prétend que cet arbre prend toute sa croissance en trente ou quarante ans; nous en avons vu, dans le parc d'Auneau près Guignes (Seine-et-Marne), de cinquante ans et plus dans toute leur vigueur. Il aurait pu dire, au contraire, que, dès l'âge de trente ans, on peut tirer du sciage de l'ypréau; à soixante ans, il en produira trois à quatre fois plus : l'avantage de le conserver aussi longtemps ne saurait donc être douteux.

Ce bois est très-recherché par les carrossiers pour faire des caisses de voitures, pour le sabotage et la charpente légère; son sciage est au premier rang parmi les bois blancs. L'ypréau, par sa nature humide et spongieuse, est prompt à se corrompre ; il faut donc le débiter, le scier ou le fendre peu de temps après son abatage. Comme bois à brûler, il ne vaut pas le *tremble* pour les fours, mais il vaut mieux pour le foyer ; il dure davantage au feu.

Poids, 28 à 30 kilogrammes le pied cube. *Fraîchement* abattu, il contient sur cent parties :

En bois 64 6/10.

En eau 56 4/10.

Nᵒ V. — L'AUNE OU VERNE.

Arbre de moyenne grandeur. Dans les gaulis aménagés à trente et trente-cinq ans il s'élève quelquefois à soixante pieds, et sa tige est souvent sans branches jusqu'à cinquante pieds de hauteur ; sa longévité est d'à peu près soixante ans. Les aunes qui sont plantés sur les haies et sur les bords des ruisseaux s'élèvent beaucoup moins et vivent davantage. Les plus gros que nous ayons vus avaient cinq pieds de tour, mais la vermoulure les gagnait ou ils dépérissaient.

Le bon âge pour exploiter cette essence est celui où elle a acquis la grosseur nécessaire pour qu'on en puisse retirer de la volige, du chevron et du sabotage, c'est-à-dire de vingt-quatre à trente ans en massifs ou pleins bois, ayant au moins de dix-huit à vingt-quatre pouces de circonférence à cinq pieds du tronc ; isolée et en lisière sur les bords des rivières ou ruisseaux, elle doit être exploitée à moitié de ces âges,

parce qu'alors elle est déjà propre à ces industries ;
pour bois à brûler, de quinze à vingt ans.

M. de Perthuis a avancé qu'à l'exception du
frêne, l'*aune* n'aime pas le voisinage des autres
essences, et, lorsqu'on le rencontre dans les pleins
bois, c'est en massifs de même espèce ou par bouquets. Il est vrai que là où il y a de l'aune on ne
trouve pas d'autres bois que le frêne, quoiqu'il ait
une grande quantité de racines très-vivaces ; nous attribuons plutôt cette prétendue antipathie pour les
autres essences, ou des autres essences pour lui, à ce
qu'il ne vient bien que près des rivières ou dans les
lieux bas et frais, et que là où l'aune prospère on ne
voit réussir que le frêne, le tremble, le saule, le
peuplier ou le marseau, et rarement d'autres arbres
que ceux qui vivent à la surface de la terre et dans les
terrains aquatiques.

Il se plaît particulièrement autour des sources et
sur les bords des ruisseaux, qu'il embellit par le beau
vert de son feuillage jusqu'à la fin de l'automne ;
aussi, dans les grandes chaleurs de l'été, lorsque
toutes les plantes languissent dans les champs, sa
végétation semble encore plus belle, et son feuillage
est plus animé.

Par ses nombreuses racines, étroitement liées ensemble et courtes en même temps, il conserve les rives
des biez et des étangs, tandis que les autres arbres
occasionnent des renards très-difficiles à boucher.
Rien de mieux donc, nous ne saurions trop le dire,
pour défendre les rives des rivières et ruisseaux, que

les plantations d'aunes en les coupant souvent (de neuf à douze ans).

L'aune se multiplie par ses graines contenues dans de petits cônes écailleux qui sont disposés en grappes : il en produit annuellement une grande quantité ; mais il est probable qu'il y en a beaucoup d'infécondes, car il en lève très-peu ; il ne paraît pas que les animaux en mangent. L'eau transporte ces graines et les dépose le long des rives, qui s'en trouvent ainsi naturellement peuplées.

Les souches de l'aune produisent beaucoup de tiges, et il semble que plus elles en sont garnies, plus l'arbre a de vigueur. Toutefois, pour avoir des tiges productives, il est nécessaire de leur faire subir un élagage, notamment dans leurs premières années et sans pourtant trop les dégarnir, car la souche pourrait en périr. Cet élagage, en un mot, peut avoir lieu tous les quatre à six ans, jusqu'à l'exploitation totale ; et, lorsqu'enfin les souches sont trop abondantes, il est salutaire de faire une coupe par éclaircie.

On multiplie l'aune par les semis, les provins et les plants enracinés. Après la coupe d'un vieux aune, on trouve fréquemment une grande quantité de jeunes plants très-précieux pour former une pépinière, ce qui est préférable au semis, qui réussit rarement. Les bestiaux ne broutent le taillis de l'aune que lorsqu'ils sont affamés, mais ils en mutilent beaucoup pour se débarrasser des mouches qui les tourmentent, en été surtout, au bord des marais, où les insectes sont en grand nombre.

En mélangeant des *frénes* avec des *aunes*, on peut obtenir, en moins de soixante ans, des futaies d'une grande valeur, si la localité se trouve avoir des débouchés favorables pour la première de ces essences. Pendant que les *frénes* prendront toute leur croissance, on pourra couper l'aune trois ou quatre fois.

Dans les lieux où le frène ne serait considéré que comme bois de chauffage, et où l'on n'en aurait pas de débouchés, cette amélioration ne sera pas également profitable, et néanmoins elle sera encore avantageuse dans toutes les localités ; car, à soixante ans, la futaie de frène vaudra toujours, par sa qualité de bois dur, plus que l'*aune*, intérêts d'attente déduits.

On se sert du bois de l'*aune* pour faire des pilots, des corps de pompe, des conduits d'eau, des sabots, de la volige, du chevron, des manches à balai, des râteliers, des échelles, des perches à houblon, du bois de boulanger, et pour tous les fours en général ; il est, en outre, très-recherché par les faïenciers et par les porcelainiers. On emploie aussi ce bois à faire des avirons et des mandolles pour la navigation sur les rivières et fleuves. On extrait enfin de son écorce une teinture noire qui entre dans la composition de l'encre commune ; dans beaucoup de localités, on s'en sert même pour teindre les bas et les étoffes de laine et de coton.

Nous insistons cependant pour que le *frène* lui soit préféré, et pour que, partout où cette dernière essence pourra réussir, on arrache l'*aune*, afin de le remplacer par le *frêne* ; on y gagnera plus du double en s'assurant bien, par avance, si le sol lui sera aussi favorable : néanmoins, près des sources, des ruisseaux, le long des biez, pour les protéger contre l'irruption des eaux, il faut exclusivement privilégier l'*aune*.

Comme bois blanc, on doit le scier et le fendre peu de temps après son abatage, c'est de rigueur.

Son poids est de 19 à 20 kilogrammes le pied cube.

Il contient, fraîchement abattu, sur cent parties :

      En bois 58 4/10.

      En eau 41 6/10.

10 à 12 kilogrammes de graines pour semer un hectare.

Du prix à Paris de 6 francs le kilogramme.

N° VI. — LE TILLEUL.

Duhamel compte en France cinq espèces de tilleuls, tant indigènes qu'exotiques. Nous ne parlerons ici que du tilleul des forêts à petites feuilles, les autres étant exclusivement employés à la décoration des avenues, des terrasses et des jardins.

L'élévation ordinaire de cet arbre est de vingt-cinq à trente pieds, suivant la qualité du terrain sur lequel il a crû. Sa tige, en plein bois, acquiert rarement plus de cinquante-cinq à soixante pieds de hauteur et de sept à huit pieds de tour, excepté aux portes des églises tenant aux cimetières, où il prend une croissance monstrueuse par le remuement de la terre des fosses et l'engrais que produisent les inhumations.

Il prospère plus ou moins sur toutes les espèces de terrain ; sa végétation est vigoureuse, surtout les premières années de sa coupe, et à la longue, quand le terrain lui convient, il détruit les bois durs et les bois blancs qui l'entourent, particulièrement le charme et le coudrier.

Sa multiplication est donc à redouter, à l'exception des localités où l'écorce est employée à faire des cordes à puits et des perches à houblon.

Pour l'expulser des forêts, il faut le laisser vieillir ou l'arracher comme nous l'avons indiqué pour le charme, le coudrier, l'érable et d'autres essences nuisibles ou peu productives.

Le tilleul se reproduit par sa souche et par ses graines, qui sont toujours très-abondantes, parce qu'il fleurit tard : taillé en houppe ou parasol, il forme un couvert parfait ; on peut même dresser ses branches, lorsqu'il est jeune, jusqu'à établir une salle à manger de sept à huit pieds au-dessus de son tronc.

On en connaît, en France, de fort curieuses dans ce genre. Dans un bon terrain, il pousse de fortes et profondes racines. Beaucoup de tilleuls ont autant de racines que de branches ; de même que le peuplier, il vient rapidement quand il a une nourriture abondante.

Son bois est doux, léger, et prend un assez beau poli ; son écorce sert à faire des cordages qui résistent à l'humidité, mais qui ne sont cependant pas d'une aussi bonne qualité que ceux en sparterie : on fait, avec cette écorce, des liens pour les récoltes dans les environs de Senlis (Oise); c'est le pays, il est vrai, où elle sert à toutes choses, et aussi où l'on fabrique avec elle le plus de cordages. L'écorçage sur cette essence est moins nuisible aux fonds des bois; elle est plus avantageuse et plus productive que sur le chêne. Le tilleul étant plus vivace se reproduit mieux; rarement il meurt par l'exploitation en séve.

Les premières billes de pieds font un assez joli sciage; il est aussi léger que l'ypréau. Presque tous les cadres à glaces et à tableaux sont en tilleul : les scieries à la mécanique de Paris et des environs en débitent considérablement pour cet usage. Les claviers des pianos se font en tilleul de premier choix. Les sculpteurs l'emploient de préférence à tout autre bois. On en fait des têtes à perruques en première qualité, et des formes pour les chapeliers. Le jaune est préféré au blanc, et le tilleul d'allée à celui en plein bois. Après le sapin, il est le meilleur pour faire des allumettes; comme bois de chauffage et gardé d'une année à l'autre, il rend une flamme claire, presque sans fumée. Autrefois les fabriques de porcelaine de premier ordre, particulièrement celle de Sèvres, n'employaient presque que ce bois; mais aujourd'hui elles préfèrent le bouleau, le verne et le tremble, mélangés dans une proportion que le conducteur des fours sait régler.

C'est par suite de nos représentations à M. le préfet de la Seine, en mars 1835, qu'on a substitué depuis, et avec raison, sur les quais et boulevards de Paris, le platane, arbre du midi, à racines courtes, au tilleul, qui, au contraire, en a de trop longues, comme tous les arbres qui croissent rapidement; cette essence est trop gourmande pour être mise à deux mètres de la pierre de taille et du plâtras pur.

Le poids du tilleul, au sixième réduit, est d'environ 18 à 19 kilogrammes le pied cube.

Fraîchement abattu, il contient sur cent parties :

En bois 52 2/10.

En eau 47 1/10.

La graine de tilleul se vend, à Paris, 6 f. le kilog.

SECTION III.

—

FAMILLE DES BOIS RÉSINEUX.

—

N° I. — LE PIN.

La France possède encore de grandes forêts de pin, en Auvergne surtout : on en trouve aussi dans le Dauphiné, en Provence, dans la Guienne, les Alpes et les Pyrénées ; et, en Corse, le *pinus altissima* ou *laricio*, qui, par sa hauteur, sa dureté et son élasticité, est si estimé pour les mâtures.

Le pin s'élève jusqu'à 120 pieds, et prend jusqu'à 9 à 12 pieds de tour ; il possède ordinairement 60 à 80 pieds de tige propre au sciage ; il devient en peu de temps plus gros que le sapin et le mélèze. Ses racines sont pivotantes et, en outre, plus fortes et plus nombreuses ; elles résistent mieux aux secousses des coups de vent. Le pin réussit d'ailleurs dans toutes sortes de positions et sous toutes les températures, particulièrement le pin sylvestre, comme moins sensible aux gelées, et pouvant être placé dans les lieux bas et humides, ayant enfin plus de qualité que le maritime, mais une croissance moins rapide. Depuis un demi-siècle, on a fait d'immenses plantations en pins maritimes, sylvestres ou d'Écosse, sur les landes de Bordeaux et les bruyères du Mans (Sarthe), en un mot sur des terrains sans aucune valeur qui sont aujourd'hui dans la plus grande prospérité ; quand on les a vus, on peut dire que l'on ne rêve plus qu'arbres verts. M. de Nicolaï est le premier qui, il y a environ soixante ans, ait fait cette opération en grand dans les environs du Mans, et cela avec un succès qui a dépassé ses espérances, et après lui l'estimable et honorable M. Delamarre. Ce sont des exemples bons à suivre et bons à citer. Cependant nous engageons à ne se livrer aux semis et plantations d'arbres verts dans les forêts qu'avec une extrême réserve, sur des terrains spéciaux pour cette essence, et là seulement où il n'en peut venir d'autres, même le bouleau, qui cependant croît sur tous les terrains et jusque sur les vieux murs, attendu qu'en général on ne peut exploiter les arbres résineux *qu'après quatre-vingts ans de semis au moins,* et qu'enfin cette essence très-intolérante ne se reproduit pas sur souche.

M. Parade, sous-inspecteur de l'école forestière de Nancy, dans son *Cours élémentaire de la culture forestière*, annonce que Cotta, d'après des expériences nombreuses, a établi que les sapins et épicéas ne rapportent :

à 70 ans, que 2 pour 100;
à 100. . . . . 1 *idem;*
à 140. . . . . 1/2 *idem.*

Ce résultat de produit est le même que pour tous les bois-futaies.

(Voir notre article sur le *Rapport d'une futaie,* page 18.)

Le pin a un grand nombre de variétés; Miller en compte dix-neuf espèces, et Duhamel vingt : il faut qu'elles soient encore plus nombreuses, car chacun de ces auteurs cite des espèces dont l'autre nomenclateur ne parle plus.

Les plus avantageuses à cultiver en France sont :

1° Le pin sylvestre comme ayant moins à redouter des influences atmosphériques, et pouvant s'acclimater sur presque tous les terrains et prospérer même sur un sol frais et humide, où le maritime végète;

2° Le pin maritime ou des landes de Bordeaux et du Mans, propre aux terrains granitiques, calcaires, sablonneux et même d'une grande aridité ;

3° Le pin-laricio,

4° Le pin gris,

5° Le pin blanc,

6° Le pin rouge ;

7° Le pin à trois feuilles ou épineux du Canada.

Ces sept espèces produisent également beaucoup de résine et deviennent de grands arbres.

Le pin rouge est préféré au blanc comme se travaillant mieux et produisant des assemblages presque aussi beaux que le chêne.

Le pin, comme tous les arbres résineux, ne se reproduit que par semences.

En général, tous les arbres résineux ne prospèrent qu'en massifs ; un aménagement régulier à *tire* et *aire* serait meurtrier. Comme le hêtre, il faut les exploiter au furetage.

Pour cette essence on ne doit abattre que les arbres de service propres au sciage, de soixante-dix à quatre-vingts ans, et laisser croître le surplus jusqu'à ces âges. On peut bien cependant créer des aménagements par triages, mais au furetage tous les dix, quinze et vingt ans, de manière enfin à ne pas trop dégarnir et à conserver de l'ombrage pour les jeunes plants et en activer l'accroissement ; cette méthode est d'autant plus nécessaire que le pin, comme tous les arbres verts, ne venant bien que sur des terrains légers, exige nécessairement une exploitation particulière et soignée, attendu qu'il ne se reproduit pas sur couches ni par drageons, et n'a, pour se renouveler, que les réensemencements naturels. Faites une coupe d'arbres verts à *tire* et *aire*, c'est-à-dire à ne laisser aucune réserve ou très-peu ; ce sera un bois perdu comme le hêtre, il n'en poussera plus. Le froid et surtout le soleil détruiront en peu de temps tous les jeunes plants qui viendraient à se montrer. Dans ce cas, il faudrait faire labourer le terrain à deux ou trois façons et le semer de nouveau entièrement en pins, les plus convenables au sol, en y mêlant des plants de bouleau, tremble et marseau, pour leur servir de couvert dans leur enfance, et les mettre à l'abri des grandes chaleurs et des gelées de printemps. En conséquence, toutes les plantations ou semis d'arbres résineux qui ne seraient pas ombragés par d'autres arbres ne doivent pas être désherbés ni binés dans leurs premières années, à moins que ce ne soit avec de grandes précautions, cette essence, nous le dirons à satiété, ne venant bien qu'en famille et au frais.

Le semis a besoin d'être peu couvert, il exige seulement un roulage fortement appuyé.

Les pins qu'on plante se trouvent bien d'être élagués.

Un greffeur habile, avec son compagnon, peut greffer deux cent cinquante sujets en un jour. (Delamarre, *Traité pratique de la culture des pins*, page 12.) L'extraction de la résine n'a aucun succès dans le Maine et à Fontainebleau ; dans les landes de Bordeaux, elle est nécessaire et productive. L'effusion de la résine fait souvent avorter des pins, ou ils vivent moins longtemps.

Ces observations seront communes au sapin et au mélèze, dont nous aurons à parler dans les articles suivants.

Les semis de pins, et en général de tous les arbres résineux, demandent à être ombragés, nous ne saurions trop le répéter, particulièrement sur les terrains non cultivés. Sans la fraîcheur que le voisinage des autres arbres leur procure, comment cette essence, si frêle et si tendre en naissant, et qui est d'une végétation lente dans ses premières années, pourrait-elle se maintenir ? Pour mieux assurer le succès d'un semis d'arbres verts, il est urgent surtout de se procurer de bonnes semences, celles mises au four pour l'extraire des pignons étant souvent brûlées; et, ensuite, il est bien de le faire avec un seigle ou avoine d'hiver, fin de septembre ou premiers jours d'octobre, en ne négligeant pas, lors de la moisson, de couper la paille ou chaume à quatre ou six pouces au-dessus de terre, pour l'ombrager un peu, le garantir contre les excès du chaud ou du froid. Le pin maritime, pivotant à un grand degré, n'a, pour ainsi dire, qu'une très-longue et unique racine, peu de racines secondaires et encore moins de chevelu.

Les racines du pin sylvestre sont plus traçantes que pivotantes.

Le bois de pin est remarquable par la quantité de résine qu'on en retire, et qui, suivant les préparations différentes qu'on lui donne, est connue dans le commerce sous le nom de résine sèche, goudron, brai gras; en définitive, de tous les arbres résineux il est le plus facile à cultiver.

Il est aujourd'hui en grand crédit dans les constructions civiles à Paris et même dans les pays les plus boisés de France et où le chêne est abondant; le Nord nous en envoie des quantités considérables. Il est facile à travailler, beaucoup plus léger que le chêne et à meilleur marché, bien que venant du fond de la Norwége et payant des droits de douane. Il s'emploie comme charpente et en menuiserie, et à toutes sortes de travaux. On fabrique, avec ce bois, de la raclerie, des échalas, des sabots et des boîtes, des jouets d'enfants, des madriers, des plateaux, des cuviers à lessive, des baquets de blanchisseuses, des lattes pour les plafonds, des corps de pompe, des tuyaux pour la conduite des eaux, des bordages pour les ponts des vaisseaux, du charbon recherché pour les hauts fourneaux; les habitants du Nord en font aussi des chandelles. En un mot, la Franche-Comté, la Suisse et les bords du Rhin nous fournissent beaucoup d'ouvrages en pin; il s'emploie pour tout ce qui concerne la vasellerie. Ce bois prend toutes les formes qu'on veut lui donner, se travaille merveilleusement; on en fait même des hottes aussi légères que celles en osier et avec une perfection telle qu'elles peuvent contenir le lait et transporter l'eau sans en perdre une goutte. Les meilleures allumettes sont en bois de pin.

Les charpentiers préfèrent les bois résineux du Nord à ceux de France, parce qu'ils sont plus liants, plus forts, plus durables et surtout plus faciles à travailler. La supériorité de la qualité tient au climat, et résulte, en outre, de ce qu'on ne s'en fait point toujours un revenu par l'extraction annuelle de la séve résineuse.

Les menuisiers les recherchent et les préfèrent à ceux des Vosges ou de la Lorraine, qui sont cependant bien supérieurs à ceux d'Auvergne.

(Voir ce que nous avons dit sur la force du bois de chêne exploité en séve ou à l'écorce.)

Nous soutiendrons encore, contre l'autorité de Buffon et autres auteurs qui l'ont copié, qu'un bois coupé hors séve dans toute sa maturité est plus fort et plus durable que celui qui est exploité en été, même dans les premiers jours du printemps. De là nous inférons aussi que les arbres résineux, plus ils ont été saignés, c'est-à-dire dont on a tiré le plus de résine, moins ils valent. Cependant le pin dans les landes de Bordeaux, s'il n'est saigné, le ver, le moucheron et autres insectes s'en emparent et le gâtent promptement; ils y trouvent, sans doute, une saveur que n'ont pas les pins du Nord, mais le commerce le rebute, ne pouvant le travailler; cela tient probablement au terrain et au climat plus chaud que la Norwége. Néanmoins il faut remarquer que cet arbre, malgré toutes ses qualités et son utilité, ne peut entrer en comparaison avec le chêne, ni même avec le bouleau, quelles que soient les localités où il pourrait prospérer également, ni avec nos autres essences forestières, attendu qu'on ne peut tirer un parti avantageux des arbres verts que lorsqu'ils sont en futaie et aménagés par furetage; alors ils sont d'un grand produit; mais que de temps et d'intérêts perdus pour arriver jusqu'à ce terme! Quand le terrain est propice aux pins et qu'il y a surabondance de sujets, il faut arracher successivement tous ceux qui présentent moins d'avenir et peuvent, en grandissant, nuire aux bien venants, établir même cette extirpation en exploitations réglées tous les huit ou neuf ans.

(Voir notre article sur le mode à employer pour faire une futaie.)

C'est un revenu qu'on doit se créer, notamment près des contrées vignobles, parce qu'avec de jeunes plants, ayant seulement quatre centimètres de diamètre, on peut fabriquer des échalas de brin dont on fait un grand usage dans le Bordelais ; au-dessus de vingt centimètres on en tire du bois de chauffage très-bon (non pas tout vert, mais après deux ans de coupe) pour les boulangers et les fourneaux des machines à vapeur; de cette dimension on peut aussi en convertir en échalas fendus dans les proportions ordinaires des localités pour lesquelles ils sont destinés, qui ont moins de qualité que ceux du brin, il est vrai, mais qui valent infiniment mieux à cause de la résine qu'ils contiennent, que ceux de tremble et marseau.

(Voir, tome II, notre article sur *les Échalas.*)

Ce n'est donc que sur les terrains où nos bonnes essences forestières ne peuvent réussir, comme sur les montagnes arides, les sables mouvants, ou les bruyères, qu'on doit conseiller la préférence pour la multiplication du pin. Il réussit souvent là où rien ne vient, particulièrement à l'exposition du sud-ouest. Enfin, quand le sol est léger et de très-peu de valeur, c'est dans cette position spéciale où il ne faut rien négliger pour le prodiguer, parce qu'on peut attendre le produit sans une grande perte d'intérêts d'argent, ni avoir rien à regretter.

En effet, les forêts de pins sont ordinairement reléguées dans les endroits les plus sauvages, sur des montagnes inaccessibles dont on ne peut tirer les produits qu'à grands frais; elles sont d'ailleurs souvent très-éloignées des lieux de leur consommation, et les frais d'extraction et de transport en diminuent tellement la valeur qu'elles n'en ont presque plus d'autre que le revenu des résines.

Il est des contrées où on ne retire de ce bois que les arbres propres à la mâture ; mais on n'emploie peut-être pas par année, en Europe, cinquante mille mâts de toute grandeur : l'effet de cette consommation est donc à peu près nul, disséminée sur une surface si étendue. L'époque la plus avantageuse pour la transplantation des arbres résineux est au premier mouvement de la séve du printemps, dès que le bourgeon commence à se développer, attendu que cette essence est continuellement en végétation, même malgré les froids les plus rigoureux ; une plantation faite en automne est souffreteuse peu de temps après qu'elle a été mise en terre, et se dessèche facilement, parce que la sève, pendant l'hiver, est engourdie ou n'a pas assez d'action pour l'empêcher de se flétrir.

Le pin pèse vingt à vingt et un kilogrammes le pied cube après un an de coupe ; il contient sur cent parties :

> En bois   60 3/10.
> En eau   39 7/10.

Pour semer un hectare il faut en graine ailée 12 à 13 kilogrammes, et, désailée, de 9 à 11.

Le prix de cette dernière, à Paris, est de 7 à 8 f. le kilog. en pin sylvestre, en pin-laricio 16 f., en pin maritime 80 cent. le kilog., et en gros 70 f. les cent kil.

N° II. — LE SAPIN.

Placé sur un sol et à une exposition convenables, cet arbre s'élève à la hauteur du pin et devient aussi gros, quoique d'une végétation moins vive.

Il est remarquable dans les Vosges, dans l'Auvergne et dans les Alpes, où il existe de très-belles forêts.

Miller compte douze espèces de sapin ; sur ce nombre, il paraît que nous ne possédons encore dans nos forêts en France que le sapin à feuilles d'if, et le sapin pesse ou épicéa.

Les cônes du premier sont verticaux et ceux du deuxième penchent vers la terre.

Le sapin croît lentement ; il est moins développé à cent ans que le pin à quatre-vingts ans ; on ne peut donc en faire un usage avantageux avant l'âge de cent ans. Il pivote et a des racines latérales, mais à cet égard il n'est pas aussi bien pourvu que le pin, ce qui fait qu'il en tombe souvent en chablis. Les grands vents en arrachent souvent des superficies considérables, qu'on a beaucoup de peine à repeupler, parce que l'ombrage manque aux semis.

Il se multiplie d'ailleurs comme le pin par les graines que ses cônes répandent à l'entour.

Par son élasticité qui le rend propre aux mâtures et par la légèreté de ses branches, il réussit très-bien au-dessus du pin sur les plus hautes montagnes, à l'exposition du nord ; mais il semble préférer un sol plus frais que sec, plus argileux que léger, et ne prospère bien qu'en futaies.

Tschûdy prétend cependant que le sapin viendrait fort bien dans nos plaines, isolé ou en massifs, et qu'on pourrait même le mélanger avec les autres essences de bois : à cette occasion, il cite des essais favorables. Nous pensons que, dans les localités où cet arbre pourrait figurer avantageusement avec nos meilleures essences, il faudrait lui préférer le pin comme ayant un bois plus compacte, plus de nerf que le sapin, en outre comme étant employé aux mêmes usages et promettant une jouissance plus prompte et des ressources plus abondantes.

Les sapins à cônes verticaux donnent une térébenthine liquide, qu'on nomme baume blanc du Canada, et que les Anglais appellent baume commun de Gildéa.

Il sort des sapins-pesses une résine qui devient concrète et assez ressemblante à des grains d'encens. C'est avec cette résine que l'on fabrique la poix de Bourgogne : lorsqu'on la mélange avec du noir de fumée, elle s'appelle de la poix noire.

Le sapin, placé sur une terre qui lui est propre, à exposition convenable, commence à donner de la résine aussitôt que sa tige a acquis trois pieds de tour : parvenue à 70 ans, elle n'en produit plus ; la séve n'est plus assez abondante, ayant suffisamment à faire de nourrir son arbre, qui plus il grossit, plus il dépense ; en outre, son écorce est alors trop dure et trop épaisse, la séve s'y absorbe.

D'après ce que l'on rapporte des sapins étrangers, leur culture n'est pas aussi avantageuse que celle des sapins que nous possédons ; ces sapins sont connus sous les noms suivants :

Sapins à fruit rond,
Sapins d'Amérique,
Sapins de Norwége,
Pesse de Virginie,
Épinette noire du Canada,
Épinette blanche de la Nouvelle-Angleterre,
Sapin ou pesse d'Orient,
Sapin de la Chine.

Il faut fixer l'aménagement des sapins de quatre-vingt-dix à cent ans. Cet arbre, par sa nature et par l'usage qu'on en fait, n'est en pleine maturité qu'à cet âge; l'exploiter provisoirement par jardinage ou furetage tous les dix, quinze ou vingt ans, comme nous en avons tracé la marche pour le hêtre et le pin.

Le sapin, comme tous les bois tendres, doit se débiter presque aussitôt après son abatage ou, au moins, être mis en forts madriers; il s'emploie en charpente et en sciage, et presque aux mêmes usages que le pin. La partie harmonieuse des pianos, des violons et des basses, les dessus et les chevalets sont en sapin saigné; sans cela, ils seraient moins sonores. On extrait la graine de sapin comme de tous arbres résineux en exposant les cônes et pommes au soleil, ou en les plaçant sur des claies dans une chambre qu'on chauffe à un degré suffisant pour les faire éclore et ensuite en les frottant l'un contre l'autre, ou en les battant avec un fléau léger ou bâton flexible sur une aire à blé.

Dans le Maine, on les met au four après le pain tiré; quand cette opération est faite sans un extrême soin, il se trouve beaucoup de graines infécondes, parce qu'elles sont souvent brûlées. Les rats et les souris sont très-friands de ces graines.

Le sapin pèse dix-huit à vingt kilogrammes le pied cube sec.

Fraîchement abattu, il contient sur cent parties :

  En eau. . . . . 45 2/10.
  En bois. . . . . 54 8/10.

Pour semer un hectare il faut

   40 à 45 kilog. de graine ailée,
   36 à 40 *idem* désailée.

Cette dernière se vend, à Paris, 3 à 4 fr. le kilog.; en épicéa, 7 f. le kilog.

N° III. — LE MÉLÈZE.

Le mélèze à feuilles caduques, apporté en France par les croisés, est un de nos plus grands arbres forestiers : c'est dans les montagnes des Alpes, des Pyrénées, de l'Auvergne et du Dauphiné qu'il déploie toute la beauté de sa végétation; dans ces contrées, on en voit de cent vingt pieds de toute hauteur et de quatre-vingts pieds de tige.

Miller compte cinq espèces de mélèzes : le rouge, le blanc, le mélèze de Sibérie, celui d'Amérique, et le cèdre du Liban.

Le mélèze rouge et le mélèze blanc semblent être de la même espèce. On dit cependant que le rouge est plus vigoureux. Ce dernier est le mélèze de France.

Comme tous les arbres verts, il ne repousse ni de ses racines, ni de sa souche; mais il se multiplie très-facilement par les semences nombreuses que ses cônes laissent échapper à leur maturité et qui lèvent très-bien à l'ombre des futaies.

Il ne prospère que sur les montagnes élevées et à l'exposition du nord et de l'est; c'est dans ces positions seules, lorsque toutefois le terrain lui est propice, qu'il peut acquérir de belles dimensions.

D'après Miller et Tschûdy, on parvient difficilement à l'élever dans les jardins.

On voit des mélèzes qui, à vingt ans, ont déjà cinquante pieds de hauteur; à cent, cet arbre ne s'élève plus, mais il grossit encore; son bois n'est plus alors d'un aussi bon usage : il en est de même de tous les bois trop vieux : ses racines sont éminemment pivotantes et traçantes.

Le bois de mélèze est dur et très-lourd. M. de Pradt (*Trois Ages des colonies*, tome Ier, p. 189) s'exprime ainsi sur le cèdre d'Amérique, qui n'est, comme on sait, qu'une variété du mélèze :

« Le port de la Havane est un des plus beaux et
« des meilleurs du monde; on y établit des chantiers
« d'où sont partis une grande quantité de vaisseaux
« bâtis en bois de cèdre.

« S'ils ont l'avantage de la solidité sur les vaisseaux
« construits en Europe, ils ont aussi le désavantage
« de la pesanteur provenant de la nature compacte
« du bois. »

On en fait, en général, usage dans les constructions civiles, et particulièrement pour la mâture des vaisseaux.

On en convertit beaucoup en sciage, même en merrain et en échalas ; enfin il s'emploie, comme le pin,
à la raclerie, à la vasellerie et à d'autres usages, mais
il est plus difficile à travailler.

Dans la force de la végétation du mélèze, c'est-à-
dire de quarante à cinquante ans, en le perçant
de trous avec une tarière, on peut en tirer par arbre,
annuellement, six à huit livres d'une térébenthine de
qualité presque égale à celle de Venise ; cette térébenthine, distillée comme huile, n'est pas aussi bonne
que celle que l'on obtient du sapin.

On tire aussi une espèce de manne des mélèzes du
Briançonnais : quelques auteurs prétendent que c'est
du corps de l'arbre ; d'autres disent, au contraire,
que les feuilles seules la donnent. M. de Laborde est
de cette dernière opinion dans sa description de la
France. Il est étonnant que ce fait n'ait pas été mieux
établi.

L'écorce du mélèze est propre aux tanneries. Son
bois fait un excellent charbon pour les fourneaux
destinés à la fonte du fer.

En certaines localités le mélèze présente quelques
avantages sur le chêne. Sa croissance est plus rapide,
et, si ses massifs n'étaient pas si souvent éclaircis,
ils seraient plus garnis que ceux de chêne ; en outre,
il lui faut les plus froides régions où le chêne ne peut
exister ; cependant le chêne vient très-bien à toutes
expositions et sous une température même qui ne peut
convenir au mélèze ; enfin, partout où ces deux espèces d'arbres pourront prospérer en concurrence,

le chêne aura sur le mélèze l'avantage d'un plus grand produit, notamment pour l'aménagement en taillis de vingt à vingt-cinq ans. Le mélèze, au contraire, exploité comme futaie au furetage, ou par éclaircie, tous les dix ou quinze ans, en n'abattant que les arbres de soixante-dix à quatre-vingts ans, aurait sur le chêne en futaie l'avantage de pouvoir être coupé deux fois, pendant que le chêne en futaie arriverait à son aménagement de cent cinquante ans. Dans ce cas, le mélèze, qui peut faire du très-beau sciage dès l'âge de soixante-dix ans, mis au régime du furetage, serait bien plus profitable. En consultant notre tableau (page 18), qui établit ce que coûte un hectare de futaie à suivre jusqu'à sa dernière période, on verra, à cet égard, qu'une coupe de quatre-vingts ans, de la valeur de 5,000 francs, à cent vingt ans seulement, s'élève, intérêt simple, à 21,000 francs l'arpent et, intérêt composé, à 57,602 francs ; à deux cents ans, à 2,845,432 francs.

D'après ces calculs, dont nous garantissons l'exactitude, il ne reste aucun doute que l'avantage serait tout au mélèze ; car, pour faire une bonne futaie en chêne, les aménagements doivent être, au moins, de cent vingt à cent cinquante ans, tandis qu'on peut en avoir en mélèze à quatre-vingts ans, qui, à cet âge, est dans toute sa maturité. Au surplus, aujourd'hui que l'on trouve facilement à placer ses fonds, les aménagements les plus jeunes seront toujours les plus profitables au propriétaire.

Le mélèze pèse 29 à 30 kilogrammes le pied cube sec; pour la semence d'un hectare de mélèze, il faut

15 à 18 kilogrammes de graine désailée,
20 à 23 *idem* ailée.

Cette dernière se vend, à Paris, 6 et 10 f. le kilogramme.

CHAPITRE III.

DES PÉPINIÈRES FORESTIÈRES.

Il y a certainement dans nos forêts, surtout dans celles qui sont sur des terrains riches de fonds et légers en même temps, plus de plants que nos besoins ne pourraient en exiger ; mais ce plant, venu sans aucune culture, est souvent très-mauvais, parce qu'on ne peut en connaître l'âge, ni, par conséquent, en apprécier la qualité : il n'y a quelquefois aucune différence, à la vue, entre un vieux plant de quinze ans et un jeune de trois à quatre ans, particulièrement en chêne ; cette essence, à six ans d'âge dans les forêts, a percé la terre jusqu'à trois pieds de profondeur, tandis que la tige n'a que trois à quatre pouces hors de terre. Arrachez ce nain tout en jambes, vous n'aurez que la dixième partie de ses membres ; alors c'est un plant sans vie, et il vaut autant mettre un pieu en terre.

Là est la véritable cause de la difficulté qu'on éprouve à faire réussir les plants en chêne, et ceux de presque tous les bois durs à racines pivotantes provenant des forêts.

Pour qu'un plant de bois dur réussisse bien, il doit être repiqué, après en avoir rogné le pivot, et dans l'année même de son semis, de novembre à janvier, à moins qu'il ne soit intact, c'est-à-dire dans son entier et accompagné de tout son chevelu, ce qu'on ne peut obtenir que dans les pépinières ; quelquefois il pousse quatre fois plus en pivot qu'en tige, c'est pourquoi nous conseillons de former toutes les plantations forestières en jeunes plants d'un an, de préférence à ceux de 2, 3 et 4 ans, quoique fortifiés par la rognure de leurs pivots et les repiquages successifs qu'on leur fait éprouver dans les pépinières bien soignées, pour les rendre propres à supporter ces diverses transplantations, à moins que le terrain ne soit contraire aux plants trop jeunes : dans ce cas, il faut, nous le répétons, les repiquer ou planter dès la première année de leur semis ; mais, en général, il vaut mieux débourser pour le plant de pépinière trois francs, six francs, même plus, par millier, que d'acheter du plant provenant des forêts ; il y aurait encore un grand avantage, les frais de culture étant les mêmes pour un bon que pour un mauvais plant.

SECTION PREMIÈRE.

TERRAINS PROPRES AUX PÉPINIÈRES.

Il ne faut pas un terrain trop gras, ni trop léger, parce que la croissance du plant serait trop violente, et que les cultures et les pluies le lessiveraient et le détérioreraient en peu de temps.

Quand le terrain est glaiseux, on peut le rendre propre à former une pépinière, en y répandant des cendres de lessive, des plâtras et des terres de bruyère; s'il est maigre, en le fumant, terreautant, et en y répandant des terres d'alluvion, de marais, ou les immondices des rues; s'il est froid, en le réchauffant par de la poudrette, de la chaux et des terres crayeuses.

Il faut, en outre, qu'une pépinière ne soit ni trop au sec, ni trop à l'humidité; elle devra être plutôt en plaine que sur des coteaux; éviter toutefois les vallées profondes et froides : cependant il faut la placer toujours fraîchement, et de manière à ce que les eaux aient un écoulement facile; enfin veiller à ce que son terrain soit bien en état, à l'abri des grands vents, et garni de sels nutritifs, dans une proportion modérée.

Un arbre venu dans une terre de première qualité, où tout pousse avec excès, y serait très-bien, s'il était destiné à y rester; mais transplantez-le ensuite dans un mauvais sol, il sera bientôt couvert d'une mousse grise et aura une végétation triste et souffreteuse; un autre, au contraire, tiré d'une terre maigre, s'il est placé jeune dans une bonne terre, y viendra merveilleusement.

Tels sont les habitants des campagnes des Alpes, de l'Auvergne et de la Savoie, nourris, dès leur naissance, avec du pain de seigle, de la bouillie d'avoine, des pommes de terre, et habitués à boire de l'eau, ils se trouvent bien dans tous les pays; mais qu'un habitant des villes, qui, sans trop de fatigues, jouit des douceurs de la vie, soit mis au régime des premiers, bientôt il perdra son embonpoint, son teint fleuri, et même avec l'air pur de ces contrées il succombera à cette nouvelle vie, à ces nouvelles occupations, à moins qu'il n'ait en lui assez de forces matérielles et d'énergie morale pour résister à un si grand changement dans sa constitution et dans toutes ses habitudes.

Les pépinières forestières, comme les arbres des jardins, doivent être défoncées de 18 à 20 pouces; s'il y a une variété de terre très-forte, on doit labourer jusqu'à la bonne terre et toujours au moins à 12 ou 15 pouces, si c'est possible, en ayant soin surtout de ne pas mettre la mauvaise terre en dessus; *s'arrêter au sol ingrat* et ne pas pousser plus avant le défonçage.

Comme perfection dans l'établissement d'une pépinière, on passe la terre à la claie, si cela ne paraît pas trop dispendieux, afin d'en extraire les pierres et les cailloux, surtout les racines des plantes parasites qui, par leur concurrence, seraient très-nuisibles, en dévorant le suc de la terre sans aucune utilité. On peut se livrer à cette dépense, lorsqu'elle reviendrait même à 12 francs la perche; sur un terrain de pierres, offrant de grandes difficultés près de Paris, on ne pourrait peut-être pas l'entreprendre à moins; il ne faudrait cependant pas reculer devant cette énorme dépense, attendu qu'avec vingt perches de pépinières on peut planter largement dix arpents de bois. Dans certaines localités, cette façon pourrait revenir seulement à deux francs la perche et même à moins, quand le terrain est d'une culture facile, et en provoquant activement la concurrence.

SECTION II.

SEMAILLES OU PLACEMENT DES GRAINES.

Nous engagerons toujours à répandre à la main et avec soin les graines, pour qu'elles soient placées régulièrement en ligne droite autant que possible, ou en triangles équilatéraux; puis à les recouvrir d'une couche de terre légère et très-meuble, employer préférablement du terreau et des terres de bruyères, ou un mélange de feuilles et de terre ordinaire pour les contenir; la feuille formerait engrais et abri, et activerait, en pourrissant, la végétation du jeune plant.

Les graines d'ormes, frênes, platanes, tilleuls, bouleaux, vernes et trembles, ne viendraient pas si elles étaient chargées d'une trop grande quantité de terre; il suffit de 3 à 4 lignes au plus, mais il faut encore que ces terres soient tapées presque comme une aire de grange ou fortement roulées, afin d'unir le sol pour que chaque graine soit couverte dans une proportion égale et en vue aussi d'écraser et ameublir la terre pour faciliter la germination et le binage des jeunes plants. Si le terrain des pépinières n'est pas frais, s'il est sans voisinage d'arbres ou arbustes, on doit l'entourer en même temps de boutures de saule ou osier, surtout au midi et à l'ouest, afin que le soleil ne puisse brûler les jeunes semis dans leur première année, et, en attendant que la haie fasse abri, on l'ombrage provisoirement avec des fagots ou des paillassons. Dans les forêts, le plant ne venant bien qu'à l'ombre, il faut donc ne rien négliger pour abriter les semis : nous recommanderons aussi de leur donner de fréquents arrosements avec un arrosoir à petits trous, appelé bassinoire, surtout au printemps ; de les conserver couverts pendant près d'un mois, notamment quand le soleil est à craindre, et, la nuit, de les découvrir ; enfin user de toutes les précautions possibles, particulièrement pour aider au développement des graines d'orme, aune et bouleau.

SECTION III.

BINAGE ET SARCLAGE.

Piocher avec soin les jeunes plants dès qu'ils sont en feuilles, en se servant d'un piochot léger appelé robinette ; la moindre atteinte aux racines des plants peut les tuer.

Cette façon s'exécute, comme pour les pommes de terre, en les entourant de gazons et d'herbes arrachées qui forment engrais, ou les tiennent frais.

Il faut ensuite les laisser marcher et se contenter de les sarcler selon qu'ils en ont besoin, pour détruire les mauvaises herbes, ou remuer seulement la superficie de la terre, afin que la pluie et les rosées puissent sans obstacle s'infiltrer sur les racines.

Quand toutes les graines ont réussi et qu'on s'aperçoit qu'il y a trop de plants, on les dégarnit, ainsi que
cela se fait pour une planche d'oignons.

SECTION IV.

DISTANCES A OBSERVER POUR LES SEMIS.

Les glands, châtaignes, faines, les graines d'ormes et d'autres essences en bois durs doivent être
plantés en ligne équilatérale ou droite, à cinq pouces de distance, séparés en largeur par des rangées
de vingt-huit à trente pouces ; dans ces dimensions,
on obtiendra environ 520 plants par perche.

Pour vingt perches,   1,040 plants.
Pour cent perches ou un arpent,   52,000
A quatre pouces pour une perche,   660
Pour vingt perches,   13,000
Pour un arpent,   66,000

En réduisant les rangs à 14 ou 15 pouces de large
on aurait le double de plant, et même on pourrait arriver à le quadrupler en plaçant les grosses graines, telles que le gland, les châtaignes
et les faines à 30 lignes (8 centimètres) de distance
en longueur, sauf à l'éclaircir, si le besoin l'exigeait,
par un prompt repiquage après avoir rogné les pivots des essences pivotantes, et d'une planche en
faire deux. Le plant s'aguerrit à cette transplantation ; sans cette castration salutaire et en le laissant
en pépinière, à deux ou trois ans seulement il en
périrait plus des trois quarts. En terminant cette

section, nous prions de ne pas oublier qu'avant de faire un semis et pour plus de précaution on doit avoir soin de laisser tremper les grosses graines, pendant deux jours, dans une eau saturée de crottin de cheval et d'urine, afin de hâter et mieux assurer leur germination.

On doit également faire tous les semis au cordeau, en quinconce, ou, mieux encore, en triangle équilatéral, et le plus régulièrement possible, pour faciliter les binages et obtenir un plus grand nombre de plants.

SECTION V.

ARRACHAGE ET CONSERVATION DES PLANTS DE PÉPINIÈRE.

Avant de chercher à extraire du plant d'une pépinière, il faut l'arroser fortement, même la noyer; pour que les racines soient intactes autant que possible, faire l'arrachage à la main, quelque petit que soit le plant; alors toutes les racines et le chevelu se tirent sans perte; le replanter aussitôt; ou bien, si c'est pour en faire une expédition, empailler sans retard les racines en les couvrant de fumier *froid*, pour qu'elles ne puissent se flétrir par le contact de l'air ou se sécher et perdre leur séve ; dans ce cas, et comme moyen de sûreté, leur faire un enduit de terre grasse, pétrie avec de l'urine d'écurie, du crottin de cheval et de la bouse de vache.

Ne rien retrancher aux racines des plants, à moins qu'elles ne soient trop longues ou endommagées. Il ne faut jamais, sans nécessité, augmenter les plaies d'un arbre, ni lui rien ôter de ses membres.

Dans les terres légères, enfoncer les plants jusqu'à six pouces, ou au moins jusqu'à quatre pouces (12 centimètres); dans celles humides, trois suffisent.

Sur un terrain léger, les plants de chêne, hêtre et châtaignier d'un an sont, plus que tous autres, assurés de prendre racine, si leur pivot et leur chevelu n'ont éprouvé aucune altération.

Nous rappelons le conseil déjà donné que, pour conserver plus d'un an en pépinière les essences pivotantes, on est forcé de rogner leurs pivots, et de les cultiver par repiquages successifs, et par là de les priver de leur principale racine, celle qui est la plus vivace.

Il y a donc urgence, dès la première année des semis, de rogner le pivot des bois durs à racines pivotantes, ou bien l'on s'exposerait à tout perdre ; c'est cette castration qui est cause qu'ils ont bien plus de peine à prendre que tous les autres bois.

A deux ans, le chêne, qui n'a que six pouces de tige, a trois fois plus de pivot, qui se brise en l'arrachant, ce qui oblige à le couper quand on le destine à être planté à 2 ou 3 ans d'âge et plus.

SECTION VI.

CONCLUSION SUR LES PÉPINIÈRES.

Il faut donner beaucoup plus de soins à une pépinière qu'à un jardin, parce qu'elle est plus productive, et ne négliger aucune des précautions, même les plus minimes, que l'expérience a enseignées aux pépiniéristes, et qui en assurent les succès ; les mulots étant très-friands des graines oléagineuses, il faut leur faire la chasse en établissant autour des pépinières des souricières ou piéges garnis de noix brûlées, ainsi que l'indique Buffon dans ses expériences sur les végétaux, t. X, page 197.

Tout propriétaire de bois doit avoir sa pépinière dans un coin de son jardin et s'en occuper comme d'un amusement ; nous voudrions même que tous les gardes en eussent dans leur potager, et dans cette vue, à moins que pour leur sûreté personnelle le port du fusil leur fût indispensable, nous désirerions qu'on substituât à cette arme, presque sans utilité et gênante, un simple bâton d'arpenteur en forme de canne, avec une forte pointe en fer comme défense, à laquelle on adopterait à volonté, par un écrou à vis, un croissant ou une pioche légère, qu'on tiendrait en réserve dans le carnier et dont on se servirait suivant les saisons alternativement, savoir :

Le croissant, pour débarrasser les chemins des ronces et des épines qui les obstruent, et pour élaguer les arbres trop branchus ;

La pioche, pour semer et planter les places vides des bois sur les fossés.

Le fusil alimente l'oisiveté et n'est pour un garde qu'un objet d'agrément ; au surplus, il pourrait ne pas s'en dessaisir en le conservant en bandoulière : cette arme, quoique considérée comme l'insigne de la profession, doit être répudiée, parce qu'elle est presque toujours la ruine du garde; les distractions qu'elle lui cause lui font négliger ses devoirs et le rendent souvent d'une fainéantise extrême. L'oisiveté n'est-elle pas la mère de tous les vices? Aussi dans les gardes combien y en a-t-il qui s'abandonnent aux excès de la chasse et de la boisson, etc., etc.?

Leur nouvelle arme, par sa pointe en fer, vaudrait pour leur sûreté plus qu'un fusil et ne les embarrasserait nullement dans leurs promenades, occuperait leurs loisirs sans les fatiguer, ce qui ne les empêcherait pas d'abord de ramasser du gland et autres graines, dont ils rempliraient, chaque jour, leur carnier pour former leurs pépinières et ensuite pour arracher de jeunes plants, afin d'en garnir les fossés et les clairières des bois, d'octobre à Noël.

Chaque année, de cette manière, les bois se renouvelleraient sans frais; beaucoup de bons gardes, nous le garantissons, se feraient une jouissance de cette culture, parce que ce serait pour eux une douce occupation, qu'ils travailleraient peu chaque jour et en prendraient tout à leur aise.

Nous ne dissimulons pas, cependant, qu'il sera difficile, dans certaines localités, d'obliger un garde-chasse, surtout s'il est de ce qu'on appelle la haute volée, à faire cet office de pionnier; mais un propriétaire qui adoptera cette idée et qui tiendra à son exécution n'aura qu'un moyen, ce sera de prendre un pionnier ou vigneron pour garde : celui-ci, qui, comme vigneron, ne gagne par année, en se donnant beaucoup de mal, que 200 fr., acceptera avec joie sa nouvelle mission, et la remplira avec d'autant plus de zèle qu'il gagnera 100 fr. de plus par an, sera, en outre, logé, chauffé, et n'aura de fait qu'à se promener les trois quarts de la journée.

Un garde cultivateur, de bonne volonté et soigneux, se ferait un agréable passe-temps, nous n'en doutons pas, de la conservation et de l'amélioration des bois confiés à ses soins; il remarquerait les jeunes plants qui seraient surabondants et bien venants, pour les repiquer avec leurs mottes, *à l'instant même de leur arrachage*, sur les fossés et places vides. Avec ces précautions, nous pouvons l'assurer, les bois seraient toujours bien pleins des essences favorables au sol et présenteraient un aspect de prospérité en donnant au propriétaire un tiers de plus en revenus sans plus de dépenses.

Nous n'en dirons pas davantage sur ce sujet important de la culture forestière, parce que nous craignons de parler dans le désert; ce que nous disons est la pensée d'un amateur de bois, plutôt que celle d'un pauvre garde aux gages de 300 francs par an, encore moins celle d'un garde de haut lieu à 1,000 francs de traitement.

Nous laisserons donc en paix pour un instant MM. les gardes, et nous rentrerons dans notre sujet en commençant par traiter des semis et plantations dans les forêts.

CHAPITRE IV.

SEMIS ET PLANTATIONS.

Il y a différentes manières de semer ou planter des bois en forêts. Ces deux cultures exigent également des avances d'argent ; la jouissance d'un semis ou d'une plantation résulte presque toujours des soins et des dépenses plus ou moins considérables qui auront été faites pour les établir et entretenir.

Cependant leur succès n'est pas moins assuré lorsqu'elles sont faites avec moins de dépenses, seulement la jouissance en est quelquefois un peu plus tardive ; mais les semis et plantations, comme tout ce qu'on peut faire à la charrue, entraînent à beaucoup moins de déboursés, sont à la portée des facultés pécuniaires d'un grand nombre de propriétaires, et réussissent souvent aussi bien que celles entreprises à grands frais à la pioche ou à la houe.

SECTION PREMIÈRE.

SEMIS ET PLANTATIONS ROYALES.

A Compiègne, à Fontainebleau, on entretient constamment, et avec le plus grand soin, de vastes pépinières; c'est dans ces réservoirs qu'on se procure les plants pour la reproduction des forêts royales, notamment des parties exploitées en vieille futaie; le jeune plant qui en provient ne se place que sur des terrains défoncés à quinze ou dix-huit pouces (quarante à cinquante centimètres) de profondeur, qu'on entoure de treillage par suite de la nécessité où l'on est de conserver une grande masse de gibier pour l'amusement des princes; et pendant cinq ans on leur donne jusqu'à trois façons de binage par an, au printemps, dans l'été et à l'automne. Cette manière est très-dispendieuse, il est vrai, mais on ne peut mieux faire; il en résulte aussi qu'à cinq ans une plantation revient à 800 francs l'hectare, prix auquel on aurait, sur les bords de l'Yonne, un jeune taillis de première classe, de trois à quatre ans, même garni de ses réserves.

A Villers-Cotterêts, où le sol est un sable noir, gras et riche de fonds, le repeuplement se fait naturellement comme sur le sol germanique, et après la coupe d'une futaie de cent cinquante, deux cents, deux cent cinquante ans et plus. Le tremble, le marseau et le bouleau couvrent la terre dans l'année même de la coupe; plus tard le chêne, le hêtre et le charme se trouvent dans une proportion suffisante; ces qualités même finissent par s'implanter tellement qu'au bout de plusieurs révolutions de coupes en taillis elles détruisent presque tout ce qui est bois blanc (bouleau, tremble, marseau), sans que ces essences perdent racine; il y en a toujours assez après l'exploitation d'une vieille futaie, et souvent dans une telle abondance, qu'on croirait, en voyant la première pousse après futaie, les essences de bois dur (chêne, hêtre et charme) exclues pour toujours du sol.

SECTION II.

SEMIS ET PLANTATIONS DES ENVIRONS DE PARIS.

En Brie et à sept ou huit lieues de Paris, où le bois a une grande valeur, on soigne très-bien les semis et plantations, même avec luxe. Le terrain qu'on destine à être semé ou planté en bois est d'abord défoncé à la bêche ou à la houe de quinze à dix-huit pouces de profondeur suivant la nature (*) de la terre, ou à la charrue. Le premier labour (**) a pour but spécial de faire sortir hors terre les racines , plantes parasites et mauvaises herbes qui abondent ordinairement dans les terres propres à être mises en bois. On a, en outre, grand soin d'armer la charrue d'une oreille à forte dimension pour élever le plus possible la terre au-dessus du sol en forme de galette, ou comme du beurre râclé au couteau , afin de l'améliorer par les influences atmosphériques.

On doit commencer ces travaux avant les gelées, particulièrement en octobre ou novembre, pour don-ner un second labour l'année suivante, en février ou

(*) S'arrêter au tuf, et avoir toujours soin de ne pas échanger de la mauvaise terre pour de la bonne.

(**) Choisir pour le labour, avec des chevaux ou des bœufs, une charrue très-forte, à coutre bien tranchant.

mars, et un troisième en automne, si c'est pour faire une plantation à la mi-novembre jusqu'à Noël, parce qu'alors la sève est stagnante.

Après ces façons, et lorsque la terre est en bon état et ameublie par les gelées, on peut, après une troisième façon, y semer d'abord un seigle, une avoine ou une navette d'hiver jusqu'au premier décembre au plus tard, après cette époque y renoncer, et en mars on pourra seulement semer une avoine ou navette d'été, et remettre les semis ou plantations à sept mois au delà, si le plant ou les graines manquent, ce qui obligerait à un quatrième ou cinquième labour.

Ce mode avec un mélange de céréales revient au propriétaire de 300 à 400 francs l'hectare (*), à la charge par l'entrepreneur,

1° D'entretenir de toutes cultures et soins ses semis ou plantations pendant trois ans ;

2° De garnir de jeunes plants les places vides, et de remplacer les plants morts par d'autres de même essence et bien vifs ;

3° De donner deux binages par an, en avril et en juin ; ou en mars, juin et septembre, si on avait stipulé qu'il y en aurait trois.

Les fossés d'assainissement qui sont de rigueur restent pour le compte du propriétaire. On devra surtout avoir soin que les eaux ne séjournent pas dans les semis et plantations ; l'eau est un puissant dissolvant qui dé-

---

(*) Dans le prix, par entreprise, chaque binage est compté sur le pied de 20 à 24 francs l'hectare.

truit toutes les plantes, même celles aquatiques, quand elle est trop abondante.

SECTION III.

SEMIS ET PLANTATIONS ÉCONOMIQUES.

En Bourgogne, en Champagne, en Nivernais, en Touraine, en Bretagne, dans les Vosges et dans le Berri, où les bois ont moins de valeur qu'aux environs de la capitale, où il faut, par conséquent, planter à bon marché ou renoncer à mettre les terres en bois, voici la manière dont les propriétaires qui entendent leurs affaires et sont éclairés par l'expérience font leurs semis ou plantations.

§ Ier.

FOSSÉS.

Ils commencent par former de bons fossés pour défendre la terre qu'ils veulent mettre en bois, et établissent, en outre, de petites rigoles aboutissant aux grands fossés d'entourages, chargées de vider les eaux à l'extérieur ; enfin, lorsque la propriété est dans un fonds où les eaux ne peuvent avoir d'issue, on établit dans les lieux les plus bas de larges trous ou mares pour les recevoir, et, si ces mares ne tarissent pas dans les plus grandes sécheresses, on peut encore en tirer parti en les empoissonnant ; il arrive souvent que l'eau sur une grande partie s'y infiltre, alors on dirige sur elle le trop-plein des autres ; et il en résulte que, si le bois n'est pas toujours à sec, il se trouve suffisamment assaini et assez au moins pour que la végétation n'en souffre pas.

§ 2.

TRAVAUX PRÉLIMINAIRES OU PRÉPARATIONS POUR UN SEMIS OU PLANTATION A LA CHARRUE.

L'opération de l'assainissement achevée sur une terre à cultiver en bois, il faut essarter à la serpe, ou de toute autre manière expéditive et peu coûteuse, les genêts, bruyères, joncs marins, ronces et autres plantes parasites, et aussitôt les faire façonner en fagots et par entreprise au cent, si cela est possible, à 1 fr., 1 fr. 50 cent. ou 2 fr., même 3 fr., et, si ces fagots ont peu de valeur, les réunir par tas de cinquante et plus, pour les faire brûler et en répandre les cendres comme engrais.

Il y a des localités où ces fagots se vendraient encore de 4 à 6 francs le cent pour les tuileries ou fours à chaux.

§ 3.

LABOURS ET CE QU'IL FAUT DE GRAINES PAR ARPENT DE CINQUANTE ET UN ARES SEPT CENTIARES.

On doit donner, pour un semis particulièrement, autant de façons que pour un blé; la première d'octobre à novembre, ainsi que nous l'avons dit, section II, avec une charrue solide garnie d'une forte oreille et d'un coutre bien tranchant, afin de mieux extirper les racines des plantes et arbustes dont on aura fait fagoter ou brûler la superficie.

La deuxième en juin, la troisième en août, pour y faire une céréale d'hiver dès la fin de septembre jusqu'à la fin de novembre, et en même temps y placer du bouleau, tremble et marseau appelés plants de garniture, et à une distance assez grande pour semer entre mars ou avril, suivant le sol, du gland, de la châtaigne, de la faîne et autres graines forestières que les animaux dévorent pendant l'hiver, et qu'on doit conserver en serre jusqu'au printemps, ainsi que nous l'indiquerons; enfin, si par l'intempérie de la saison on n'a pu donner à la terre sa dernière façon de septembre à novembre et faire son semis avant l'hiver, il faut le remettre au printemps; arrivé à cette époque, on sème une avoine ou navette d'été, et tout se fait à la fois.

Les semis, sur la fin de septembre jusqu'en novembre, seraient préférables à ceux du printemps, mais moins certains de réussir, parce que, nous le répétons, les animaux friands de glands et de châtaignes, et de toutes les graines oléagineuses, dégarnissent souvent entièrement un immense semis.

On attribue trop fréquemment aux gelées, à l'humidité ou à la mauvaise qualité de la graine qu'on a employée, le non-succès du semis, tandis qu'il est uniquement occasionné par le peu de soin qu'on a des graines et, en outre, par la dent du mulot ou le bec du corbeau.

Duhamel évalue la semence d'un arpent (cinquante et un ares sept centiares) à vingt-quatre boisseaux de Paris, ou trois hectolitres pour un semis entièrement en glands ou châtaignes, et à soixante-dix livres de pignons pour un en arbres verts. D'accord sur cette dernière ; mais nous pensons qu'il faut au moins, pour un semis entièrement en chêne, sept à huit hectolitres, environ cinq sacs, et, en faîne, quatre à cinq hectolitres : voir, au surplus, nos instructions sur ce qu'il faut de graine, pour la semence d'un hectare, aux articles de chaque essence.

Lorsqu'il y a mélange d'essences, comme cela est nécessaire, on diminuera d'autant qu'on en ajoutera d'autres, excepté en bois de garniture, attendu qu'ils vivent à la superficie de la terre et ne nuisent point aux autres essences.

On ne devra, pour l'espacement, compter les bois blancs dits de garniture tout au plus que pour un cinquième, parce que leurs graines, par leur légèreté et leur nature, viennent difficilement et ne prospèrent que sur des terrains frais et légers ; elles exigent, en outre, des soins particuliers qui ne sont pas toujours couronnés d'un entier succès : heureux encore quand, en doublant la semence, on obtient assez de sujets pour remplir les interstices des bois durs ; aussi les semis en bouleau, tremble, ypréau et marseau exigent une grande quantité de graine, et sous tous les rapports les plantations de ces essences conviennent mieux que les semis.

Au surplus, il ne faut pas trop épargner la graine,

car il y a plus d'inconvénients à n'en pas mettre assez qu'il n'y en a à la prodiguer.

SECTION IV.

DES MOYENS DE SE PRÉMUNIR CONTRE LES FRAUDES DES MARCHANDS DE PLANTS FORESTIERS; DE S'EN PROCURER PAR LES SEMIS NATURELS ET DES SEMENCES QUAND ELLES MANQUENT GÉNÉRALEMENT.

Les graines de bouleau et d'aune sont si légères et si contraires à toutes les autres, qu'elles se produisent difficilement dans les pépinières, malgré tous les soins possibles ; il semble que la main du semeur les brûle : aussi, pour avoir des plants de ces deux précieuses essences, on est forcé de recourir aux misérables braconniers, qui les volent même dans vos plantations si vous n'avez la précaution d'en couper la tige : ces hommes, du mois de novembre à la fin d'avril, en font trafic sur les marchés et à très-bas prix (4 fr. 50 cent. à 2 fr. le millier).

Il est nécessaire de faire la plus grande attention à ce qu'on achète de ces maraudeurs, qui, la plupart du temps, n'exercent leur coupable industrie qu'au clair de la lune, et même poussent la mauvaise foi, dans l'intérêt de leur cupidité, jusqu'à mettre quelquefois au four leurs plants pour en détruire la vie ou la séve, sauf ensuite à les mouiller largement le jour de la vente pour les rendre larmoyants, afin de leur donner une couleur de rosée et une apparence de vigueur.

En subissant la nécessité de ces acquisitions, il

serait prudent d'acheter à garantie, en payant tout au plus moitié lors de la livraison et le reste fin septembre suivant, si les plants ont pris racine alors et ont conservé leurs feuilles jusqu'au 1er octobre, au moins dans une proportion raisonnable ou convenue, car il faut s'attendre à quelques déchets.

En résumé, pour avoir sous la main des plants qu'on puisse garantir et placer jusque sur des terrains arides et montagneux où ils viennent péniblement, où même on n'en voit presque jamais, en un mot, pour être certain de la réussite de ses plantations, il est d'une bonne prévoyance de s'assurer de la qualité des graines et du plant, ce à quoi on ne peut parvenir sûrement qu'en les cultivant soi-même. Pour cela il s'agit seulement de donner un labour ou deux aux arbres des forêts les plus susceptibles de rapporter des graines, notamment sur les rives et dans les lieux où les gelées du printemps sont moins à craindre, ce que les gardes peuvent aisément remarquer dans leurs tournées, en choisissant particulièrement leurs arbres pour graines sur de jeunes taillis d'un an à 3 ans, aménagés de 25 à 30 ans, où il y a peu de ronces, épines et plantes parasites qui leur disputeraient leur nourriture : commencer à faire labourer les porte-graine, si c'est possible, un an ou deux avant l'exploitation. Par cette culture limitée à quelques arbres, on aura peu de dépenses à faire, et on obtiendra d'excellentes graines et du plant en abondance, même quand il n'y en aurait pas dans les forêts voisines, ce que nous garantissons, à moins de gelées extraordinaires au moment de la floraison. Noirot professe la même opinion, pages 256 et 257.

SECTION V.

SEMIS ET PLANTATIONS A LA CHARRUE.

Lorsque la terre est bien assainie et en bon état de culture, on répand les graines dans les proportions par nous indiquées ; si c'est un plant, on le place sur le tracé du premier sillon en suivant les pas du laboureur ; mais avec le semis il faut un plant de garniture en tremble, bouleau, ypréau, marseau ; particulièrement en bouleau, car cet arbre, nous voulons qu'on le sache bien, est éminemment forestier ; il vient sur tous les terrains, humides ou secs, qui ont peu de fond ; on en trouve jusque sur les rochers de Fontainebleau, sur les portes des villes, et à travers les murailles.

En novembre 1834, nous en avons vu trois sur la porte de la Salinière, à Bordeaux ; ce qui est d'autant plus surprenant qu'il ne se trouve pas de bouleau dans cette contrée : nous présumons que le vent aura enlevé la graine de cet arbre de quelque jardin anglais, ou qu'elle sera venue, par le même moyen, du Limousin ou de la Bretagne.

En un mot, le bouleau est un bois qui croît rapidement ; ayant peu de racines, il vit à la superficie de la terre et ne nuit point à ses voisins, surtout aux arbres qui pivotent, comme le chêne : aussi un marchand se trouve presque toujours bien, quand il achète un bois essences chêne et charme garni de bouleaux et de trembles (*).

(*) Voir notre article sur *le bouleau*, page 111.

Il faut mettre le bouleau et les autres essences du même genre à 36 ou 40 pouces (1 mètre à 1 mètre 12 centimètres) de distance, comme garniture; si c'est une plantation entièrement en bouleau, la distance devra être de 18 à 20 pouces (55 à 60 centim.).

Le second sillon couvrira les plants du premier, et ainsi de suite.

On aura soin de se servir d'une charrue à oreille large, qui prendra le plus de terre possible, afin de mieux recouvrir les plants, et les garantir, par ce moyen, du trop grand froid et de la sécheresse.

Une plantation sur le labour et au fichot serait meilleure encore et plus régulière, mais un peu plus dispendieuse.

Aussitôt le dernier labour terminé, on hâtera la plantation de garniture pour semer d'octobre à novembre un seigle clair, environ un demi-sac ou 55 kilogrammes, qu'on hersera et roulera aussitôt, et on remettra en mars le semis du gland et de la faîne : il faut, toutefois, avoir soin de passer la herse en long seulement, c'est-à-dire en suivant le tracé du sillon, pour ne pas déplacer les plants de garniture; puis se servir d'un rouleau de la plus forte dimension possible, qui, par son poids, enfoncera et replacera en terre ceux que la herse aurait mis en dehors. On peut faire son semis de seigle, dès le 15 septembre, quand le terrain est sablonneux. Si les plants étaient encore en séve à cette époque, on remettrait à la fin d'octobre ou en novembre leur plantation, pour la faire alors au fichot; après la levée du seigle, le semis des

glands et celui des châtaignes ou faines, à la fin de
février ou au commencement de mars, attendu que
ces dernières graines, comme nous venons de le dire,
sont très-recherchées par les corbeaux et les mulots ;
alors il faut attendre la fin de l'hiver pour les mettre
en terre.

Si on fait cette opération en entier au mois de mars,
on mettra une avoine (un demi-sac de 75 litres seulement), pour protéger le jeune plant contre les fortes
chaleurs de la canicule. Sur les semis on peut ris-
quer, avec la céréale, quelques graines d'arbres
verts, à la volée, surtout au nord ; bien entendu
que ce ne sera que comme accessoire.

Le mode de semis ou plantation à la charrue,
que nous indiquons plus haut, convient à
toutes les fortunes, même au propriétaire qui a le
moins d'aisance ; car celui-ci pourra, à défaut de
charrue, opérer à la pioche ou à la bêche. Nul doute
que ce mode de plantation soit le plus économique de
tous, et, en supposant même que le succès ne réponde
pas à l'attente, on n'aura que fort peu de dépenses à
regretter ; d'ailleurs il sera facile de remplacer ou
de compléter les semis ou plantations qui auraient
manqué soit en totalité, soit en partie, en garnissant
les places vides en bouleau, tremble, ypréau ou
blanc de Hollande, qui poussent de nombreux drageons sur leurs racines, au point que trente trembles
ou ypréaux coupés en hiver rempliraient un arpent.

L'arpent forestier de 51 ares 7 centiares contenant
48,400 *pieds carrés*, la perche 484 pieds , pour

former une bonne plantation *entièrement en bois blanc*, il faut :

En bouleau. . . .	7,000 pieds.
En tremble. . . .	2,500
En marseau. . . .	500
TOTAL.	10,000

En bois durs, mélangés, comme il suit :

Deux tiers de bois dur, un tiers
  de bois blanc; ensemble. . 8 à 9 milliers.

Purement en bois dur. . . 6 à 7

Comme il meurt beaucoup de jeunes plants dans la première année de la plantation, et qu'en cas de surabondance les mieux venants dévorent les faibles, il n'y a pas à économiser sur la dépense à faire en plant ; un ou deux milliers de plus par arpent ne gâteraient rien, surtout *en forçant sur les rives,* où le bois vit aux dépens des fossés, chemins et terres voisines. En résumé, sur les trois modes de plantation, on a vu que, dans les forêts royales, le réensemencement artificiel revenait à 400 fr. l'arpent ; celui des environs de Paris à 200 fr. Pour les départements éloignés de 50 à 60 lieues de la capitale, cela coûte de 80 à 90 fr.; mais, quel que soit le peu de valeur des terres destinées à être mises en bois, nous croyons devoir faire remarquer que, dans les contrées où, à un an d'âge, un fonds de bois garni de ses réserves n'excède pas en prix 400 fr. l'hectare, on ne doit pas faire de semis ou plantations dont les frais iraient au delà de 200 francs l'hectare ; autrement il y aurait perte évidente, d'autant plus que les premières coupes des semis et plantations, nous devons le dire, sont toujours d'un faible produit, étant sans anciens arbres, et réduites à un simple taillis, souvent peu fourni.

Si, sans avoir égard à nos observations, on persiste à en faire, ce ne sera probablement que pour l'agrément, ou dans une intention philanthropique, très-louable sans doute, d'enrichir son pays à ses dépens, en convertissant en bois des terrains impropres à toutes autres cultures, et dans ce cas, au surplus, tout n'est pas perdu, car il en reste toujours quelque chose.

Les semis eh bois durs, notamment dans les essences à racines pivotantes, sont préférables aux plantations, on est plus certain de réussir; en bois blancs et tendres, c'est le contraire : les plantations ont toujours plus de succès.

Enfin, pour ne laisser rien ignorer et pour mieux faire comprendre la culture forestière, nous allons donner le détail de la dépense présumée des semis et plantations avec une céréale; toutefois nous ne pouvons affirmer que cette dépense ne sera pas susceptible de varier suivant les localités et les soins plus ou moins grands qu'on se plaira à leur accorder.

DÉPENSES D'UNE PLANTATION, A LA CHARRUE, D'UN ARPENT DE BOIS.

1° Essartage pour un semis. . . .	6	00
2° Fossés d'entourage et assainissement.	5	00
3° Trois labourages à 10 francs.	30	00
4° Semence du seigle ou avoine.	7	50
5° Glands, faînes ou châtaignes.	20	00
6° Semage, hersage, roulage. .	5	00
7° Trois milliers de plants de garniture en tremble, bouleau, ypréau et marseau à 3 francs.	9	00
8° Plantage des bois de garniture.	6	00
9° Binage (un par an en juin) et repiquage pour trois ans (en novembre), prix du plant employé, repiquages compris.	54	00
Total de la dépense. . .	142	50

La dépense d'une plantation serait à peu près la même que pour un semis, le prix des graines équivalant à celui de l'achat du plant.

Sur cette dépense on aura à déduire la récolte d'un seigle ou d'une avoine, qu'on ne peut évaluer à moins de 50 francs, paille comprise : ce qui porterait alors la dépense d'un semis ou plantation de bois à la charrue à 80 francs l'arpent environ.

Les propriétaires qui ne regarderont pas à faire une

dépense un peu plus forte pour leurs plantations pourront planter tout à la pioche ou au fichot et ne faire aucune céréale ; cependant une avoine d'hiver ou de printemps, qui se moissonne à la fin d'août, lorsque les nuits commencent à devenir fraîches, ne pourrait que faire du bien, particulièrement aux jeunes plants de bouleaux, de trembles, de chênes, de hêtres et de châtaigniers, qui, dans leur première année, ont besoin d'abri.

Avant de terminer notre chapitre des *semis et plantations,* nous ne saurions trop renouveler nos prières aux cultivateurs forestiers, de se procurer, pour toute espèce de plantation, même en épines pour haies, du plant de pépinières à 3 et 6 francs de plus par millier que celui des maraudeurs, en le choisissant jeune et en le faisant arracher devant soi : ici nous répéterons encore que le mieux est de faire des pépinières.

Le plant qu'on tire des forêts est souvent très-vieux ; aussi arrive-t-il que la majeure partie ne réussit pas, surtout en chêne. Le semis du gland est donc préférable au plant, nous le répéterons encore, parce qu'il est plus certain de réussir.

Nous avons dit plus haut qu'un jeune chêne qui a trois à quatre pouces d'élévation, a quelquefois un filet de pivot de 42 pouces; de là, la grande difficulté de l'arracher de terre sans le briser. Cette mutilation est plus à craindre pour les chênes des forêts que pour ceux des pépinières, où la terre est plus meuble; ceux-ci sont plus jeunes, moins enracinés, plus flexibles et, par conséquent, plus propres aux plantations.

Nous pensons, en dernière analyse, avoir porté au prix le plus élevé les frais de semis et plantations ; ils peuvent être moins forts, si on n'est pas dans l'obligation de faire des fossés ou d'essarter ; ou, si on ne donne à la terre qu'une façon de labour, comme pour une avoine.

Les semences forestières ne sont pas exigeantes de culture ; le chêne, le frêne, l'orme pivotent, s'implantent même dans les herbes et les ronces : on peut donc, quand les semis et plantations sont vigoureux et bien venants, ne leur donner aucun binage et les abandonner à la nature : dans ce dernier cas, la dépense ne s'élèverait qu'à 35 francs environ par arpent, et, si l'année était favorable aux semis et plantations , ils pourraient rivaliser avec ceux qui auraient coûté 400 francs.

SECTION VI.

MOYEN DE CONSERVER LES GRAINES FORESTIÈRES SANS DESSICCATION PENDANT L'HIVER.

Il est inutile , sans doute , de recommander que, lorsqu'on fera des semis et plantations , il est de nécessité première de s'assurer des qualités des graines et des plants.

C'est donc le moment d'indiquer le moyen à employer pour conserver le gland, la faîne et la châtaigne pendant l'hiver, et empêcher leur germination ou leur détérioration.

Ce moyen consiste uniquement à faire stratifier toutes les graines forestières, ce qui s'opère avec un succès infaillible en commençant par faire sécher au four du sable fin, pour y enterrer chaque graine, en plaçant le tout dans un endroit ni trop humide ni trop sec.

On peut également très-bien les conserver en les mettant dans un lit de feuilles sèches.

On pourrait encore pratiquer un trou d'une grandeur relative à la quantité de gland que l'on veut y serrer, et y entasser par lit le gland et le sable jusqu'à 2 pieds et demi au-dessous du sol. On recouvre ensuite le trou avec de la terre et des feuilles, pétries ensemble, de manière à former un dôme qui renverra la pluie sur les côtés dans de petits fossés que l'on creuse autour afin de la recueillir.

Pour plus de sûreté encore on peut former des couvercles en paille.

On ne saurait prendre trop de soins des graines forestières, attendu qu'en très-peu de temps le gland et la châtaigne se pourrissent, se dessèchent ou perdent facilement leur germe, s'ils ne sont mis à l'abri du contact de l'air, principalement pendant le mois de février.

Pour mieux assurer le succès des trois modes de stratification que nous venons d'indiquer, nous recommandons de choisir toujours pour semences le gland le plus beau, et de ne le mettre en réserve pour l'hiver qu'après l'avoir laissé en tas sur un gazon ou sur des claies, et l'avoir fait remuer au moins une fois par jour jusqu'à ce qu'il ait jeté son feu (4 à 5 jours), en ayant soin, avant ou après, de le jeter dans un cuvier rempli d'eau, et de mettre de côté celui qui surnagera, pour ne garder que le sain, qui tombera de suite au fond.

Il est bien entendu qu'on le laissera sécher au soleil sur des vans à blé ou sur un drap, avant de le mettre dans le sable; sans cette précaution, il germerait ou pourrirait en peu de jours.

Nous pouvons garantir qu'en suivant exactement ces indications toutes les graines de bois se maintiendront en bon état jusqu'à la fin de mars et même au delà.

SECTION VII.

DU CHOIX DES TERRAINS POUR LES SEMIS ET PLANTATIONS.

Avant de faire un semis ou une plantation, il faut étudier la nature du terrain, les localités, et apprécier les essences qui, dans le voisinage, y réussissent et sont, en outre, d'un débit plus avantageux, afin de leur donner la préférence.

§ 1er.

TERRAIN PROPRE AU CHÊNE, AU HÊTRE, AU CHARME ET A L'ORME.

Dans une bonne terre, riche de fonds, toutes les essences viennent également bien, mais nos grands végétaux, comme le chêne, l'orme et le hêtre, ont plus particulièrement besoin de bonne terre et d'un sol profond ; l'érable et le noisetier même, ordinairement si faibles, acquièrent de grandes dimensions quand ils sont sur un bon terrain.

Le terrain qui est parsemé de petites pierres et de minerai, et qui a un fonds rouge, où la fougère et les genêts abondent, est éminemment propre au chêne de toutes qualités, surtout au chêne à écorce blanche. Le châtaignier, le merisier, le charme, le tremble et le bouleau y prospèrent également bien, mais c'est le sol de prédilection du chêne.

§ 2.

TERRAIN PROPRE AU MERISIER, A L'ACACIA, A L'ÉBÉNIER, AU BOULEAU ET AU MARSEAU.

Il ne faut mettre sur le tuf, ou dans un terrain blanc et marneux, que du merisier, de l'acacia, de l'ébénier, du bouleau et du marseau ; et encore ces deux dernières essences mêmes, quoique très-vivaces, souvent y succombent.

L'expérience a démontré que, dans les terres qui ont été marnées, les plantations en autres essences que celles ci-dessus ne peuvent s'y implanter.

Avant donc de faire un semis ou une plantation, il est de toute nécessité de s'assurer que la marne a entièrement disparu, ce qui n'a ordinairement lieu qu'après 25 ou 30 ans de culture ; une terre qui a été marnée ne vaut, au surplus, jamais celle qui est vierge : le moins instruit en culture sait que la marne finit par épuiser les terres, et qu'elle est très-contraire aux semis et plantations, parce qu'elle en attire les sucs nutritifs et les lessive en quelque sorte.

Pour remettre en bon état un terrain marné, il faut une culture suivie avec de forts engrais en fumier et des terrées surtout.

§ 3.

TERRAIN PROPRE AU HÊTRE.

Le terrain de montagne, légèrement argileux, fortement mélangé de pierrailles graniteuses, ou un bon sable, surtout situé au nord, avec un fonds frais, conviennent spécialement au hêtre; le chêne et l'aune y viennent aussi, mais moins bien que le hêtre. Le même terrain convient également au châtaignier, mais sur les hauteurs et à l'exposition du midi : cette essence, étant très-poreuse, gèle facilement lorsqu'elle n'est pas exploitée en temps utile, et qu'elle n'est pas à l'exposition qui lui convient.

§ 4.

TERRAIN PROPRE AU CHATAIGNIER.

Le châtaignier ne prospère que dans les localités qui lui sont propres et notamment sur les terres légères et sablonneuses, mais substantielles et aux expositions de l'est et du nord-est; enfin, sur les terrains, et sous les conditions exprimées dans le paragraphe précédent.

§ 5.

TERRAIN PROPRE AU BOULEAU, AU MARSEAU ET AUX ARBRES VERTS.

Dans les terres arides, granitiques, légères, et pierreuses, où il y a peu de fonds, on ne peut cultiver, dans de si misérables sols, que des essences qui ne pivotent pas et qui vivent à la superficie de la terre, telles que celles du bouleau, du marseau et des arbres verts, et parmi ceux-ci le pin sylvestre, le pin maritime ou de Bordeaux, qui est le même que celui du Mans.

§ 6.

TERRAIN PROPRE AU FRÊNE ET A L'AUNE OU VERNE.

Près des rivières et des sources, sur les terrains d'alluvion, fangeux et gras, il faut cultiver le frêne et l'aune; ces arbres se conviennent et prospèrent ensemble. On fera quatre coupes d'aune pour une de frêne, à soixante ans; mais, à cet âge, cette dernière vaudra bien autant que les quatre récoltes d'aunes, intérêts d'attente compris.

SECTION VIII.

DES RÉENSEMENCEMENTS NATURELS.

Les Allemands pourvoient aux réensemencements de leurs futaies par le moyen de semis naturels, en faisant successivement des coupes par éclaircies.

Nous cherchons à imiter ce mode, qui, toutefois, ne réussira pas sur tous les terrains : nous en avertissons nos forestiers.

Voici comment il s'exécute :

On arrache successivement en plusieurs années une

futaie qui a atteint toute sa croissance , en commençant d'abord par les arbres les plus dépérissants, de manière cependant à en abattre de bien venants , au besoin, afin d'éclaircir la futaie suffisamment pour que le soleil pénètre doucement jusqu'à la surface du sol et facilite la germination des graines.

Dès qu'on a arrêté l'exploitation d'une futaie par éclaircie, on doit y introduire aussitôt les porcs pour détruire la couche de gazon qui couvre ordinairement le sol des vieilles futaies et le rendre plus propre à produire de nouveaux arbres : cette introduction du porc se continue jusqu'à la maturité du gland , alors on s'oppose à ce qu'il pénètre dans le bois, où il dévorerait presque toutes les graines forestières. Cependant, si l'année était très-abondante, en le laissant jusqu'à la fin de novembre, il ne ferait que du bien, parce qu'il diviserait les graines, les enterrerait, et qu'il en resterait encore assez pour le repeuplement.

Lorsqu'on reconnaît que les parties éclaircies ne sont pas suffisamment regarnies de jeunes plants, on renouvelle les éclaircies ou furetage , toujours en choisissant les arbres les plus vieux, ceux qui dépérissent et qu'on a intérêt d'abattre ; et, quand le terrain qu'ils occupaient est reboisé , on n'en continue pas moins l'exploitation , en suivant ce mode d'extirpation de vieux bois et de reproduction en jeunes plants , jusqu'à ce qu'il n'existe plus de futaies.

Ce mode de repeuplement peut être favorable aux hêtres, aux pins, aux sapins et autres arbres, bien qu'en famille et protégés par l'ombrage de leurs voisins.

Mais nous pensons que ce même mode, très-avantageux sur les taillis de hêtre et les bois résineux, n'est pas sans inconvénient en France pour nos vieilles futaies, particulièrement sur un sol peu riche de fonds, et qui ne serait pas frais, à cause, notamment, de la nécessité de faire plusieurs exploitations dans un court espace de temps et à diverses reprises sur le même terrain.

Il arrive souvent qu'on détruit à la seconde éclaircie les jeunes plants de l'éclaircie précédente, soit par l'exploitation, soit par la voiture des produits de chaque éclaircie, qui, dans une futaie, sont toujours fort considérables. On doit sentir que de pareils abatages, faits par intervalles, renouvellent annuellement les dégâts de la forêt; les petits arbres, en outre, se trouvent fort mal de la chute des gros.

Dans les contrées où le mode de repeuplement que nous venons d'indiquer est en vigueur, le bois a peu de valeur en général, et on n'y regarde pas de si près; ensuite l'essence et la température peuvent y être plus propices.

On ne contestera pas que dans un vallon ou plaine, sur un terrain léger, frais et riche, le système allemand, dont il s'agit, n'ait quelque succès; mais on peut assurer que sur un sol pierreux, aride et sec, si on en faisait l'essai, on perdrait en partie le fonds de bois le mieux garni.

Dans nos contrées, les réensemencements naturels des futaies pleines ne peuvent se faire avec avantage, à cause de la nature du sol en général, qui a peu de profondeur, attendu, aussi, que nos forêts, aujourd'hui, sont en partie calcaires ou granitiques, chassées des plaines et réduites à végéter sur nos montagnes, ou sur des coteaux peu fertiles. Au surplus, on tente, en ce moment, des essais de ce genre dans les bois de l'État, notamment à Compiègne et à Fontaine-bleau ; la surveillance en est confiée à des forestiers consciencieux. Si ce genre réussit, il sera bientôt connu ; toutefois nous estimons qu'il n'aura pas tout le succès qu'on attend.

Nous croyons avoir suffisamment indiqué, pour la reproduction des bois et le renouvellement des futaies, les moyens de protéger les réensemencements naturels, de faire des semis, des plantations sur tous les terrains, en appropriant les espèces convenables au sol et d'en faire à 400 fr., à 200, à 80 et même à 35 f. l'arpent ; on aura à choisir, d'après sa position de fortune et les localités, le mode qu'on jugera le plus utile. Nous avons l'intime confiance de n'avoir épargné aucun des détails qui peuvent être nécessaires pour se livrer soi-même à cette culture avec économie et avec tout l'avantage possible.

CHAPITRE V.

SECTION PREMIÈRE.

ESSARTAGE.

C'est avec circonspection qu'on doit essarter ou élaguer ses bois ; cette saignée peut leur être très-utile ou fort nuisible, suivant le sol et la manière dont elle est dirigée.

Pour la rendre profitable, il faut, en général, qu'elle soit faite sous les yeux du propriétaire et par des ouvriers intelligents et honnêtes : si on la confie à des mains mercenaires ou intéressées, elle est meurtrière, parce qu'au lieu de ne couper que des branches, des ronces, des épines et des bois traînants et parasites, on fait en quelque sorte une première coupe en abattant tout ce que l'on peut détruire et en s'arrêtant seulement là où on pourrait en être recherché ; de cette manière, on grossit les produits de l'exploitation d'essartage, mais aussi les plus beaux brins en jeunes plants disparaissent.

Le mieux serait, pour le propriétaire qui ne pourrait surveiller lui-même, ou faire surveiller par un bon garde, cette opération, de laisser agir la nature ; les bois s'élaguent et se nettoient insensiblement sans qu'on s'en occupe même là où ils sont très-fourrés, parce que le fonds en est bon et peut tout nourrir ; les épines noires et les autres mauvais bois qui ne sont pas étouffés par le taillis, vivant à la superficie de la terre, n'empêchent pas les bonnes essences de pousser, et tout se retrouve à la coupe ; il n'y a rien de perdu.

Il faut, toutefois, avoir grand soin de ne faire aucun élagage, essartage ou nettoyage, que sur des taillis richement fourrés, ayant au moins dix à douze ans.

Dans les lieux où l'on coupe les bois à cet âge, on élague ordinairemeut à quatre ans , afin d'avoir de plus gros bois à la coupe : c'est souvent un massacre qui se fait aux dépens du fonds. Pour surcroît de calamité, les bestiaux y vont journellement ; alors ce ne sont plus des bois, ce sont des broussailles, dont on tire, tous les dix ans, 100 à 150 fr. l'hectare au plus ; les bruyères et la queue de renard y tiennent cour plénière : aussi, tous les jours, ces fonds vont en dépérissant, et bientôt ils disparaîtront du sol forestier, pour n'être plus qu'un mauvais pâturage.

Dans les jeunes plantations où le bouleau abonde, on doit faire élaguer cette essence iorsqu'elle commence à se brancher fortement (de cinq à dix ans), suivant le sol et sa force végétative, pour en faire des balais, près des villes, et des bourrées quand cette spécialité n'est pas connue. On doit faire procéder à cet essartage ou élagage par des ouvriers adroits et *à soi*, ou le louer, même à bas prix, à des fabricants de balais, pour en prévenir le vol.

On doit choisir avec soin ceux par qui cet élagage sera exécuté; il est bien entendu que ce seront des gens intelligents et bien connus, qui offriront assez de garantie pour qu'on puisse les rendre responsables des dommages qu'ils causeraient. (Voir ce que nous disons, à ce sujet, à l'article *Bouleau*, page 114.)

Un élagage de plantations et de taillis en bouleau peut se louer 10 à 12 francs l'arpent; aux environs de Paris, il est des propriétaires qui en louent annuellement pour 200 à 300 francs et plus. Règle générale, il ne faut permettre cet élagage que dans les plantations de cinq à dix ans et dans les taillis de neuf à douze ans; au-dessus de quinze ans ce serait une fausse opération, attendu qu'alors la tige de bouleau en plein bois s'élance déjà trop et perd en grosseur ce qu'elle gagne en élévation.

SECTION II.

ÉLAGAGE DES CHÊNES.

Les avis, d'après les expériences faites depuis vingt-cinq ans, sont généralement contre cette opération, qui, tout en produisant, aide, il est vrai, à la végétation de l'arbre élagué et à celle des arbres voisins, mais est contre nature, même quand elle est faite à 8 ou 15 pouces du corps de l'arbre.

Ce nouveau système de culture, employé dans les forêts de la liste civile, répudié hautement par nous, n'est pas aussi avantageux que nos premiers forestiers se l'imaginent. Nous allons essayer de traiter cette question de conscience, et établir

comment nous l'envisageons, tout en convenant, dés
'l'abord, qu'il est d'autant plus facile de controverser
sur cette opération, qu'on ne pourrait en faire la
vérification complète qu'au bout d'une expérience de
40 à 60 ans au moins : qui vit assez pour cela?

L'école forestière pourrait seule s'établir en obser-
vatoire et fixer irrévocablement l'opinion à cet égard.

Quant à nous, cette mutilation nous paraît redou-
table, et nous ne l'admettons que sur les arbres mal
venants et que nous prescrivons de ne pas conserver
dans les bois bien tenus, à moins qu'ils ne soient
spécialement destinés à être convertis en bois à
brûler, ou à servir pour graines ou pour agrément.

Nul doute qu'un jeune taillis qui n'est point ombragé par les branches des arbres réservés pousse
plus efficacement que lorsqu'il en est écrasé. Il est
également vrai qu'en élaguant un chêne il pousse
mieux, et que tout ce qui l'entoure y gagne; mais
nous croyons devoir consigner ici que nous avons
l'expérience que les chênes de traces, buissons et allées, qu'on a ébranchés pour le chauffage des fermiers ou l'agrément du propriétaire, sont toujours
pleins de nœuds viciés, de chancres, couloirs ou
abreuvoirs, et nullement propres à faire de l'industrie (lattes, merrains, planches, pesseaux ou
échalas et autres marchandises), et qu'il est bien
reconnu enfin que les premiers symptômes de corruption sur tous les arbres, les résineux exceptés, se manifestent par les nœuds, ou résultent de branches
cassées. Un nœud, pour nous servir de l'expression

de Buffon, est une espèce de cheville adhérente à l'intérieur du bois qu'on ne peut pas abattre impunément sans son arbre, ou il en résulte presque toujours les plaies que nous venons de signaler ; enfin un égout ou fissure d'où la séve s'écoule, et qui, par le contact de l'air, introduit la putridité et corrompt souvent toute la tige.

Nous conviendrons franchement que ces élagages se font sans mesure dans beaucoup de localités, avec de mauvais outils la plupart du temps, et sans aucune précaution ; que, si on les exécutait avec intelligence sur de jeunes arbres n'ayant pas plus de quinze à vingt ans, comme cela est en usage, dit-on, de temps immémorial en Belgique, peut-être aurions-nous d'aussi beaux arbres et aussi sains qu'en pleine futaie : néanmoins nous ne le pensons pas, bien que nous sachions que M. Larminat, conservateur des bois royaux à Compiègne, forestier plein de zèle pour sa profession, a fait le voyage de Belgique uniquement pour étudier la question de l'élagage du chêne, et qu'il a en même temps rapporté de son exploration des planches provenant de chênes élagués dont on a admiré la beauté.

Enfin, convaincu de l'avantage qu'il y a à élaguer les chênes, M. Larminat a fait venir des élagueurs belges qu'il entretient à l'année dans les forêts royales. Nous engageons les amateurs de bois à aller visiter ces élagages-modèles et à les imiter, s'ils en espèrent de plus brillants résultats que nous, ou à mieux faire encore. Selon notre vieille expérience, ce mode d'élagage belge nous semble contre nature ; nous avons l'intime conviction qu'il portera aux arbres sur lesquels il aura été appliqué un préjudice irréparable. Toutefois, voici comment devrait se faire cet élagage : commencer par n'opérer d'abord que sur de jeunes arbres de 10 à 20 ans au plus, et, lorsqu'il se trouve des branches adhérentes au cœur qui ne pourraient se détacher qu'en formant un abreuvoir, les respecter, et se contenter alors d'élaguer celles qui, en apparence, ne peuvent faire dommage ; avoir soin, en outre, que l'ouvrier soit nanti, pour cette importante opération, de serpes bien tranchantes, afin que l'entaille soit faite proprement de bas en haut, et pour éviter que la branche, par son poids, ne s'écuisse et ne fasse plaie, d'autant qu'il a souvent besoin de s'y prendre à deux fois ; d'abord pour la trancher à huit ou dix pouces de la tige, afin d'être tout à son aise pour faire disparaître le chicot restant, parer son entaille à fleur de l'écorce et la bomber de telle sorte que l'eau s'écoule facilement et ne puisse y séjourner; de cette manière on peut espérer que l'écorce recouvrira sans obstacle et promptement l'entaille de la branche amputée sans que l'arbre en soit vicié. En exécutant précisément toutes les conditions ci-dessus, nous nous résumerons cependant à croire que sur de très-jeunes chênes l'opération pourrait peut-être avoir quelque succès, mais serait très-dommageable, nous ne saurions trop le proclamer, sur les chênes de 30 à 60 ans, et funeste sur un séculaire.

Ce que nous pouvons garantir pour l'avoir vu et éprouvé, c'est que, si l'écorce ne recouvre promptement la cicatrice de l'amputation, elle sera étoilée au bout de trois à quatre ans ; alors on pourra facilement remarquer qu'il y a carie incurable et que l'arbre est perdu pour l'industrie. Nous pensons cependant qu'il y aurait peut-être un remède pour prévenir la carie provenant de la coupe d'une branche, ce serait de revêtir la plaie d'une espèce d'emplâtre de goudron ou, à défaut, de bouse de vache mélangée de terre, que l'on couvrirait ensuite d'un linge ou d'une plaque en bois ou en fer-blanc. Notre confiance dans ce topique placé immédiatement après l'amputation de la branche résulte de la connaissance acquise que les nœuds des arbres résineux, contrairement à ceux des arbres à feuilles caduques, sont aussi sains et même plus durs que le cœur du bois, parce que l'arbre à feuilles persistantes est plein d'une séve ou goudron pur, qui se porte, aussitôt après la coupe ou l'ébranchement d'un arbre, sur les parties amputées, les couvre promptement d'une matière graisseuse et bitumineuse, et les garantit du contact de l'air, élément principal de végétation, mais qui, par son action incessante, détruit ou altère tout ce qui n'a pas ses conditions de vie : il ne faudrait, toutefois, faire usage de ce remède que sur des arbres qui en mériteraient la dépense.

Nous supplions MM. les forestiers de méditer sérieusement nos réflexions sur ce point essentiel de la culture des bois, qui peut avoir les plus graves conséquences sur les plus belles forêts de France, si ceux qui sont appelés à les administrer s'embarquent, à cet égard, dans une fausse route.

SECTION III.

ROUETTAGE.

Le rouettage n'est en usage que dans les pays de flottage en trains ou en radeaux.

Cette exploitation, qui tient beaucoup de l'essartage, que nous venons de traiter, se fait dans les taillis de huit à neuf ans et au-dessus, rarement plus tôt, parce que les rouettiers couperaient les lances principales, et détruiraient les taillis tout en faisant encore de mauvaises marchandises.

Une rouette trop jeune est cassante; à six ans même, elle n'a souvent pas assez de consistance. Cette opération nécessite, au moins, autant de surveillance que l'essartage, attendu que, pour que les rouettes ou harts puissent utilement servir au flottage en train, en lier les branches et toutes ses parties, il faut qu'elles soient bien lancées, droites et presque sans nœuds; autrement, on les briserait en les tordant pour leur donner le liant d'une corde.

Il arrive que, lorsque le rouettier n'est pas surveillé, il prend les plus belles lances d'une cépée en charme, bouleau, hêtre et coudre; quant au chêne, il ne peut attaquer que de très-jeunes plants, parce que les lances à conserver seraient d'une trop forte dimension, même à quatre et cinq ans; pour rouettes à coupler, les plus grandes qu'on puisse employer.

Le rouettage peut être permis dans un taillis de chêne à 7 ou 8 ans; dans un taillis mélangé de chêne, de charme, de bouleau, de hêtre et de coudre, à 9 ans;

entièrement en charme et bouleau à 10 ans.

La rouette à flotter doit avoir huit pieds et demi de longueur sur deux pouces trois lignes de rotondité au gros bout (huit centimètres);

La rouette à coupler, 9 et demi à 10 pieds de longueur sur 3 à 4 pouces de rotondité (3 mètres à 3 mètres 33 centimètres sur 16 centimètres);

Les petites rouettes, 4 à 5 pieds de longueur sur 15 à 21 lignes de rotondité au gros bout (1 mètre 33 cent. à 1 mètre 66 cent. sur 4 à 6 cent.)

Le millier de rouettes se compose ordinairement de 16 bottes à flotter, de 52 chaque, 832 rouettes.

En rouettes à coupler comme garniture, 4 bottes, de 52 chaque, 208
    En tout 20 bottes 1040 rouettes.

Le millier de rouettes à flotter, garni de ses bottes à coupler, se vend, sur les bords flottables de l'Yonne et de la Cure, 18 à 21 fr.; le millier de petites rouettes, 3 fr. 50 c. à 4 fr.

Un bois susceptible d'être rouetté peut produire, savoir :

1ʳᵉ classe : rouettes à flotter et à cou-
        pler par 51 ares 7 cent., 4 milliers.

2ᵉ classe, *idem,* 3 *idem.*

3ᵉ classe, *idem,* 2 *idem.*

4ᵉ classe, *idem,* 1 *idem.*

Les petites rouettes s'exploitent en majeure partie par les rouettiers maraudeurs, qui se les procurent dans les bois de coudriers et tendres, en brins sur souches et de pied; cependant on en fait aussi dans ceux d'où l'on tire les autres rouettes ; mais qui ne sont pas en aussi bonne qualité, n'étant souvent prises que dans les branchettes et résidus des premières (*).

Un propriétaire soigneux de ses bois doit lui-même faire exploiter ses rouettes et les vendre quand elles sont faites, pour prévenir, autant que possible, le dégât que les rouettiers intéressés ou maladroits pourraient causer dans ses taillis, quand surtout ils sont jeunes (au-dessous de 9 ans) et en essences de charme et bouleau.

On ne doit permettre le rouettage que dans les taillis bien venants et fourrés, et où l'on ne peut attaquer les principales lances des taillis ; c'est pourquoi nous avertissons les propriétaires qu'un rouettage bien ordonné ne doit s'opérer que sur les lances ou tiges qui sont surabondantes, en outre sur les bois traînants et parasites que le temps fait périr.

Le mieux serait de ne les prendre qu'en branches et essences nuisibles, ce qui arrive rarement parce qu'elles ont bien moins de qualités que sur souches et en brins de pied.

Le rouettage à temps utile et soigné est un premier élagage qui peut, en beaucoup de localités, payer les frais du garde, et qui, loin d'être contraire au produit du bois, le nettoie et aide à la végétation.

Néanmoins nous ne sommes partisan de cette première exploitation qu'autant qu'on prendra rigoureusement les précautions que nous venons d'indiquer pour prévenir souvent un dommage qui aurait pour la superficie et le fond même les plus funestes effets.

(*) Voir aux planches, n°s 12 et 13.

CHAPITRE VI.

CONSIDÉRATIONS GÉNÉRALES.

L'art des aménagements consiste à multiplier les revenus, en assurant leur continuité, et à exploiter les bois en temps utile, c'est-à-dire avant qu'ils entrent en décrépitude.

Plus le sol est pauvre, plus la maturité de la production arrive tôt.

La maturité des arbres s'annonce par la diminution de leur accroissement. Quand l'accroissement cesse, la décrépitude commence.

Nous conseillons donc les aménagements annuels, biennaux ou triennaux, en un mot le plus petits possible à tous les propriétaires, même à ceux qui n'ont que 20 arpents de bois, parce que, sauf quelques exceptions de localités ou d'arrangements domestiques, on se trouve, en général, très-bien d'un aménagement quelque étroit qu'il soit, c'est-à-dire qu'il est toujours utile de se créer des revenus correspondants à ses dépenses ; à moins qu'on ne constitue une pièce de bois en caisse d'amortissement pour éteindre une dette en capital, ou pour

former une dot à un enfant. Hors ces cas, un propriétaire a un grand intérêt à mettre ses bois en coupes réglées : la vie de l'homme est ordinairement si courte,
qu'il ne faut pas ajourner ses jouissances, surtout
celles des produits forestiers, dont le besoin, et pour les
choses de première nécessité, est de tous les instants.
Admettons même, par supposition et comme exemple,
un propriétaire qui n'aurait en tout que dix arpents
de jeunes taillis, dépendants d'un domaine habité par
lui, ou à une journée de sa demeure en ville. Ce bois,
s'il est en bon sol, peut être divisé en vingt coupes de
50 perches, ou 25 ares chaque, à vingt ans d'âge ;
ainsi ce serait seulement un demi-arpent par an, ou
un arpent tous les deux ans. Mais, sur un fonds maigre
ou de gravier, qui, à 12 ans, ne pousse plus, ou fort
mal, il y a un avantage réel à couper le bois de 10 à
15 ans.

Dans cette classe, sur un aménagement à 10 ans,
on aurait un arpent par an, et à 15 ans 75 perches
(37 ares 50 cent.); la coupe, en définitive, serait plus
ou moins forte, suivant la division qu'on en ferait,
pour être exploitée à 10, 15, 18, 20 ans et plus : tous les
ans, ou à deux, trois ou quatre années d'intervalle.

Dans notre opinion particulière, nous préférons
les coupes annuelles, parce que le propriétaire y
trouve de nombreuses ressources, notamment de
pouvoir prendre, chaque année, son chauffage, des
échalas et des perchettes pour ses vignes et son jardin;
enfin tous les bois nécessaires pour ses instruments
aratoires et ses autres besoins.

Avec un seul bûcheron, il fera sa petite coupe, et, s'il en a plusieurs, il en aura un de choix qui veillera sur l'exploitation, pour une faible rétribution de 5 à 10 francs par mois.

Plus la coupe sera petite, plus il sera facile au propriétaire de choisir ses réserves, d'après ses besoins, la nature du sol et les localités, et d'en sortir, sur les chemins, les produits avant le 15 avril.

Si la coupe produit au delà des besoins du propriétaire, il vendra ce qui ne lui sera pas nécessaire, et pourra souvent en retirer, *sa provision faite*, plus ou, au moins, autant qu'un marchand de bois lui aurait donné de la totalité, attendu qu'un marchand ayant à faire supporter ses frais de surveillance, qui sont presque aussi considérables sur une faible coupe que sur une grande, ne se dérangera pas pour un trop modique bénéfice, et, par les détails qui vont suivre, nous prouverons qu'un propriétaire, par sa position immuable, a plus de chances pour faire gagner une exploitation de bois qu'un marchand. D'un autre côté, dans une coupe importante, un propriétaire, quel qu'il soit, a un puissant intérêt à conserver tous les jeunes brins de semis ou volières bien venants, en hêtre surtout (voir notre chapitre sur la *coupe au furetage*); ce qu'on ne peut faire en vendant à un marchand exploitant, attendu que ces bois, souvent gros comme une forte baguette, ne pourraient pas supporter la marque du propriétaire. Ces jeunes réserves, toutes d'espérance, sont alors sans importance; mais, vingt ans plus tard, elles forment les plus beaux produits du taillis, sans lui avoir fait aucun dommage, d'autant que le propriétaire ne peut, avec sécurité, les soustraire à la cognée du bûcheron qu'en exploitant par ses propres mains.

Aussi engageons-nous tous les propriétaires, sans exception, à exploiter leurs bois par eux-mêmes, ou par des gardes exploitants, et à vendre ensuite les produits sur les chemins, places vides, ou en chantier : amiablement, par adjudication publique, en masse ou par lots, suivant la nature des produits et la convenance des localités.

En Prusse, les administrations forestières du roi en agissent ainsi ; en France, et sans réfléchir, on dira de suite que c'est impossible, d'après nos usages. C'est une erreur; il n'y aurait qu'à vouloir sérieusement, et surtout ne pas se décourager des premiers essais, qui seraient probablement infructueux ; car, en tout, il faut s'attendre à payer l'apprentissage : nous ne dissimulons pas que ces premiers essais seraient vivement contrariés par les marchands de bois, les maîtres de forges et les routiniers surtout ; alors il serait indispensable de s'assurer d'agents instruits dans l'exploitation et présentant des garanties : nous ne doutons pas que beaucoup de petits marchands de bois, qu'on nomme vulgairement *rapaces*, brigueraient ces fonctions. Les produits se fabriqueraient sur un prix commun à tous les ouvriers; il ne pourrait donc y avoir de malversation à cet égard : ensuite la vente des marchandises se ferait par nature et en plusieurs lots, ainsi que se vendent encore les superficies à exploiter.

L'État en améliorerait considérablement le fonds de ses bois, où les bonnes essences se perdent tous les jours par une exploitation sans principes et contre nature; en outre, il y gagnerait au moins *six millions* par an, nous le garantissons.

Tout le monde sait que la vigne, comme le bois, ne peut être bien cultivée que par ses propriétaires, ou pour leur compte. Un marchand à qui on vend une superficie le plus cher possible, quand il craint de perdre, cherche alors à se dédommager sur la propriété; dans ce cas et selon l'usage, il ne travaille que pour lui, prolonge indéfiniment son exploitation quand il croit y gagner et s'empare, en outre, de tout ce qu'il trouve sous sa main, ne faisant rien pour l'amélioration du fonds, et même, pour avoir un centimètre de bois de plus, il détruira les plus riches souches et ne visera qu'aux moyens de faire produire sa coupe, sans s'inquiéter si c'est au détriment de la propriété du sol. Mais le garde est là, dira-t-on, pour veiller aux intérêts du propriétaire. Cela est vrai, et cependant nos craintes de dilapidations subsistent toujours. Nous admettons même un garde-modèle, le type des meilleurs gardes et comme, malheureusement, il y en a peu; faudra-t-il verbaliser à chaque instant contre un marchand, peut-être son maire et plus proche voisin, son parent ou son ami? Cela est presque impossible. Enfin, qui ignore qu'un garde n'est souvent pas à l'abri de la

1.   14

séduction, d'une prévenance faite avec adresse et même d'une misérable bouteille de vin? Aussi les gardes et les marchands, par un intérêt respectif, vivent toujours en bonne harmonie de fait, tout en ayant l'air d'être ennemis, ou opposés en présence du propriétaire : c'est ce que nous voyons tous les jours, et de plus presque tous les marchands ou leurs fils sont les parrains ou les protecteurs nés des enfants de gardes.

Si cependant, par sa position sociale et ses goûts, un propriétaire croit devoir se refuser à exploiter ses bois lui-même, il doit toujours, dans un intérêt bien entendu, les établir en coupes réglées, annuelles, et s'il se fatigue d'avoir à s'occuper, tous les ans, de la vente de ses superficies de bois, surtout s'il en a peu, alors il pourra se restreindre à faire des aménagements à 3, 4 et 5 ans de distance. Goutteux ou paralysé en partie, si la tête est saine, il ne sera nullement embarrassé de vendre ses coupes sans intermédiaire et même avec avantage, en faisant précéder toutefois cette vente d'une estimation préalable, sur laquelle il formera sa demande de prix, et admettra en concurrence les gros marchands avec les petits. (Voir, vol. 2, notre article *Vente de superficies de bois.*) Quant à l'administration de ses coupes et à la surveillance de ses taillis, il s'en fera rendre compte par ses voisins, qu'il aura soin de bien accueillir par ses manières et par une bonne table, à laquelle il les admettra sans distinction de classe. Enfin, pour être mieux fixé sur la véracité de leur témoignage, il écrira, pour plus de sécurité encore, sur les lieux, au maire, ou au curé, ou même enverra un ami, qui s'assurera de l'état des choses et de la conduite de son garde. Ce contrôle, qui n'a besoin d'être exercé qu'à de longs intervalles, est très-facile et d'un succès certain ; avantage (quand les aménagements sont en bon ordre) dont la propriété forestière est seule susceptible.

Il ne s'agit, pour cela, que d'avoir un plan complet de ses bois divisés par coupes, lesquelles seront indiquées, en outre, par des routes et lisières claires, de 20 à 60 ans d'âge au plus, et qu'on renouvelle à chaque coupe, surtout en les choisissant de toutes essences, comme un simple balivage, de manière seulement à ne pas priver le jeune taillis de la circulation de l'air.

Ces routes séparatives des coupes, garnies de lisières légères, c'est-à-dire bien espacées, loin de nuire à leur végétation, la favoriseront et, en outre, serviront à y placer les produits. Il en résultera qu'on gagnera beaucoup de terrain, en supprimant une infinité des chemins tolérés par nos pères, qui considéraient seulement les bois comme devant servir à faire pâturer leurs différents bestiaux, et, par conséquent, qui en faisaient peu de cas. Aujourd'hui que les bois sont la plus belle propriété, la plus facile et la plus agréable à administrer, ne négligeons rien pour la mettre en bonne culture. Dans cette vue, nous renouvellerons notre invitation à tous les propriétaires ayant des coupes réglées de les exploiter par eux-mêmes ; cette recommandation nous la répéte-

rons à satiété, tant nous en sentons l'avantage. A cet
effet, il faut seulement un garde exploitant, offrant de
la responsabilité, à qui l'on donnera six ou huit cents
francs de gages. Ce serait une différence peut-être de
trois à quatre cents francs sur un garde ordinaire,
différence que l'on retrouverait bien facilement sur
la plus mince coupe et, encore mieux, sur l'amélioration du fonds ; nous allons le prouver :

Un propriétaire qui a une coupe annuelle, ou tous
les deux ans, s'est fait une clientèle pour la vente de
ses marchandises ; sous ce rapport seulement il a
déjà plus d'avantage qu'un marchand de bois, qui
est exposé, chaque année, à transporter son matériel
d'exploitation d'un endroit à un autre, qui est, en outre,
continuellement harcelé par la concurrence, qui le
poursuit tant sur la vente des marchandises que pour
se procurer des ouvriers, enfin qui n'est jamais certain de ses opérations : dans cette position précaire,
les ouvriers ne peuvent s'y attacher, ou il les obtient
plus difficilement en les payant à un plus fort prix.
En un mot, une exploitation habituelle par un propriétaire aura lieu sans entraves ; tandis que celle d'un
marchand présente, au contraire, une grande quantité d'obstacles qu'une continuité fait disparaître.
Or un bois exploité par son propriétaire est comme
la vigne cultivée par un vigneron propriétaire :
elle rapporte beaucoup et est toujours en bon état ;
tandis que celle d'un forain, ou qui s'afferme sur tout,
se perd, et à fin de bail, on est dans la nécessité de la
replanter. Nous pensons donc que rien n'est plus

préjudiciable à la conservation des bois que la vente de leurs superficies aux marchands exploitants pour une ou plusieurs années. En définitive, avant de terminer nos instructions préliminaires sur les aménagements, nous recommanderons particulièrement de les établir par triages, en considérant avec soin la nature du sol, afin de fixer l'époque de la coupe, suivant l'essence, la position et le débit, et, en conséquence, les multiplier le plus possible; attendu que, dans une pièce de bois de cinquante hectares seulement, il y aura quatre à cinq classes de divers terrains.

La 1re sera bonne à couper à 10 ans.

La 2e. . . . . à 15

La 3e. . . . . à 18

La 4e. . . . . à 20

La 5e. . . . . à 25

Ensuite faire attention que plus les ventes sont petites, plus elles sont profitables, les acquéreurs de petites portions étant toujours en plus grand nombre.

Ainsi il y a donc, outre l'intérêt pécuniaire, l'intérêt, pour les renaissances des taillis, à multiplier les triages.

L'État et les grands propriétaires de bois vendent quelquefois des coupes de cinquante hectares aménagées à trente ans, dont la moitié en coteaux ou terrains arides aurait dû être exploitée à dix ou quinze ans et un quart à vingt. Il en résulte alors une grande perte pour le fonds : sur les trois quarts de la coupe qui aura eu beaucoup à souffrir d'une prolongation meurtrière, on aura encore à ajouter, à cette perte, l'intérêt du prix qu'on aurait pu toucher dix et quinze ans plus tôt.

Nous conviendrons, il est vrai, que cette grande quantité de triages et routes prennent beaucoup de bois; mais qui ne connaît ce vieil adage forestier: que jamais mares et chemins n'ont gâté bois? Le bois perdu par les routes et les fossés est gagné par la circulation plus rapide de l'air : qui ne sait, au surplus, que le plus beau bois se trouve toujours sur les lisières, les fossés, en bordures ou près des ruisseaux et des mares?

Avec trente hectares seulement on peut former un triage :

>à 10 ans ce serait, par an, une coupe
>de 3 hectares 6 arpents,
>à 15 ans . . . 2 hectares 4 arpents,
>à 20 ans . . . 1 h. 51 a. 3 arpents,

Avec des pièces isolées et irrégulières, il est facile encore de se composer un aménagement suivant l'étendue de chaque pièce; savoir :

Pour	1840	1° pièce	3 hect.	
	1841	2°	6	
	1842	3°	9	} 30 hect.
	1843	4°	12	

On pourrait même prolonger l'aménagement jusqu'en 1844 et 1845, en faisant deux coupes dans les deux dernières pièces. De pareils aménagements, dira-t-on, sont bien mesquins et exigeraient une minutieuse et constante surveillance; nous pensons, au contraire, qu'on s'en ferait un amusement et un but de promenade, attendu que tous les soins à prendre reposeraient sur le garde. Qu'importent, au surplus, quelques légers soucis, s'il y a avantage pour le fonds et profit sur les produits?

SECTION PREMIÈRE.

PREMIÈRE CLASSE DE 8 A 10 ANS.

On placera dans cette classe les taillis sur le tuf, les terrains arides propres aux coudriers et gourgeliers, ou les taillis destinés spécialement à faire du cercle, des fagots et des bourrées pour les fours à chaux et à tuiles, enfin les recepages des nouvelles plantations, et, en un mot, tous les bois qui, d'après les localités, peuvent se vendre avec avantage à ces âges.

Les réserves que l'on peut faire dans ces jeunes taillis ont ordinairement peu de consistance, car le moindre vent les agite et les tourmente, au point même de leur donner cette maladie si fâcheuse, appelée *roulure*; rarement, du reste, ils produisent de beaux arbres. On reconnaît facilement un bois qui a été coupé très-jeune, particulièrement aux réserves, quand, dans un bon fonds, même dans un fonds ordinaire, elles sont fortes en branches ou rames et ont l'envergure du pommier.

Règle générale : on ne peut véritablement espérer de belles réserves que dans les taillis de 20 ans et au-dessus.

Ainsi, dans les exploitations des taillis de 8 à 10 ans, à sol aride, on doit avoir l'attention de choisir de préférence 10 à 30 baliveaux de l'âge du taillis en bordures, près des mares et fossés, tandis que dans les bons fonds, ainsi que dans les recepages de semis ou plantations, il convient de réserver jusqu'à 60 et 80 baliveaux de l'âge du bois, par arpent (51 ares 7 centiares), *et de toutes les essences*, non des plus gros, mais des mieux venants et notamment en brins de semis, et, quand il n'y en a que sur les souches et que les tiges ou lances sont d'une belle végétation, il faut laisser toute la rachée pour ne pas trop appauvrir la souche.

Dans le vieux bois, sur bon sol, qui ne sera pas semis ou plantation, on pourra porter la réserve jusqu'à quatre-vingts baliveaux et plus; moitié moins, si c'est un fonds de moyenne qualité; prévenant, toutefois, qu'un baliveau de dix ans vaut à peine cinq centimes dans beaucoup de localités : d'après cette faible valeur, lorsqu'il peut profiter sans nuire au taillis, on peut en laisser tant qu'on le jugera convenable.

Dans tous les bois, jeunes ou vieux, en semis ou plantations, qu'on le retienne bien, et on n'aura qu'à s'en féliciter plus tard; il faut avoir grand soin de se réserver *toutes les volières*, c'est-à-dire les jeunes lances de semis ou sur souches, non encore mûres, qui ne pourraient faire que du charbonnage et de la bourrée, et qui sont pleines d'avenir, par la vigueur de leur végétation : aussi engageons-nous fortement tous les propriétaires et gardes à ne rien négliger pour sauver de la hache destructive du marchand exploitant ces jeunes brins, semblables à des enfants si frais et encore à la mamelle.

Pour des modernes de 2 âges (20 ans) ou des anciens de 30 ans et au-dessus, dans les mauvais fonds n'en conserver que pour agrément, ou pour faire graine, et enfin que dans le cas où on y trouverait un grand avantage d'après les localités.

Quant au choix sur l'essence des réserves, dans la première classe comme dans toutes les autres, soit dit une fois pour toutes, marquer de tous bois (voir notre article *Martelage*, page 244); néanmoins donner la préférence à ceux qui seront le plus convenables au sol et au réensemencement, c'est-à-dire qui présenteront plus d'avenir et que l'on aura le plus d'intérêt à conserver pour les renaissances et le repeuplement du fonds, enfin qui se rencontreront en lieu propice pour que l'espacement des réserves soit le plus régulier possible. Nous dirons, par comparaison, pour nous faire mieux comprendre, qu'un jardinier qui ne planterait pas ses légumes à grosses racines à des distances convenables n'obtiendrait rien de ses soins.

Dans les aménagements princiers, on conserve encore l'usage irréfléchi de ne laisser en réserve que le chêne et un peu de hêtre; c'est un moyen de faire disparaître de nos forêts ces deux précieuses essences, pour être remplacées par le charme; l'érable, le coudrier, le gourgelier, l'épine noire, essences parasites dont nous demandons l'extirpation. Plus on coupe souvent en jeunes taillis le chêne, le hêtre, le châtaignier, le frêne, l'orme et autres arbres de première qualité, mieux ils se régénèrent; tandis qu'en les laissant en réserves on les perd. Or il ne faut marquer de ces essences que dans une proportion bien entendue, et ne pas oublier que deux ou trois chênes et hêtres par arpent suffisent pour en entretenir l'espèce par leurs graines.

Avoir un peu de tous bois en réserve, ce qui paraîtra à beaucoup de gens une utopie forestière ; nous y tenons beaucoup néanmoins, surtout à mélanger la famille des bois tendres, comme le bouleau, le tremble, le marseau, qui vivent à la superficie de la terre, avec les bois durs, qui enfoncent leurs racines pivotantes et traçantes dans la profondeur du sol à des distances inégales.

Ce qui étonnera encore beaucoup de routiniers, c'est que nous pouvons prouver qu'il n'y a pas un bois qui n'ait une valeur supérieure à celle du chêne quand la réserve en est faite *avec discernement et suivant le débit des localités.*

Un arbre de deux âges (quarante ans, sur un aménagement à 20 ans), en bouleau ou tremble, vaudra le double d'un chêne, par sa croissance prolifique, d'une part, et d'autre part comme bois d'industrie, (sabotage, voliges, chevilles et merrains à barrer les tonneaux, etc., etc.). Le charme, le hêtre, l'érable, même le buis, ont aussi des emplois particuliers qui doivent les faire préférer aux essences répudiées par les grandes administrations forestières, quand, toutefois, le mélange des réserves que nous conseillons est dans une proportion sagement combinée, nous le répétons, avec la nature du sol et le débit local (*).

2ᵉ CLASSE DE 14 A 16 ans.

Les bois sur gravier et en coteaux arides, qui de 14 à 16 ans se moussent, ne prennent plus de hauteur, se rabougrissent, en étendant leurs branches horizontalement, en un mot dont la croissance alors est arrêtée ou presque imperceptible, doivent se couper à ces âges et s'exploiter : en moulée, charbonnage, fagots et bourrées, enfin d'après les usages locaux.

Marquer dans cette classe :

20 à 30 baliveaux de l'âge du taillis par arpent de 51 ares 7 centiares ;

Quelques volières en hêtre et charme ;

Des anciens çà et là , sur les chemins et fossés, et comme porte-graine seulement.

3ᵉ CLASSE DE 18 A 20 ANS.

Cet aménagement est le plus en usage en France, particulièrement sur les rives de la Seine, de l'Yonne, de la Marne et de toutes les contrées qui approvisionnent Paris.

Dans cette classe, nous comprendrons les bois destinés aux hauts fourneaux et forges; ceux où l'on fait de l'écorce, des échalas, des étoffes pour le flottage en trains, des perches à houblon, des moulées et du charbonnage.

(*) Voir, à la nomenclature des arbres forestiers, la propriété et la valeur de chaque arbre, page 52.

Ces bois peuvent être sur un sol plus ou moins bon et offrir de grandes différences entre eux. A 18 ans, quelquefois, un bois en lisière ou isolé, recevant l'air de toutes parts et sur un terrain riche de fonds, peut valoir le double d'un autre en pleine forêt, et même de trois à quatre ans plus âgé. La réserve alors à faire doit être en raison de la qualité du sol.

Pour les fonds de première qualité et d'une excellente végétation, on pourra, avec toute sûreté, marquer les réserves suivantes (par un cercle en ocre rouge à hauteur d'homme) :

1° Pour la valeur d'une demi-corde de charbonnage, d'environ six francs de prix, en volières de hêtre, charme ou de jeunes semis par arpent, qui à la coupe suivante, 18 ou 20 ans plus tard, produiront au moins 120 francs;

2° 40 baliveaux de l'âge du taillis, également par arpent :

6 ou 8 modernes de 2 âges, 36 ou 40 ans;

4 ou 6 cadets ou 60 ans, 3 âges, 54 ou 60 ans;

1 ou 2 vieille écorce, 4 âges, 72 ou 80 ans;

1/2 ou 1 ancien, 90 ans et au-dessus (*) :

Total, 51 R. 1/2 de toutes essences *par arpent*, ou 103 par hectare.

Ces réserves doivent être bien choisies et espacées, suivant le terrain, dans le bon comme dans le médiocre et le mauvais, afin qu'elles ne se trouvent pas par masses et presque toutes dans les meilleures parties

(*) Ou par deux arpents.

des taillis, qu'elles perdraient en leur disputant une nourriture insuffisante pour tous.

Les propriétaires qui se conformeront à ce que nous venons de prescrire auront la plus belle réserve possible, qu'il ne faudrait cependant point augmenter ; car au delà il y aurait excès, et le fonds en éprouverait une grande détérioration.

Les réserves bien entendues, choisies avec intelligence et la connaissance du sol, ornent magnifiquement un bois et offrent dans l'avenir de grandes ressources pour les produits industriels.

Lorsqu'il y en a trop et qu'elles sont mal réparties, elles épuisent le fonds ; c'est le cas d'appliquer ici le vieux proverbe : que les gros mangent les petits.

Après la coupe d'un taillis, si l'on s'aperçoit que les réserves faites sur certaines parties de la coupe sont en trop grand nombre ou trop chétives et ne présentent pas un avantage certain pour l'avenir, il faut vendre sans hésitation les arbres nuisibles, à la condition de les abattre et sortir de la vente dans l'année même de l'exploitation, ou avant le 1er mars de l'année suivante au plus tard, supposant la coupe commencée en novembre.

Dans quelques parties de la Champagne, sur les rives de la Marne et particulièrement dans les Ardennes, on a la meurtrière habitude de n'exploiter les réserves qu'un an après la coupe du taillis, par le motif qu'on peut mieux les choisir, ce qui est vrai ; mais cet avantage apparent ne peut compenser les dommages que cause une seconde exploitation sur un jeune taillis d'un an et poussant même sa seconde feuille : il est facile de concevoir qu'on en détruit beaucoup, puisque c'est précisément au moment de sa plus riche végétation; et enfin que c'est particulièrement le plus beau, qui, par son élévation, est plus exposé à être brisé par les abatages et les voitures de l'exploitation.

On sentira donc qu'il convient beaucoup mieux de jouir des réserves en même temps que du taillis. Nul doute, encore, qu'il y a tout avantage à couper tout à la fois et à ne faire qu'une simple exploitation, en ce que la pousse d'une année, ou une feuille de plus sur une vieille écorce, n'est rien. Il faut considérer, en outre, comme une chose fort importante, d'être débarrassé de suite de son exploitation et que l'on reçoit un an plus tôt le prix de ses réserves.

Un taillis vidé de toute marchandise, avant la pousse du printemps, a une végétation prompte et abondante qui exerce une grande influence sur son avenir; aussi nous ne saurions trop exprimer l'intérêt que l'on a de veiller à la première feuille d'un taillis dont on ne doit jouir qu'après vingt ou vingt-cinq ans d'attente : c'est un enfant confié à une nourrice plus ou moins bonne ou soigneuse; si cette nourrice possède un lait abondant et de riche qualité, elle donnera une constitution énergique à son nourrisson et lui procurera ainsi une excellente santé pour toute sa vie; dans le cas contraire, il sera souffreteux et malingre jusqu'à son dernier jour.

De même, un taillis qui aura été négligé dans sa première feuille s'en ressent jusqu'à sa coupe et même au delà. Un homme se fait en 20 ans, de même un taillis est bon à couper à cet âge; mais l'un et l'autre ne peuvent jamais se remettre en bon ordre, s'ils ont été négligés dans les 9 premiers mois de leur existence.

Nous considérons donc comme très-essentiels la surveillance et les soins à donner à la première pousse d'un taillis, et nous engageons d'autant plus les propriétaires à s'en occuper que cette surveillance n'exige qu'un peu d'attention et quelques visites dans le cours de l'exploitation.

Pour la faciliter et la faire mieux comprendre, nous allons tracer ici, et en peu de mots, les principales bases d'une bonne administration forestière :

1° Commencer les exploitations de bois, sans avoir égard à la feuille, du 15 au 20 octobre;

2° Terminer les abatages au 1er janvier, *sauf à façonner les marchandises plus tard;*

3° Dans les gelées de janvier et février, suspendre la coupe de tous bois, particulièrement des essences les plus poreuses, comme le châtaignier, le bouleau, le hêtre et autres, notamment après un dégel brusque, qui souvent est de courte durée; ne s'occuper alors uniquement que de sortir de la coupe toutes marchandises au fur et à mesure de leur confectionnement;

4° Fermer la coupe par des fossés défensifs, même jusqu'à ne pouvoir y entrer que par un échalier; établir intérieurement des rigoles aboutissant aux fossés d'entourage pour l'écoulement des eaux.

En remplissant ces conditions, nous garantissons qu'on aura toujours de beaux taillis et surtout bien garnis, au moins autant que le terrain le permettra.

4ᵉ CLASSE DE 21 à 25 ANS.

Cette classe, donnant les mêmes produits que la troisième, doit s'exploiter de même; mais les taillis et les réserves étant plus âgés, et par conséquent garnissant plus le fonds, il est nécessaire de les réduire ainsi qu'il suit :

1° Volières pour environ cinq francs par arpent;

2° 30 à 35 baliveaux de l'âge du taillis, 21 à 25 ans;

3° 4 à 6 modernes, 2 âges, 42 à 50 ans;

4° 2 à 3 cadets, 3 âges, 63 à 75 ans;

5° 1 à 2 vieille écorce, 4 âges, 84 à 100 ans;

6° 1/2 à 1 ancien, 105 à 125 ans et au-dessus (*): total, 37 1/2 à 47.

5ᵉ CLASSE DE 26 A 30 ANS.

Il ne faut établir un aménagement à ces âges que sur des fonds de bois de première qualité, destinés spécialement à produire des moulées de choix ou des bois d'industrie, qu'on ne peut trouver que dans les coupes âgées; autrement il y aurait perte évidente pour le propriétaire. Personne n'ignore aujourd'hui que les jeunes aménagements contribuent davantage à la reproduction, et sont bien plus profitables encore, en ce qu'on renouvelle plus souvent son argent.

Dans un vieil aménagement, on obtient, il est vrai, de plus belles réserves ; mais dans un taillis de 18

(*) Ou par deux arpents.

à 20 ans, les souches sont toujours plus vives et plus puissantes de végétation, alors la reproduction s'opère mieux. A 30 ans, dans les fonds en chêne et hêtre, le bois est déjà très gros, il cout à la demi-futaie; ses rangs sont éclaircis, les principales souches sont extrêmement gourmandes, et pour s'entretenir elles ont dévoré tout ce qui pouvait les entourer, et même détruit les jeunes plants, particulièrement dans les terrains secs et pierreux.

Quand le sol a trop à nourrir, il s'épuise; aussi il est facile de remarquer que, à moins qu'il ne soit profond et frais, beaucoup de souches périssent; en un mot, elles se reproduisent moins bien que quand le bois est jeune.

Enfin, pour donner à ces bois un pareil aménagement, il est utile qu'un propriétaire fasse auparavant le calcul de ce qu'il retirerait en les coupant dans les quatre premières classes.

Ainsi un bois qui produira, à 10 ans, 200 francs (intérêts à 5 pour 0/0) ne sera pas mieux vendu à 1,000 francs au bout de trente ans, attendu qu'on aurait à déduire, pour les vingt ans en sus, les impôts, frais de garde et les intérêts des intérêts. Par cet aperçu, on pourra donc fixer soi-même, avec toute sécurité, ses aménagements et dans ses convenances, en remarquant, toutefois, qu'on peut réduire les aménagements de 30 ans, même dans les meilleurs fonds, à 10 et 15, et en n'oubliant pas surtout que dans ceux de gravier et au sol brûlant, où le bois cesse de s'élever à 12 et 15 ans, il faut, de nécessité absolue, couper à cet âge, comme nous l'avons déjà dit; car, au lieu de produire, ils se perdent ou, au moins, gagnent très peu.

La réserve d'un bois de 26 à 30 ans doit être

1° D'autant de volières qu'on peut en trouver, en jeunes brins en position de se soutenir et de résister contre le vent et la neige; mais à cet âge on en rencontre difficilement, excepté en semis;

2° 30 à 40 baliveaux de l'âge, 26 à 30 ans,

3° 4 à 6 modernes, 52 à 60,

4° 2 à 4 cadets, 78 à 90,

5° 1/2 à 1 ancien, 114 à 140 et au-dessus.

6ᵉ CLASSE DE 31 à 40 ANS.

Dans cette classe, il n'y a plus de volières à espérer ou très-peu : conserver toujours tout ce qu'on en trouvera et qui pourrait se soutenir :

1° 25 à 30 baliveaux de 31 à 40 ans,

2° 2 à 4 cadets de 62 à 80,

3° 1 à 2 anciens de 93 à 120 et au-dessus.

7ᵉ CLASSE DE 41 A 60 ANS.

A quarante et un ans même, ce sont des demi-gaulis, à 50 des gaulis et à 100 des futaies pleines; au-dessus ce sont de vieilles futaies. Dans cette classe de 41 à 60 ans, réserver toujours les volières de semis *pouvant se soutenir.*

Pour les autres réserves, les mêmes que pour la sixième classe, mais entièrement en bois durs, comme chêne, hêtre, orme, frêne, charme, érable; le tremble, le bouleau, même le merisier, le châtaignier, à cet âge, commencent à décroître et ne valent plus rien comme réserves.

Les portions de bois mises en réserve par le gouvernement, dans ses forêts et celles des communes qu'il administre, sont ordinairement dans cette classe. Les lois forestières le veulent ainsi ; c'est un usage meurtrier, attendu que les quarts de réserve sont fixés sur les meilleurs fonds, qu'ils ne s'exploitent que de quarante à quatre-vingts ans : plus ils sont âgés, moins bien ils repoussent. On peut en juger par cette comparaison : les cheveux coupés sur la tête d'un jeune enfant reviennent plus rapidement que sur celle d'un octogénaire.

Il est très-sage, sans doute, d'avoir des bois en réserve ; mais, une fois coupés, on devrait les rendre aux coupes ordinaires pour les régénérer. Recomposez alors votre quart de réserve des meilleurs taillis dans les coupes ordinaires ; par cette rotation de coupes, la précédente réserve sera exploitée plusieurs fois en taillis de 12, 15 et 20 ans ; alors elle aura le temps de se repeupler et de pouvoir être mise de nouveau en réserve ; dans cette position, il faut, de rigueur, les exploiter jeunes, couper même, s'il est nécessaire, la première renaissance de votre éternel quart de réserve, en taillis de 12 à 15 ans comme recepage ; au moins, par cette opération salutaire, vous le remettrez en bon état.

L'aménagement des quarts de réserve est du nombre de ces abus et vieux usages que l'intérêt particulier ne tolérerait pas, qui n'existent maintenant que dans les administrations de l'État, ou princières, et dont on fera bientôt justice, il faut l'espérer, d'autant mieux que les personnages, appelés comme députés ou ministres à concourir au gouvernement, ont des bois et s'en occupent eux-mêmes; tandis qu'autrefois un seigneur suzerain de trois ou quatre terres bornait ses jouissances à faire l'important de sa personne, et à recevoir, les fêtes et dimanches, l'eau bénite et l'encens de son curé.

Alors on construisait d'immenses châteaux, et pour cela on abattait hautes futaies et taillis. De nos jours, c'est le contraire : on démolit les grands châteaux pour planter des bois, avoir des revenus, et nécessairement par là se faire remarquer par la beauté de ses propriétés et leur bonne tenue.

Sous Louis **XVI**, même, les grands seigneurs regardaient comme au-dessous de leur dignité de s'occuper de leurs intérêts : la chasse, la table, le jeu et les spectacles prenaient tout leur temps; ils ne connaissaient de leurs terres et bois que l'argent que leur intendant ou le tabellion de village estimaient devoir leur faire toucher pour ne pas perdre leur sinécure.

Aujourd'hui on est bien plus attentif à ses intérêts; les anciens privilégiés ne peuvent plus se refaire sur les vilains, et ces derniers bâtir leur fortune si aisément aux dépens des gens de cour; on ne cherche plus maintenant à se distinguer que par des moyens qui heureusement tournent au profit de la société.

L'homme du XIXe siècle n'a d'éclat, ne jouit d'une considération distinguée et n'acquiert véritablement les hommages publics que par de grands talents, ou par l'importance de sa fortune et surtout par la bonne tenue de ses domaines.

Celui qui n'a pas de terres et de domaines à administrer, ni un mérite élevé pour se faire remarquer, travaille, devient industriel, fait des économies, et peut arriver à se faire considérer suivant qu'il est plus ou moins favorisé par les chances de la fortune. Il résulterait de cette lutte intéressée, nous le prédisons avec assurance de succès, que, si nous avions, comme les Anglais, un bon système de banque à la portée de toutes les classes, particulièrement de l'industriel, la France serait en peu d'années un vaste jardin dans le meilleur ordre, où les étrangers viendraient admirer la culture, le goût exquis qui nous distingue, et payer au poids de l'or la jouissance et les produits de tous les genres.

<h3 style="text-align:center">8e CLASSE DE 61 A 80 ANS.</h3>

A ces âges on ne doit aménager que des bois de bonne nature et d'une puissante végétation, à moins que ce ne soit comme agrément ou pour avoir de l'ombre.

Dans cette classe, c'est presque futaie ; alors il faut diminuer le nombre des réserves, attendu que le fonds est plus épuisé, et parce que les réserves, lorsqu'elles sont plus en société, meurent ou se couronnent presque toutes : il faut donc n'en prendre que pour faire graine, en ayant l'attention de les choisir de préférence sur les rives et chemins, et au plus

12 à 15 arbres de l'âge de la coupe,

4 à 5 d'un âge au-dessus;

Environ seize par arpent en chêne, orme et hêtre seulement.

9ᵉ CLASSE DE 101 A 120 ANS.

Les bois à ces âges sont en hautes futaies; il ne faudra y laisser de réserves qu'autant qu'on aura l'espérance qu'elles ne périront pas toutes, et que le fonds sera de nature à se régénérer de lui-même sans être replanté; 10 à 12 arbres par arpent, des plus vifs, choisis particulièrement sur les rives et chemins, peuvent suffire comme réserves hasardées.

Lorsqu'une futaie n'est pas susceptible de se réensemencer d'elle-même, il faut la faire exploiter ou la vendre à la condition expresse qu'elle sera entièrement arrachée, et de manière à pouvoir y labourer librement avec la charrue; alors on la remet en bois par semis ou plantations.

Si elle peut se réensemencer naturellement, ne pas ajouter au nombre des réserves ci-dessus indiquées; car rarement les vieux arbres de futaie, ainsi que nous l'avons déjà dit, se maintiennent en bonne séve et vigueur, comme lorsqu'ils étaient en famille, c'est-à-dire en pleine futaie et abrités par leurs voisins : pour les conserver, voir notre article sur l'*Élagage*, page 197.

10e ET DERNIÈRE CLASSE DE 121 A 200 ANS INCLUSIVEMENT.

Il est reconnu, par tous les forestiers, que les chênes, ormes et hêtres, placés en bon terrain, s'élèvent et grossissent jusqu'à 200 ans : au dessus de cet âge jusqu'à 250, ils font peu de chose; cependant leur croissance se continue même bien au-delà, et est plus marquée encore lorsqu'ils sont isolés et exposés à tous les engrais météoriques que lorsqu'ils sont pressés les uns contre les autres, comme dans les pleines futaies, où ils ne trouvent pas une nourriture aussi abondante et où ils sont privés d'air.

La réserve pour cet aménagement doit être comme pour le précédent, en supposant, toutefois, que le bois puisse se reproduire de lui-même, et que ces mêmes réserves pourront contribuer à son réensemencement naturel, en ayant soin toujours, nous le répétons, de les marquer de préférence alors sur les lisières et le long des chemins et des mares, pour leur donner plus d'air, plus d'espace, plus de nourriture et, par conséquent, plus de vie ; et, en outre, pour qu'elles ne puissent nuire, si plus tard on se déterminait à labourer la coupe pour la semer ou planter en bois.

SECTION II.

AMÉNAGEMENTS DES BOIS DE HÊTRE.

Si un bois, essence de hêtre, est mis en coupes réglées, de 100 à 200 ans, pour l'industrie, on suivra les règles indiquées pour les futaies ; si, au contraire, l'aménagement est en taillis, il faudra bien se garder de l'exploiter à tire et aire, c'est-à-dire à coupe blanche, sauf les réserves en baliveaux et anciens, enfin comme on exploite les taillis en chêne et autres bois des environs de Paris.

La souche de hêtre produit une fourmilière de lances et ne pivote point comme le chêne ; elle ne pousse pas, ainsi que l'a avancé M. de Buffon, de grosses racines dans la profondeur du terrain qu'elle occupe ; les racines de cet arbre sont quelquefois apparentes, il est vrai, mais courtes et garnies d'une grande quantité de chevelu : une couche peu épaisse de terre végétale qui lui convient lui suffit, sans la garantir, toutefois, d'être souvent abattue par les vents : comme il est mal appuyé, il se déracine facilement ; aussi il n'y a pas d'essence qui produise plus en chablis.

Par sa nature poreuse, et vivant à peu de profondeur du sol, elle craint le chaud et le froid, et ne prospère bien que dans les climats tempérés, sur les croupes de montagnes, et, en même temps qu'elle dispute l'empire des sommités aux arbres résineux, conifères, elle s'associe au chêne, sur les coteaux et dans les plaines du nord.

Or, pour tirer le plus avantageux parti du hêtre, comme pour le conserver et le propager, il faut l'exploiter au furetage, c'est-à-dire y faire des coupes de 7 à 10 ans, pour y prendre tout le bois de 24 à 30 ans, ayant, au moins, seize à dix-huit pouces de rotondité (48 à 55 centimètres), et dans les conditions et proportions suivantes :

Sur un ordinaire de sept ans, abattre le bois de trois âges, 21 ans ;

Sur un ordinaire de huit ans, abattre le bois de trois âges, 24 ans ;

Sur un ordinaire de neuf ans, abattre le bois de trois âges, 27 ans ;

Sur un ordinaire de dix ans, abattre le bois de trois âges, 30 ans.

Il résulte de ce mode, appelé furetage réglé, que le bûcheron, revenant, tous les 7, 8, 9 et 10 ans, dans la même coupe, y fait disparaître les lances de 21 à 30 ans, et que, dans celles qu'il laisse, une moitié aura de 7 à 10 ans et l'autre moitié de 14 à 20 ans, suivant l'aménagement.

Un ordre de furetage bien réglé est d'un grand produit. Nous connaissons cent vingt arpents en bonne qualité, aménagés à huit ans ou à raison de quinze arpents par an, situés dans les montagnes du Morvan (Nièvre), près d'un ruisseau, qui rendent net, annuellement, de trois à quatre mille francs, autant que même qualité et même quantité aux portes de la capitale.

Tout concourt donc à prouver qu'on n'a pas de meilleur mode d'exploitation, pour les taillis entièrement en hêtre, que le furetage sur les bases que nous venons d'indiquer.

A l'époque de la révolution, en 1792, et même avant, dans l'intention de supprimer l'usage abusif du jardinage que les communes faisaient dans leurs bois, et qui n'était alors qu'un furetage déréglé, on voulut soumettre au régime commun de l'ordonnance de 1669, à l'exemple d'une médecine pour toutes les maladies, les forêts de hêtres des Alpes, des Pyrénées, de l'Aveyron, des Vosges, du Jura et du Morvan, et qu'elles fussent exploitées à tire et aire, comme dans les autres bois de l'État, sans considérer que les bois de hêtre se trouvent généralement sur les montagnes, dans un terrain léger et sablonneux; que cette essence, n'ayant qu'un chevelu et peu de racines profondes, craint l'excessive chaleur et les gros froids, et, par conséquent, a besoin d'abri et d'une exploitation au furetage ou jardinage réglé.

L'administration fut aussitôt avertie, par les cris et l'expérience des voisins, que les bois de hêtre ainsi exploités ne repoussaient plus; elle méprisa ces sages avis d'abord, et fit tous ses efforts pour faire croire qu'il n'y avait qu'à Paris où la science forestière était véritablement connue et qu'en province on était esclave des vieilles routines.

Les conservateurs, inspecteurs, eurent ordre, sur l'avis du mauvais état des coupes de taillis de hêtre par tire et aire, de les faire entourer de treillages ou de haies sèches et ramilles, pour mieux assurer leur végétation. Soins inutiles : malgré la surveillance, presque toutes les souches périrent, et celles qui s'étaient comme échappées du naufrage ne donnèrent que quelques rejets faibles et languissants; tandis que les coupes du même temps, qui avaient été exploitées au furetage réglé, dans le voisinage de ces coupes, par des particuliers, étaient dans le plus bel état de végétation, et possédaient de jeunes pousses de taillis de la plus grande beauté, qui contrastaient de la manière la plus frappante avec les misérables produits des coupes à tire et aire, fruits de l'inexpérience des administrations forestières de 1794 à 1804, où l'abus cessa entièrement. L'administration générale des forêts, éclairée enfin par la force des choses, fut obligée de revenir, pour les bois de hêtre, aux usages locaux, mais après dix ans d'une exploitation meurtrière.

En administration publique, les abus se détruisent lentement et, souvent, lorsqu'il y a beaucoup de mal de fait. Les sentinelles placées pour veiller aux intérêts de l'État ne manquent pourtant ni de zèle, ni de bonne volonté; mais, soit défaut de connaissances de la part de nos agents forestiers, ou soit que ces agents se trouvent souvent enchaînés par une foule de règlements bureaucratiques nullement en harmonie avec la culture des bois, toujours est-il qu'il nous sera facile de faire connaître, et en peu de mots, que, présentement encore, les plus belles forêts de France sont horriblement aménagées.

Il faut distinguer un furetage d'un jardinage sans ordre, comme en agissaient nos ancêtres, à l'époque où les bois étaient sans valeur, puisqu'ils en permettaient l'accaparement aux seigneurs pour quelques faibles redevances ou réserves en pacages et bois mort.

A ces époques, les bois en France étaient presque tous en hautes futaies, et le bois mort était les cha-

blis du temps, qui valaient mieux alors pour les habitants des campagnes que le bois vert, dont leurs
héritages sont encore garnis au détriment de la culture
de leurs céréales; le bois mort suffisait à tous leurs
besoins, même au delà.

On avait eu grand tort, à l'administration générale
des forêts, de confondre le jardinage déréglé des communes avec un furetage réglé et en bon ordre ; c'est ce
qui égara l'administration et la fit tenir si longtemps,
malgré tous les conseils salutaires qui lui furent donnés, sur l'exploitation des bois de hêtre à tire et aire.

Les cultures, en général, diffèrent peu sous un climat tempéré comme la France ; cependant elles varient suivant la nature du terrain et l'influence du climat. On ne travaille pas la vigne dans la haute Bourgogne comme dans la basse, en Champagne comme en
Poitou ; un vigneron de Beaune, qui se fixerait dans
les environs de Paris pour y cultiver comme dans
le Beaunois, serait obligé bientôt de renoncer à sa culture primitive, parce qu'elle ne lui réussirait pas aussi
bien qu'au vigneron de Surênes, qui travaille pour
la quantité et non la qualité, qui ne fait de vin, au
surplus, que lorsqu'il a rassasié tous les ouvriers de la
capitale de son raisin à deux sous la livre.

Qu'on pardonne cette digression, qui n'est faite
que pour établir qu'en tous pays, en cherchant à
bien faire et à introduire des innovations utiles, il ne
faut pas mépriser ni trop s'écarter des usages locaux,
particulièrement en exploitation de bois.

SECTION III.

CONCLUSIONS SUR LES AMÉNAGEMENTS DE FUTAIES.

Avant de terminer nos réflexions sur les aménagements, nous devons dire un dernier mot sur les hautes futaies, qui, nous pouvons l'assurer, ne se trouvent plus aujourd'hui que dans les forêts de l'État, dans celles du roi et dans les contrées où le bois est sans valeur.

Pour se fixer sur un aménagement en futaie, soit pour le continuer, soit pour s'en faire un revenu en le réduisant en taillis, il faut d'abord résoudre la question de savoir si on a plus d'intérêt à aménager un bon fonds de bois en futaie qu'en taillis.

Elle ne peut être douteuse en la considérant sous le rapport intrinsèque de l'intérêt. On connaît trop aujourd'hui ce que rapportent 100 francs, en terres ou en rentes, pour croire, un instant, que les futaies se conservent en France; en outre, les fortunes deviennent trop mobiles de nos jours pour espérer longtemps des aménagements à 200 ans; s'il y en a encore, ce n'est, nous le répétons, que dans les bois de l'État, du roi et des communes, ou dans quelques parcs : toutefois il n'y en aura bientôt plus, parce que, en calculant l'intérêt de l'intérêt, les pleines futaies ne rapportent pas un 1/2 pour 0/0; enfin il est bien certain qu'on ne peut en tirer autant de profit que d'un taillis, même sans y comprendre le dépérissement presque entier du fonds après une coupe de 150 à 200 ans d'âge.

Il est, néanmoins, dans l'intérêt de l'État d'en conserver pour l'industrie publique, même comme monument; du train dont on y va, incessamment une pleine futaie sera une grande curiosité; bientôt on fera le voyage de Suisse ou de Corse pour en voir : c'est cependant le plus bel apanage des grandes fortunes.

En outre, elles assurent l'indépendance de notre marine, fournissent à tous nos besoins en bois : nous n'en sentirons véritablement le prix que lorsque nous n'en aurons plus et que nous serons obligés, à tous risques, d'aller en Amérique, sur les bords de la Baltique et de l'Adriatique, comme nous le faisons déjà, pour approvisionner nos chantiers maritimes de mâtures, gros bois, et nos vignobles de tonneaux.

Que d'industrie dans une futaie! que de bois divers dans un gros arbre! que d'étuis d'un sou, que de boîtes de ce prix dans un hêtre que l'acquéreur d'une coupe de la forêt de Villers-Cotterêts (18 lieues de Paris) aura vendu 600 francs à un industriel!

Ne pouvant compter sur les particuliers pour les hautes futaies, c'est donc à l'État, aux grandes sommités sociales que nous recommandons, dans l'intérêt public, la conservation de quelques aménagements de cette nature (*), toutefois dans une proportion raisonnée d'après les localités, les besoins de l'intérêt public et ceux du trésor. Nous ne nous dissimulons pas qu'il faut du patriotisme et de la générosité pour sacrifier ses intérêts à ceux de son pays, dans le siècle où nous vivons, où il n'y a de stable que l'instabilité, où chacun

(*) Avoir des futaies aujourd'hui comme pierre d'attente, de même que le riche Anglais conserve dans son salon, sans aucun intérêt, une bank-note de 2,500,000 francs.

ne pense qu'à soi. Nous ne nous flattons pas d'être écouté ; nous pensons, néanmoins, remplir un devoir envers la société en exposant nos vœux pour la conservation de quelques buissons de futaies, et, si cela est impossible, comme nous le craignons, nous recommanderons de multiplier et d'avoir grand soin de celles sur taillis, d'autant plus qu'en dix ans et même en moins de temps on peut toutes les détruire; et, pour les rétablir, il faudrait de 150 à 200 ans. Cependant on peut faire une futaie en moins de temps en la recommençant dans un taillis de 30 à 40 ans, ou, mieux encore, dans un gaulis de 50 à 60, ainsi qu'on va l'indiquer.

SECTION IV.

COMMENT ON SE FAIT UNE FUTAIE.

Les futaies, d'abord, ne devront s'établir que dans un bois riche de fonds, où il y a une large pâture à la végétation ; autrement, c'est bâtir sur le sable.

Il y a deux manières de se créer une pleine futaie.

La première est de laisser agir la nature : avec le temps les arbres les mieux venants prennent le dessus sur leurs voisins et les font périr; alors on recueille les blessés et les mourants, en les exploitant comme bois morts ou arrachés par les vents; c'est ce qu'on appelle *chablis*.

Un bois qui, à vingt ans, contient des milliers de pieds d'arbres ou brins, à soixante ans n'en a pas la dixième partie; à cent cinquante, on n'en compte plus que quelques centaines. Il en résulte que ceux qui sont restés peuvent vivre et grandir; mais ce sont de gros poissons, nous devons en prévenir, qui ne peuvent se nourrir qu'avec beaucoup d'eau. Ce mode peut tout au plus convenir à l'État et aux grands propriétaires, qui ne s'occupent pas spécialement de la gestion de leurs bois, et qui ne se font point de leur culture une jouissance.

La seconde manière de créer une futaie, et la plus avantageuse sans doute, c'est d'arriver à un aménagement en futaie pleine par des éclaircies périodiques, opération qui ne peut se faire avec sécurité et succès que sous l'œil du maître ou d'un agent instruit et fidèle; savoir : à 18, à 25 ans, nettoyer le bois de branches traînantes sur le sol, d'épines, ronces et autres arbustes parasites, espèces de vermine qu'il faut détruire; ensuite, de 40 à 50 ans, après avoir extirpé jusqu'à la dernière racine des essences vermineuses, commencer un second éclairci pour en extraire les bois blancs, trembles, bouleaux, ypréaux et marseaux; enfin, de 55 à 70 ans, faire une dernière éclaircie sur le charme, l'érable et autres bois d'une végétation lente et peu propres à être mis en industrie à un grand âge; ne laisser, en quelque sorte, à cette période, que du chêne, hêtre, orme et frêne : néanmoins on peut se ménager quelques charmes et érables pour le charronnage; en définitive, renouveler ainsi ces coupes par éclaircies, environ tous les 15 à 20 ans, avec précaution et discernement, pour n'abattre, toutefois, que les arbres qui pourraient nuire à la prospérité de la futaie et ménager ceux qui offrent plus de profit à conserver.

Ce second mode exige, il est vrai, beaucoup de soins et une grande surveillance sur le choix des arbres à faire abattre et leur vidange; rarement il peut être confié à des intendants ou régisseurs dont la probité ne serait pas éprouvée, qui, par négligence, ignorance ou autrement, en feraient couper plus ou moins de ce qui leur aurait été prescrit.

On peut encore moins livrer cette opération à la cupidité d'un marchand qui, par calcul, ne ferait rien pour empêcher la chute des arbres qu'on lui aurait vendus sur ceux réservés ; au contraire, il recommandera en secret à ses ouvriers de les mutiler pour les acquérir peu de jours après, ou proposera de les échanger contre quelques-uns de ceux qui lui appartiendraient et pourraient encore se conserver. Dans tous ces échanges et marchés le propriétaire est toujours dupé, et, de destruction en destruction, successivement arrive celle de la futaie qu'on voulait se créer.

Nous avons cru devoir nous étendre sur les avantages et les dangers de la création d'une futaie pleine, parce que c'est une opération importante qui, faite avec légèreté ou avec trop de confiance, peut entraîner à de grands inconvénients, que nous nous sommes attaché à signaler pour les prévenir.

En résumé, pour la création ou établissement des pleines futaies, sous le rapport pécuniaire et pour la qualité du bois, il faut, sans aucun doute, préférer celles sur taillis comme ayant plus de qualité et étant, en outre, d'un produit plus avantageux et nuisant moins au fonds ; cependant, quand pour agrément ou par une nécessité on doit se faire une futaie, il faut y procéder par éclaircies successives : c'est, nous ne saurions trop le proclamer, le meilleur mode et d'un succès certain quand l'exploitation est dirigée par un propriétaire intelligent et soigneux de ses intérêts, ou par des agents qui aiment et entendent la culture des bois. Cependant il ne faudra pas confondre la création d'une futaie par éclaircies avec l'exploitation d'une futaie par coupes sombres ou éclaircies successives, que nous considérons comme peu convenable aux forêts de France, notamment dans les terrains arides et les contrées méridionales. En conséquence, il faut se garder de se passionner pour l'école allemande qui, dit-on, ne procède à ses exploitations de bois qu'en formant des futaies pleines par des coupes sombres, successives, combinées et ménagées de manière à se réensemencer naturellement. Nos dépenses journalières, nos usages domestiques, l'intérêt de nos usines et le dépérissement patent de nos plus belles forêts s'opposent à ce que ce mode puisse avec succès s'introduire en France. Qu'on fasse donc attention que le sol septentrional de l'Allemagne, ayant seulement 2000 habitants par lieue carrée de bois, tandis qu'en France 12,000 habitants n'ont que cette quantité, est bien plus favorable aux grands végétaux, et qu'on peut y faire impunément ce qui, chez nous, achèverait la ruine du restant de nos bois. Et qui ne sait, enfin aujourd'hui, qu'il ne faut pas être exclusif en agronomie, attendu que chaque sol de bois exige en quelque sorte des cultures et aménagements différents. S'imaginer, par exemple, qu'au moyen d'éclaircies sagement entendues on obtiendra des futaies pleines au bois de Boulogne, même au parc de Vincennes, est une illusion complète qui ne peut certainement pas entrer dans la tête du plus simple garde.

Toutefois, pour arriver à ce but, il faudrait premièrement commencer par changer tout à fait le sol en y envoyant, et pendant plusieurs siècles, tous les fumiers, gravois de décharge et boues de Paris; autrement on s'exposera à de fâcheux mécomptes, qui ne tarderaient pas à se faire connaître.

Un jeune taillis fraîchement nettoyé est fort joli, il est vrai, et se prête à favoriser de trompeuses espérances; mais, après deux ou trois éclaircies, les superficies d'un terrain aride et sans profondeur se couronneront ou tomberont en paralysie; le fonds, en outre, sera anéanti et, calcul fait du produit des coupes, elles n'auront pas rendu un demi pour cent par an à la liste civile. (Voir notre article sur le produit d'une futaie de 200 ans, p. 18.)

CHAPITRE VII.

MARTELAGES.

Avant d'entrer dans le détail du martelage des bois, nous croyons devoir prévenir encore les propriétaires que, pour atteindre le plus de perfection possible dans l'exploitation et en même temps dans l'amélioration du fonds, ils doivent eux-mêmes faire couper leurs bois, ainsi que le font presque tous les propriétaires du haut Morvan. (Voir ce que nous en disons à l'article *Aménagements*, page 208.) Un marchand à qui l'on vend une coupe à un très-haut prix, et quelquefois, à cause de la concurrence, au-dessus de sa valeur réelle, promène indistinctement sa hache destructive et cherche à rétablir ses intérêts dans tout ce qui est à sa disposition. Le garde, nous ne saurions trop le répéter, n'est pas toujours à l'abri de toute séduction, de petits cadeaux et de certaines prévenances; et ce sont les réserves et le fonds du bois qui en souffrent d'autant plus que le marchand n'a aucun intérêt à la régénération de la coupe à venir. Nous conseillons donc l'exploitation par des gardes régisseurs (à 50 fr. par mois), qui exploiteront et vendront les produits de chaque coupe.

Lorsque les marchandises seront casées avec ordre sur les routes ou chemins, on en fera l'inventaire avec le propriétaire, et, en son absence, avec le notaire, ou bien même avec le curé du village ou le maire, ainsi que nous l'avons conseillé, et dont on reconnaîtrait les soins par un cadeau en bois ou par d'autres services de bon voisinage. On pourra alors être tranquille ; ce sera pour le garde exploitant un dépôt de fonds dont il aura à rendre compte, comme un caissier est responsable des deniers qui lui sont confiés. Nous avons cru devoir nous répéter sur l'avantage de couper les bois par ses mains et entrer préalablement dans les détails ci-dessus, pour mieux faire comprendre l'importance du choix des réserves, particulièrement en jeunes brins de semis appelés *volières*.

Dès qu'un bois est destiné à être coupé, il faut se hâter d'en marquer les réserves, surtout en baliveaux, c'est-à-dire en brins de l'âge du bois. Dans les contrées où l'on n'abat la vieille écorce qu'après le taillis, il convient de ne s'occuper du martelage des anciennes réserves qu'après l'abatage du jeune bois, afin d'être plus à même de choisir les plus beaux arbres; mais, selon nous, il y a plus d'avantage à marquer tout à la fois, pour ne faire qu'une seule et même coupe.

Un propriétaire qui exploite ses bois par lui-même peut faire ses réserves journellement et au fur et à mesure que le bûcheron s'avance et nettoie le bois de ce qu'on appelle *les dessous;* néanmoins un martelage provisoire, à l'ocre rouge délayée dans l'huile, ainsi que l'indique Buffon, dans son ouvrage des *Expériences sur les végétaux*, t. X, p. 209, serait une bonne précaution pour sauver de la rapacité ou de la négligence du bûcheron les plus belles lances des taillis; car il arrive parfois qu'il les coupe par cupidité ou parce qu'elles gênent ses travaux. Ce mode de martelage à l'ocre très en usage maintenant est on ne peut plus commode et profitable au propriétaire qui exploite par ses mains, parcequ'il ne fait pas plaie sur les arbres et qu'il est suffisant pour désigner ses réserves et les faire respecter.

Le martelage à la hache avec empreinte n'est pas sans inconvénient, lorsqu'un coup de marteau est donné sans précaution et à la hâte, comme cela arrive presque toujours, notamment quand le marchand de bois alimente le zèle des marteleurs par quelques bouteilles de vin largement versé, pour lui choisir les plus minces réserves : alors ceux-ci se servent lourdement du marteau, qui souvent s'introduit, même sans mauvaise intention, au delà du premier épiderme de l'arbre, surtout dans une jeune lance, et y forme presque toujours un cautère ou abreuvoir que l'écorce, il est vrai, recouvre en peu d'années, mais qui fait plaie cependant, et, après un siècle et plus de végétation, on est surpris de trouver, en équarrissant l'arbre, une carie de 6 ou 8 pieds à partir de son tronc. En un mot, dans sa plus belle partie : on est alors forcé de le mettre au rebut, parce qu'il est impropre à être livré à la marine ou à tout autre service qui exige des bois sains. Nous conviendrons que, lorsque les bois doivent être vendus en superficie et livrés à un exploitant, il faut, de nécessité, frapper les réserves du marteau du propriétaire, pour en empêcher la disparition. Mais, dans ce cas, on emploie à cet usage un marteau ayant le moins de lettres ou armoiries possible. En quinze lignes carrées, même un pouce, on aura une empreinte facile à reconnaître au récolement. On a vu, lorsqu'on faisait abattre des arbres de 100 ans et plus, au premier ou deuxième coup de cognée mettre à jour des empreintes en croix de Malte ou autres, de 9 lignes seulement, aussi fraîches et visibles que si elles avaient été frappées de la veille, et c'est ce qui nous est arrivé à nous-même, en 1834, sur la propriété de Hautefeuille (Yonne), appartenant à M. le premier président Séguier.

Après avoir donné la préférence à une empreinte simple et peu compliquée, nous dirons encore qu'il est convenable de la renfermer plutôt dans un rond que dans un ovale ou dans un carré.

Pour l'essence et la quantité des réserves, se régler d'après les âges, la nature du sol, le besoin plus ou moins grand de garnir les coupes, afin de les régénérer par les réensemencements naturels. Les qualités recherchées dans les localités doivent aussi servir de guide, pourvu qu'elles ne puissent nuire à la reproduction des taillis. Enfin dans un martelage bien entendu on doit donner toujours la préférence aux brins de semence, qui sont généralement mieux venants et plus durables que les rejets.

Tout propriétaire soigneux de ses bois marquera *de toutes espèces*, et non pas exclusivement en chêne, comme cela se fait ordinairement, au mépris des premiers principes de la culture forestière. Le bois blanc, par exemple, n'empêche pas un chêne de bien venir, parce que, comme nous l'avons dit, le bois blanc ne vit qu'à la superficie de la terre. D'un autre côté, les bois blancs sont importants comme garniture; ils poussent plus rapidement que les bois durs, les abritent, entretiennent près d'eux la fraîcheur et les humectent, en quelque sorte, de la rosée dont leurs larges feuilles se couvrent en plus grande quantité, et par là activent leur végétation ; enfin ils protégent les réensemencements naturels. Il n'y a pas, en définitive, une essence, quelle qu'elle soit, qui n'ait une qualité réelle. On doit donc veiller spécialement à ce que les réserves soient espacées largement et avec intelligence. C'est en cette considération, notamment, qu'il faut réserver de tous bois, même l'érable et le buis, quand ils sont placés où il faut un baliveau. Cependant il convient de s'attacher aussi à fixer les réserves sur les avantages qu'on en pourra retirer ; multiplier et préférer celles qui, sans nuire à la régénération de leur essence, seraient d'un débit facile et plus lucratif, mais toujours en soignant *l'espacement* avec la plus grande attention, et comme première condition d'une bonne culture forestière.

Les Allemands, qui sont, en général, fort soigneux dans ce qu'ils font, lorsqu'ils désirent avoir des arbres *courbes*, propres à la marine, à des bois d'escalier, à tout autre emploi industriel qui exige des courbures ou fourches, dressent les jeunes brins de taillis avec des fils de fer bridés par des pieux et crochets en bois fichés en terre, ainsi que par des madriers et des coins placés en différents sens entre la tige et les branches : de cette façon ils donnent aux arbres les différentes fourches et courbes qu'ils désirent, et ces arbres sont réservés et martelés à chaque coupe avec la plus scrupuleuse attention, jusqu'à ce qu'ils aient atteint l'âge fixé pour l'usage auquel ils sont destinés. Quand le fil de fer est corrodé et se brise à la moindre attaque, la courbure est formée.

CHAPITRE VIII.

SECTION PREMIÈRE.

La sève est ascendante ou stationnaire, et l'on a, pour les bois, deux sèves bien marquées. La première est celle du printemps; la deuxième est appelée la séve d'août. C'est à la fin de cette dernière qu'il est urgent de mettre de suite la cognée dans les bois, aux premiers jours d'octobre, pour être en pleine exploitation du 15 au 20 du même mois, afin de profiter des derniers beaux jours de l'année et mettre la coupe en bon train pour que les souches puissent se hâler et s'aguerrir contre les grands froids. On doit donc, en cette intention, terminer les abatages avant le 15 janvier, sauf à façonner plus tard. A cette époque, cependant, il arrive que, dans quelques contrées et surtout dans les forêts de l'État, de la liste civile surtout, où les ventes se font tardivement, on n'a pas songé encore à s'assurer des ouvriers pour ces opérations; le temps devient alors plus rigoureux, et on remet l'entrée en coupe à la fin de février ou aux premiers jours de mars, qui souvent sont plus funestes aux bois que le mois de janvier.

Si l'hiver se prolonge, comme cela n'arrive que trop, jusqu'à la mi-avril, on fait des efforts pour couper le bois. Il en résulte que la coupe se fait mal et au détriment du fonds ; on est quelquefois forcé d'opérer des abatages à la journée jusqu'en mai, lorsque la séve est dans son plus grand mouvement d'ascension. Quand il en est ainsi, toute l'exploitation est régie avec la précipitation et l'impatience de jouir, et il en résulte autant de préjudice pour l'exploitant que pour le propriétaire.

La séve se perd sans profiter au marchand ; le taillis qui vient ensuite est faible, et quand la coupe se fait trop tard, que les produits et le fonds du bois n'ont pas le temps de se hâler un peu, les voituriers n'y abondent pas et la vidange en est quelquefois remise à l'année suivante. Alors le taillis est très-dommageable, et tout est perte pour les deux parties. Le fond en souffre cruellement ; le bois perd son écorce (environ un cinquième en quantité), plus sa qualité, et la jouissance en est reculée d'un an. Que de chances fâcheuses on peut prévenir avec un peu de prévoyance! En conséquence, nous répéterons et recommanderons toujours à un propriétaire de porter plus de soin à la première pousse de ses bois qu'un jardinier n'en met comparativement à une planche d'épinards ou d'oignons, parce que ce dernier peut labourer de nouveau son terrain, si son semis n'a pas réussi, ou s'il a été détruit par les volatiles ; il peut, quinze jours après, avoir tout réparé ; tandis que dans un bois mal exploité, brouté par les bestiaux ou écrasé par les voitures, on n'a souvent rien de mieux à faire que de le receper en entier, eût-il deux ans.

Quand la première pousse d'un taillis est brisée par l'exploitation, il se forme ordinairement sur les jeunes brins des calus d'où la séve s'écoule, ce qui les empêche de s'élancer : alors leur végétation est divergente; il en résulte qu'ils restent dans un état de langueur jusqu'à leur coupe et se ressentent, pendant vingt ou trente ans, du peu de soin que d'abord on a pris d'eux : aussi nous mettrons au premier rang des devoirs forestiers les soins à donner *à la première feuille d'un bois.*

D'après ces diverses considérations, le mieux donc serait de commencer de bonne heure ses coupes, pour finir de même, et suivre, pour l'exploitation des bois, la maxime proverbiale du banquier Samuel Bernard, qui, interrogé par Louis XIV sur la cause de son immense fortune, répondit à ce prince que c'était parce qu'il n'avait pas remis au lendemain ce qu'il pouvait faire la veille.

Un taillis coupé du 15 octobre au 15 janvier, vidé en mars et même au 1er mai, dont les produits auront été transportés sur les chemins du bois ou sur les routes des triages, à trois ans aura la mine d'un taillis de cinq à six ans, et à sa coupe donnera le double ou un tiers au moins de plus en marchandise qu'un autre dont l'exploitation aura été retardée jusqu'en juin, et dont la vidange n'aura pu s'opérer que sur la fin de l'année ou l'année suivante.

Une exploitation qui se prolonge d'avril à juin est meurtrière, surtout dans les forêts basses où les eaux séjournent. La première séve, qui est la plus abondante, la plus profitable au fonds, se trouve perdue : c'est le lait qui manque au nourrisson; ce qu'il y a de fâcheux, en outre, c'est que la séve s'infiltre en pure perte dans le bois exploité, se gâte et après l'abatage se répand sur son tronc ; souvent trop expansive, elle le fait périr.

L'action de la séve se reconnaît facilement à la couleur du bois exploité. Un forestier du plus bas étage peut, à la couleur du bois, quand il est scié ou équarri, suivant la teinte de ses extrémités, fixer le mois où il a été abattu, et apprécier les mouvements de la séve. Quiconque voudra se donner la peine d'en faire l'expérience une seule fois en saura plus, à cet égard, que la plupart des marchands de bois après cinquante ans d'exercice. Une bûche de moulée, dont la lance aura été abattue du 1er octobre au 1er janvier, sera d'un gris blanc à ses extrémités et au cœur.

Du 1er janvier au 1er février, sa couleur aura déjà éprouvé un léger changement.

Du 1er février au 1er mars, elle en aura éprouvé un autre plus marqué encore.

Du 1er mars au 1er avril, elle deviendra un peu rousse; en avril et mai, elle sera rose ; en mai et juin, elle sera d'un rouge noir.

Ces différentes teintes, variables suivant les approches du printemps et le sol, indiqueront suffisamment les progrès de la séve.

Du 1ᵉʳ octobre au 1ᵉʳ janvier, la séve est sans mouvement, reléguée entièrement aux racines de l'arbre et à ses extrémités ; le bourgeon ne recevant plus son action de la terre ni de l'atmosphère par ses feuilles, elle est stationnaire, et le bois alors est dans toute sa maturité.

Du 1ᵉʳ janvier au 15 avril, le bourgeon est déjà plus prononcé et a changé de couleur, même sur le chêne ; à mesure que les jours croissent, la séve est ascendante, même quand les grands froids semblaient la refouler à sa base : elle est dès lors toujours en action, suivant qu'il fait plus ou moins froid, se portant insensiblement aux extrémités, et se fait voir dans une seule nuit par le développement des feuilles.

Dès le 15 janvier, quelquefois, les abeilles trouvent pâture sur les marseaux et autres bois tendres ; même dans le nord de la France les amandiers souvent sont en fleurs à cette époque. .

Si nous sommes entré dans ces détails de l'action de la végétation sur les bois, c'est afin de faire mieux sentir et apprécier la nécessité et l'avantage d'en faire les coupes aux époques que nous avons indiquées.

Un bois coupé du 1ᵉʳ octobre au 1ᵉʳ janvier, dans les contrées du nord de la France, et un peu plus tard dans les provinces méridionales, enfin quand la séve est sans action, aura toute la qualité qui lui est propre. Les bois se gâtent, au contraire, quand on les abat au moment où ils sont en végétation.

Faites du cercle avec du *pelard* (bois de chêne décorcé), il sera vermoulu au bout de quelques mois, si on ne prend la précaution de le mettre tremper dans l'eau au moins quinze jours, pour acquérir une nouvelle séve en remplacement de celle que l'écorce et le soleil de mai lui ont enlevée : avec cette précaution il aura presque la qualité de celui coupé en hiver.

Les accidents qui arrivent aux bois exploités sont occasionnés , *toujours par la séve ,* nous ne saurions trop le dire, et nous nous estimerions heureux de pouvoir détruire les vieux préjugés qni existent sur l'exploitation des bois, notamment dans l'esprit de ceux qui attribuent toutes les maladies des bois aux influences lunaires, préjugés funestes très-nuisibles aux exploitations forestières.

Nous croyons utile de ne pas terminer le chapitre ci-dessus, sans rapporter ce que M. A. Parade, sous-inspecteur de l'école forestière, a consigné dans son cours élémentaire de culture des bois, sur la formation et la position des coupes d'une forêt, p. 152, art. 355. Suit son exposé :

« Dans une forêt ou série d'exploitation, les cou-
« pes doivent être assises de manière que celles qui
« sont à exploiter au commencement de la révolu-
« tion se trouvent placées du côté du nord ou de
« l'est et les dernières du côté du sud ou de l'ouest.

« Ce sont les vents soufflants de ces deux dernières
« directions qui, en général, exercent le plus de
« dégâts dans les forêts, parce que, étant ordinai-
« rement accompagnés de pluies et très-souvent d'o-

« rages , ils détrempent la terre et déracinent ainsi
« plus facilement les arbres.

« Les vents du nord et de l'est, au contraire, ou-
« tre qu'ils sont ordinairement moins violents,
« amènent presque toujours la gelée ou la sécheresse,
« et, dans ce cas, les racines offrent plus de résis-
« tance. »

Nous sommes tout à fait d'un avis contraire, et
précisément par les motifs que M. A. Parade invoque.
Voici nos raisons : le lecteur jugera.

Les pépiniéristes , les vignerons et les jardiniers
particulièrement, pour hâter la venue de leurs arbres, fruits ou légumes, ou pour leur donner plus
de qualité, recherchent toujours l'abri du nord
et de l'est, et par conséquent les placent préférablement aux expositions du sud et de l'ouest.
Éclairé par cette expérience de tous les pays et appréciant l'utilité de mettre à couvert des vents gré-
sileux du nord et de l'est surtout, si redoutés de
tous les cultivateurs, les jeunes pousses d'un taillis,
nous croyons fermement qu'il est d'une bonne administration forestière de commencer les coupes d'une
première révolution au midi pour les bois humides
et en plaine, à l'ouest pour ceux sur les coteaux,
afin que les parties restant successivement à exploiter fassent toujours rideau à la précédente coupe,
pour protéger ses renaissances, ainsi que les bûcherons dans leurs travaux.

Les vents chauds et qui dessèchent les marais, loin
de détruire les taillis, les fécondent, et en échauf-
fant le sol chassent l'humidité, les brouillards et

tout ce qui peut leur nuire , et enfin par leur bienfaisante influence contribuant puissamment à leur végétation.

Les bois, en général, ne poussent jamais mieux que par un été orageux, contrairement à l'opinion émise par l'école forestière. Il y a toujours assez de fraîcheur dans les bois ; cela est si vrai, que, lorsque tout est mourant dans la plaine , et quand les coteaux grillent par une excessive chaleur, les forêts n'en sont que plus vivaces et plus verdoyantes.

L'exposition du nord est favorable aux bois, nous en conviendrons, mais c'est quand ils sont grands, qu'ils font ombrage et n'ont plus besoin d'abri, particulièrement dans les terrains brûlants et légers, et, en outre, attendu que la végétation étant plus lente à cet aspect , ils sont souvent préservés des gelées de printemps. Mais une superficie de bois en plaine ou en coteau même , abritée et couverte d'un rideau de grand bois, en un mot par la coupe qui lui tient, n'est pas, pour cela, privée des avantages des vents du nord ; l'air circule suffisamment à travers nos bois bons à couper, pour que l'influence boréale lui soit aussi propice que s'il était entièrement à découvert.

SECTION II.

MODE DE COUPE.

Les pins, et, en général, tous les arbres résineux et à feuilles persistantes qui ne se reproduisent pas par leurs souches, ne se coupent point ; ils doivent être arrachés : de même les vieux arbres de 80 ans et au-dessus, à feuilles caduques, qui, jeunes, se reproduisent sur souches ou par drageons, mais dès cet âge ils périssent presque tous, à moins de chercher à les ressusciter en couvrant leurs souches d'un lit de terre de 3 à 6 pouces (9 à 18 centimètres environ) d'épaisseur, placée immédiatement après l'amputation de l'arbre.

Les taillis et arbres au-dessous de 80 ans doivent être abattus, savoir :

1° Sur les terrains montagneux, sablonneux et arides, le plus profondément possible, enfin jusqu'à la racine.

2° Sur les terrains sains et sans eaux, quoiqu'en plaine, rez terre.

3° Dans les vallées et bois froids ou marécageux, qui gèlent facilement, ménager les souches et avoir soin de ne couper que celles qui dépérissent; il faut même en faire de nouvelles en tenant les taillis à une hauteur de coupe assez élevée, afin qu'ils aient moins à redouter des influences de l'humidité et de la gelée, de 2 à 3 pouces (6 à 9 centi.) hors de terre; d'autant mieux que c'est toujours sur les souches qu'on trouve les plus belles lances de bois. Quant au châtaignier, il doit, par exception, être toujours coupé au-dessus de sa couronne, ou précédente coupe; faute de quoi, la souche périra ou poussera de chétifs rameaux.

Dans un jardin, il arrivera qu'un légume tendre, comme, par exemple, le haricot, sera gelé en pleine terre, tandis que celui qui aura été placé dans un pot et élevé de quelques pouces seulement au-dessus du sol n'aura éprouvé aucune atteinte.

Les propriétaires doivent porter toute leur attention à la coupe de leur bois et recommander particulièrement à leurs gardes de tenir la main à ce que l'ouvrier se serve d'un bon outil bien tranchant ; il faut
surtout que la cognée soit franche et bien aiguisée,
que toutes les lances, même les plus grosses, soient
proprement coupées, que l'entaille soit bien prise, nette
et au nord, tournant le dos à l'ouest, avec une légère
inclinaison pour que l'eau ne séjourne pas sur le
cœur de la souche. La coupe en pot, qui se fait par
deux entailles diamétralement opposées, est fort avantageuse au marchand exploitant, en ce qu'elle s'étend
jusque sur les racines de l'arbre et en prend tout le
tronc, qui au cordage procure un bénéfice de 15 pour
100 au moins ; mais ce mode est funeste aux fonds
froids, notamment parce qu'il fait un trou où l'eau
séjourne ; un garde jaloux de ses devoirs doit donc
s'attacher à réprimer ce mode meurtrier, qui pourrit
en peu de temps ce qui reste de racines.

Convient-il de consulter le vent pour abattre le bois?

Les bûcherons ont des préjugés sur les vents comme
sur les influences de la lune ; encore une erreur à
détruire.

Nous ne reconnaissons d'autre vent favorable pour
la coupe que le beau temps ; il est vrai que, lorsqu'il
fait grand vent, il y a danger et perte à abattre les
gros arbres, parce qu'en tombant trop rapidement ils
peuvent écraser les ouvriers employés à ce travail,
et ensuite quand on ne peut maîtriser ou diriger la
chute des arbres même avec des cordages, ils s'écla-

tent ou se brisent, et quelquefois causent un grand dommage à leurs voisins. Faut-il couper les vieux chênes en pivot ou à cul noir, c'est-à-dire avec 12 à 15 pouces de la racine, ou les arracher?

Pour les vieux arbres de 80 ans et au-dessus, nous le répétons, le mieux est de les déraciner entièrement, même dans le pays où le bois a peu de valeur; car, passé cet âge, il en repousse très-peu, excepté dans des années pluvieuses ou dans les endroits frais et riches de fonds où des chênes, même de 200 ans, produisent des cépées entre l'écorce et l'arbre parfois très-vivaces; mais cela est assez rare. On a d'autant plus d'intérêt à arracher les anciennes réserves, que le tronc et les racines d'un vieux arbre tiennent un grand espace de terrain, et qu'une vieille souche, jusqu'à ce qu'elle soit en pourriture, est un poison mortel pour les jeunes plants qui sont dans son voisinage; enfin il y a un avantage réel dans l'arrachage d'un gros arbre, parce que cela remue beaucoup de terre et dispose la place à recevoir les semences forestières.

On peut essayer de conserver les vieilles souches, ainsi que nous venons de le dire, en les couvrant au moins de 3 à 6 pouces (9 à 18 centi.) de terre, immédiatement après la coupe s'il est possible; dans tous les cas, il faut éviter que le soleil ne les dessèche trop.

M. de Perthuis, p. 37, annonce avoir fait cet essai sur 97 souches de 40 à 100 ans et en avoir conservé 94; cette opération, ayant été faite par un homme, en un jour et demi, peut revenir tout au plus à 3 f. le cent;

d'autant que ce grand forestier ajoute qu'il l'a continuée dans ses coupes et toujours avec succès : nous proposons donc de l'adopter pour les souches de 40 à 80 ans et d'arracher sans distinction tout ce qui serait au-dessus de ce dernier âge.

Le plus gros chêne peut être extirpé pour 6 fr., et on recueillera, au moins, 12 fr. en racines et bois d'industrie; car c'est là où le bois est le plus précieux et cube le plus.

Un chêne de 5 à 6 f. d'arrachage portera, au moins, 20 à 24 pouces (60 à 72 centi.) d'équarrissage; il gagnera sur l'entaille seulement, telle bien faite qu'elle soit, plus d'une solive de bois de service; il y a donc tout à gagner et rien à perdre.

On charge ordinairement chaque bûcheron, en suivant son atelier, d'arracher les vieux arbres et de les façonner avec ses autres bois, de remettre la terre de fouille en bon ordre et de planter dessus 6 à 12 jeunes plants dont 2/3 bois dur, 1/3 bois blanc, suivant l'importance du vide, et souvent il y en a beaucoup. Le bûcheron compte assez souvent pour rien ou peu de chose une semblable plantation, et il en charge presque toujours sa femme ou ses enfants, qui la font à temps perdu.

Faut-il couper pendant les grandes gelées?

Nous ne saurions trop recommander d'arrêter la coupe d'un bois quand le bûcheron éprouve, dans les grandes gelées, de la difficulté à faire entrer sa cognée, enfin quand l'écorce résiste et en fait rebrousser le tranchant sans l'entailler.

Dans cette position, l'ouvrier se sert plus de la tête que du tranchant de sa cognée, qu'il cherche à ménager; alors, poussé par le besoin de gagner, il écuisse et arrache l'arbre sur la racine et fait grand tort au fonds. En outre, quand il fait froid à ce point, les bûcherons brûlent autant de bois qu'ils en exploitent; or il ne faut donc point hésiter, dans ce cas, à arrêter l'exploitation ; c'est d'ailleurs le moment de débarder les marchandises façonnées sur les chemins, routes, chaussées, même sur les places à fourneaux, si on ne peut mieux faire. L'aune ou verne est une exception : comme cet arbre se trouve sur les bords des rivières ou dans des marais, on ne peut souvent le couper que lorsque la glace en permet l'abord; d'autant que l'exploitation de l'aune peut toujours se continuer, même par les plus grands froids, sans danger et même plus facilement, cette essence étant alcaline et ne gelant pas.

On pourra, d'après ces indications, nous le pensons, prescrire avec toute sécurité ses conditions sur le mode de coupe, soit à son garde, soit à son marchand de bois.

SECTION III.

PLACEMENT DES OUVRIERS.

La coupe d'un bois se fait ordinairement dans la saison froide et pluvieuse ; alors, pour mettre le bûcheron à couvert, autant que possible, de la pluie et de la neige, et aussi pour lui faciliter le moyen de prendre tranquillement ses repas, il faut d'abord placer les ouvriers en ligne sur un seul rang et dans la partie de la coupe le plus au midi, afin de leur ménager un abri et de leur faire comme un paravent des parties au nord contre le froid, et de celles à l'ouest contre la pluie.

On divisera les ateliers, suivant le nombre et la force de chacun, en les obligeant à tenir leur rang et à conduire proprement leur besogne ; les travaillants ainsi rangés de file, on sera plus à même de les surveiller et de les diriger.

SECTION IV.

COUPE DES ÉPINES, JONCS MARINS, BRUYÈRES, BOIS TRAINANTS ET RABOUGRIS.

Un ouvrier soigneux de son travail doit, avant de s'occuper de l'abatage du taillis : 1° receper tout ce qui peut le gêner ; 2° mettre en charbonnage tout ce qui est propre à ce produit ; 3° façonner en rouettes ou harts bien filées les jeunes branches pour lier divers produits de l'exploitation, les blés lors des moissons, ou pour le flottage des bois en trains ; 4° fagoter à mesure qu'on avance, et sans remise, les épines, joncs marins, bois traînants, rabougris, ronces et bruyères, afin que l'atelier soit toujours propre pour donner plus de facilité dans l'abatage et l'arrangement des grands bois.

Dans l'intérêt du fonds, il serait mieux de faire arracher les épines, joncs marins, ronces, genêts et bruyères, pour les empêcher de repousser. Sur les exploitations bien ordonnées, chaque bûcheron est chargé d'arra-

cher toutes les épines et plantes parasites de son atelier à la mi-mai, lorsqu'un taillis est en grande séve,
pour être plus certain de leur destruction ; et, à cet
effet, on leur abandonne, comme indemnité, les racines, tout le produit même en certaines localités.
Voici comment se fait cette extirpation.

En coupant le taillis on abat tous les arbustes et
plantes nuisibles au fonds à 8 pouces 24 c. hors de
terre ; c'est un point d'appui qu'on se ménage, afin d'en
faciliter l'arrachement. Pour mieux assurer encore
cette opération salutaire, il est d'usage de retenir au
bûcheron 5 à 6 f., qu'on ne lui paye que lorsqu'elle est
entièrement faite.

Il y a un second moyen de détruire la bruyère,
cette gale des bois, c'est d'y mettre le feu, surtout
après une exploitation en futaie ; et un troisième
moyen consiste, enfin, à la faire arracher, couper et
fagoter, ensuite distribuer par tas de 25 à 30 bourrées qu'on laisse consumer sur place ; toutefois on ne
peut entreprendre utilement ce dernier moyen que
dans un bois de 15 ans au moins, c'est-à-dire sous
taillis, et 5 ou 6 ans avant sa coupe, pour la faire
pourrir sous l'ombrage et par la fraicheur de la terre.
Les épines et les joncs marins pouvant servir de bordures et de défense, on les conserve dans beaucoup
de localités.

Le recepage des bruyères et joncs marins, dont on
veut détruire l'essence dans un bois en les laissant
sur feuille pour en étouffer les racines et y former
engrais, est souvent un argent bien placé, attendu que

cette opération peut coûter au plus 6 fr. l'arpent, en supposant un produit de 400 fagots à 1 fr. 50 c., leur valeur dans beaucoup de pays n'excédant pas 3 fr. le cent; ce serait 12 fr. par arpent qu'on sacrifierait en les brûlant ou laissant pourrir sur place, mais on améliorerait le fonds du bois de plus du double de cette somme, et en outre on serait bien dédommagé de ce sacrifice par l'humus que cette quantité de fagots y répandrait, et, encore mieux, par le bien que la destruction de cette vermine ou gale forestière ferait à un taillis de 15 à 20 ans en le facilitant dans sa végétation. On peut aussi chasser la bruyère en semant et plantant du tremble, bouleau, et les arbres verts les plus forestiers, comme le pin sylvestre et le maritime, qui finissent par dévorer toutes les autres essences, particulièrement dans les terrains légers et sablonneux.

SECTION V.

DES CONDITIONS A FAIRE AVEC LES BUCHERONS, POUR LES PRIX, MESURE, MODE DE COUPE ET EMPORT DE BOIS.

Les prix pour l'exploitation des bois varient suivant les localités et les mesures, ils sont, en général, peu élevés; rarement un ouvrier de bois gagne plus d'un franc à 1 franc 25 centimes par jour, mais il se dédommage par le fagot qu'il emporte chaque soir, ou qu'il entasse dans son atelier.

On trouvera, à la description des divers produits des ventes, ce que chaque espèce de marchandise peut coûter de façon d'après les mesures de localités.

Quant à l'emport du bois par les bûcherons comme accessoire de leur travail, c'est un grand abus qu'il faut détruire, et auquel on ne doit consentir qu'autant que, sans cette fâcheuse concession, on ne puisse pas trouver d'ouvriers.

Il faut donc exprimer dans les marchés de coupes :

1° Que le bûcheron n'aura aucun bois, pas même une fourche ou bâton, ni le bois mort ;

2° Que tous les bois défectueux et en rebut sont réservés sans aucune exception ;

3° Que les souches ou souchons, recoupes, bouts, copeaux, rognures d'entailles ou autres résidus, seront cordés et appartiendront en totalité au propriétaire de l'exploitation.

On doit payer le double de façon, s'il le faut, plutôt que de donner en sur-prix *la moindre bûchette* ; sous le prétexte d'une fourche comme bâton, le bûcheron finit par emporter un chevron.

En lui concédant un simple fagot de bois mort ou de bruyère, il le remplira de bois vif en le plaçant au milieu de ce fagot et en le couvrant de bruyères et de feuilles.

En accordant au bûcheron les souchons, il arrachera le bois jusqu'aux racines et perdra le fonds.

En lui donnant la totalité ou la moitié des recoupes, comme c'est d'usage, il les allongera tant qu'il pourra même à l'excès, pour s'adjuger gratuitement le plus beau du bois.

En résumé, le mieux est de bien payer les façons et de vendre ensuite au bûcheron, même *à petit prix*, tout le bois dont il aura besoin, mais qui lui serait livré par le garde-vente; autrement il abusera, et saura toujours mettre en défaut la surveillance la plus active, quoi qu'on puisse dire et faire. Nous ne dissimulerons pas qu'il sera difficile d'arrêter tout d'un coup les monstrueux abus commis, chaque jour, par les bûcherons; l'intérêt privé est impuissant pour cela; il n'y aurait que la volonté de l'administration générale des forêts qui, avec l'appui du gouvernement, pourrait faire mettre en pratique les bonnes méthodes d'exploitation et apporter un terme aux abus de tout genre que nous signalons dans le cours de cet ouvrage.

SECTION VI.

COUPES A L'ÉCORCE.

L'exploitation des bois à l'écorce, qui produit le bois pelard, n'offre des avantages réels que pour des forêts situées près des tanneries ou des rivières navigables.

Les coteaux, le sol sec et en gravier, placés au midi, sont les plus convenables et les plus favorables à ce genre d'industrie, soit pour moins endommager le fonds, soit pour la qualité de l'écorce.

Dans les fonds humides, marécageux et en pleine forêt, quand le sol est facile à geler, cet usage est meurtrier ou, au moins, très-préjudiciable; aussi, après une coupe à l'écorce, rien de mieux que d'en faire une à la révolution suivante du 1er octobre au 15 janvier et de la vider avant le 15 avril pour la régénérer.

Entre un taillis de même qualité, coupé en bonne saison d'hiver, et un autre exploité à l'écorce, la différence est très-remarquable ; le premier offre la perspective d'une riche végétation et d'un excellent bois, tandis que le second, jusqu'à sa coupe, porte toujours une empreinte de langueur, et présente à la vue une végétation énervée ; le bois n'est pas aussi nourri ni autant fourré et ne se lance pas autant : cela provient de ce que de la première pousse d'un taillis dépendent toute sa force et toute sa croissance jusqu'à sa coupe.

Le célèbre Thoüin, professeur au jardin des plantes, fit, en 1794, un rapport où il s'exprimait sur l'écorcement des arbres ainsi qu'il suit :

« L'écorcement des arbres présente plusieurs inconvénients qui résultent de l'opération elle-même et des circonstances qui l'accompagnent.

« 1° L'opération se faisant à l'époque où la séve est montée et répandue dans toutes les parties supérieures des arbres, les racines épuisées ne peuvent plus fournir à une nouvelle séve, lorsque les arbres sont coupés ; elles restent dans l'inaction jusqu'au printemps suivant.

« 2° Les souches, privées de la séve descendante que leur procurent les feuilles, lorsque l'arbre est entier, languissent ; les racines, obligées de tirer d'elles seules de quoi fournir à la végétation de la saison suivante, ne donnent que des pousses *grêles et herbacées*, que les moindres influences atmosphériques fatiguent et font périr.

« 3° La vidange tardive des bois écorcés porte le

plus grand préjudice aux renaissances, rompt beaucoup de jets et fait périr une grande partie des vieilles
souches. »

Baudrillart, dans son dictionnaire forestier, article *Écorcements,* page 25, parle pour, quand il ne
consulte que la théorie de Buffon, et de l'anglais Élis
ou autres auteurs qui se sont copiés ; mais, quand il
puise ses instructions chez des forestiers praticiens,
il est contre l'écorcement, p. 27.

La première feuille d'un bois nourri de la séve du
printemps, qui est la plus abondante, et fortifié ensuite de celle d'août, se trouve dans toute sa maturité
en novembre; alors il a moins à redouter les gelées
d'hiver, les neiges, et autres accidents qu'un taillis
herbacé et faible ne peut braver. Il ne souffre pas autant qu'un taillis qui n'a qu'un tiers de séve, et qui
doit tout redouter des premières gelées, même de
celles du mois de mai, très-dangereuses pour les jeunes taillis d'un an, attendu qu'ils n'ont pu, faute de
séve, atteindre leur degré de maturité; aussi la pousse,
après l'écorce, n'est encore qu'en lait ; à l'entrée de
l'hiver, elle est alors d'un jaune vert et d'une chétive
apparence, particulièrement dans les meilleurs fonds.

SECTION VII.

ÉPOQUE DE L'EXPLOITATION DES BOIS A L'ÉCORCE.

Tout ce qui n'est pas chêne et même ce qui est de
cette essence, mais trop petit pour faire de l'écorce,
traînant et rabougri, et ne pourrait en produire qu'en
médiocre qualité ou trop peu, enfin ce qu'on appelle

les dessous, doit se couper du 15 octobre au 15 janvier, comme les bois qui s'exploitent en hiver. Aussitôt cette première exploitation faite et avant le premier avril, s'il est possible, sortir, sur les chemins et routes, les bois blancs, bourrées, enfin tous les produits, pour que le soleil puisse mieux pénétrer dans l'intérieur de la coupe, l'échauffer et en faciliter l'écorçage au temps convenable.

L'écorçage doit se commencer, dans l'intérêt du fonds et de l'exploitant, au premier développement du bourgeon, c'est-à-dire quand les feuilles sont prêtes à sortir de leur coque, d'abord sur les arbres de réserve les plus anciens, et continuer d'âge en âge. Quand l'écorce sur quelques arbres ne veut pas aller, il faut les abandonner pour les reprendre par un temps de pluie chaude, et particulièrement par le vent du midi, en un mot quand la séve marche largement.

Le taillis s'exploite après les vieux chênes et en pleine séve, du 20 avril au 20 juin; il faut s'efforcer d'écorcer tout en mai, autant que possible; l'écorçage se fait plus facilement à cette époque de l'année, et l'écorce, dans ce mois, à moins d'un temps froid, se détache sans effort à la première introduction du scalpel de l'ouvrier; elle est, en outre, plus nourrie et plus imbibée de séve, conséquemment elle contient une plus grande quantité de sel alcalin et vaut infiniment mieux pour le tanneur que lorsqu'elle est arrachée du corps de l'arbre par lambeaux, en la prenant trop tôt ou trop tard, ou par un temps contraire.

Ainsi, quand le vent est au nord et au froid, il faut suspendre l'écorçage pendant quelques jours et obliger l'ouvrier à s'occuper à son charbonnage, à scier sa moulée et à mettre son atelier en bon ordre, ce dont il ne se met en souci ordinairement par routine qu'après l'écorce faite; aussi veut-il toujours écorcer même en ne gagnant pas son pain.

Mais, lorsque l'écorçage va bien, il faut en profiter et se livrer uniquement à cette opération, qui n'est avantageuse et productive qu'autant qu'elle est faite promptement et à temps opportun.

L'écorce du taillis, depuis 15 jusqu'à 30 ans, vaut le double et plus de celle des vieux chênes de 60 à 150 ans.

Dans beaucoup de contrées même, on ne fait d'écorce que dans le taillis; l'exploitant y perd beaucoup, car c'est la vieille écorce qui fournit le plus; elle résiste aux liens, abonde dans la botte et au poids; tandis que la jeune écorce se réduit à peu de chose, quand elle n'a pas 18 à 20 ans.

L'écorce des vieux chênes est tout profit; dût-on la livrer au tiers du prix de l'autre, on y gagnerait encore; il est d'usage d'en donner trois bottes pour deux, et même deux pour une si on n'est pas convenu avec le tanneur qu'il prendrait toute l'écorce de l'exploitation jusqu'à celle des vieux chênes.

Le bois coupé en séve perdant son écorce au bout de quelques mois, et, en outre, les vieux chênes, à l'exception des branches, qui s'écorcent difficilement, étant presque tous destinés à être équarris ou à être fendus pour merrains, lattes et pesseaux, il faut nécessairement en faire disparaître l'écorce, ou la réduire en copeaux ; dans ce cas, elle est presque sans valeur : ainsi, pour peu que le tanneur en offre au delà de ce qu'on pourrait en tirer en copeaux et faux bois, il faut la lui vendre en retirant toutefois au delà de la façon et voiture au moulin à tan.

On varie sur la manière d'extraire l'écorce ; nous indiquons celle qui est la plus avantageuse au fonds et la plus convenable à l'exploitant comme à l'ouvrier.

C'est d'abord de tâter si l'écorce peut aller, en essayant d'en détacher une longueur au tronc ; cette première opération achevée, on coupe l'arbre comme dans les exploitations d'hiver, suivant le mode indiqué pour les coupes, p. 258 ; si c'est un vieux chêne, on l'écorce aussitôt qu'il est abattu, en plaçant à ses deux extrémités deux bouts de bois de 4 à 6 pouces de diamètre (12 à 20 centimètres au moins), afin de l'élever au-dessus de terre, pour donner à l'ouvrier la facilité d'agir avec son scalpel et de pouvoir extraire l'écorce sans remuer l'arbre.

Si c'est une jeune lance de taillis, l'ouvrier prépare dans son atelier, pour la recevoir, un tronc de 4 à 6 pouces (12 à 18 centimètres) de diamètre, coupé ou scié à hauteur de main, 24 à 30 pouces (66 à 90 centimètres), qu'ensuite il fend au cœur pour y introduire un coin de 2 à 3 pouces (6 à 9 centimètres) d'épaisseur sur 5 à 6 de longueur (15 à 18 centimètres), aiguisé au bout comme un coin de fer, et, afin que ce coin n'aille pas trop loin, on l'arrête à 12 pouces (33 centimètres) par un lien en jeune bois de chêne ou charme, qu'on appelle rouette ou hart. Le coin introduit divise le tronc en deux, lequel présente alors une ouverture ou gueule assez large pour contenir un pied de chêne de 20 à 30 pouces (60 à 90 centimètres) de rotondité, et pour que cette ouverture forme mieux l'ovale et qu'il soit plus facile d'y placer et d'en sortir les lances qu'on doit y porter pour être écorcées, on ébarbe en fluteau les deux bouts, soit à la cognée, soit à la serpe ; c'est dans cette espèce d'étau de bois qu'on place le pied de la lance qu'on veut écorcer ; quant au petit bout, on le fixe entre deux piquets fourchus, qui, en croisant leurs têtes, se soutiennent mutuellement et offrent deux angles aigus placés transversalement, qui forment un second appui et tiennent la lance dans une position assez solide pour que l'ouvrier puisse en extraire facilement l'écorce.

Dans plusieurs contrées, pour avoir l'écorce d'un bois taillis, on se contente de donner un seul coup de cognée, en laissant la lance de taillis coupée à moitié ou aux trois quarts ; puis on la tire à soi avec de grands crochets ou par ses branches, et on l'abat ensuite à la main. Il en résulte qu'elle tient à son tronc par la portion non coupée, que la tige se fend quelquefois de 2 à 3 pieds (66 centimètres à 1 mètre) dans sa plus belle partie, et notamment par la chute et les efforts qu'on fait pour la mettre à terre. Cette portion non coupée entretient, il est vrai, la séve dans l'arbre, et la manière de n'abattre la lance ou tige qu'en partie rend la fente et le sciage plus faciles à l'ouvrier, mais c'est au détriment du fonds et en réduisant en éclats ou bois perdu pour l'industrie la plus riche partie de la tige. Nous réprouvons ce mode, qui sera aussi difficile à détruire que tous les autres vieux usages dont s'accommodent les ouvriers : usages qu'on ne peut souvent faire oublier même avec beaucoup d'argent, tant ils sont enracinés dans leur esprit.

L'écorçage au chevalet, ainsi que nous l'avons indiqué, est bien préférable ; l'exploitant y trouvera l'avantage que son bois sera mieux coupé, et que le plus beau ne sera pas déchiré dans sa base, comme cela arrive toujours : enfin les produits de l'exploitation étant apportés là où le chevalet est établi pour l'écorçage, ils seront plus réunis et on pourra mieux surveiller le travail des ouvriers.

En outre, on n'aura à scier qu'un pouce ou deux sur le bout de l'entaille pour rendre la moulée, plus unie et plus belle à l'œil, tandis que l'écorçage sur tronc force souvent à détacher jusqu'à 18 pouces (54 c.) et plus pour atteindre la partie non écuissée.

Le fonds profitera de la séve qui se perd dans les bois qu'on laisse attachés à la souche jusqu'au moment où l'ouvrier les emploie en industrie ou à faire de la moulée, ce qu'il aime à prolonger le plus qu'il peut, parce que la séve tient le bois frais et le rend plus facile à scier ou à débiter ; mais en détruisant cet usage meurtrier le propriétaire du sol y gagnera beaucoup.

L'écorce se livre, dans le Nivernais et dans une partie de la basse Bourgogne, en grandes bottes de 6 pieds deux pouces de hauteur, sur 4 pieds deux pouces de rotondité; le poids en varie suivant l'âge de l'écorce, et, dans cette dimension, celle en taillis de 18 à 25 ans est ordinairement de 40 à 45 kilog. la botte, et du prix de 180 à 240 fr. les 104 bottes, sur les ports de Cravant et Auxerre (Yonne).

La mesure le plus en usage et la plus convenable pour l'écorçage, la voiture et les emmagasinages, est la botte de 3 pieds 6 pouces (114 centimètres), longueur de la bûche de moule, sur trois pieds 2 pouces (106 centimètres) de rotondité, dont le poids varie suivant l'âge et la qualité, ainsi que nous venons de le dire.

Lorsqu'elle provient d'un bois de gravier, elle pèse plus que celle du chêne blanc; le poids ordinaire de ces bottes est de 25 à 35, et en vieux chêne jusqu'à 45 livres et plus.

. Le prix sur les ports de l'Yonne, depuis Joigny en Aval, et sur les canaux de Briare et d'Orléans, est de 90 à 120 fr. les 104 bottes, suivant les années, qualités et positions.

Un bon fonds, à 20 ou 22 ans, peut produire 4 à 500 bottes par hectare en petites bottes, et de 150 à 200 en grandes bottes.

. Supposant l'écorce en petites bottes valant 90 fr. le cent rendu au moulin ou au port, à 400 bottes par hectare, cela donnerait la somme de   360 fr.

Il convient de déduire de cette somme :

1° Façon de 400 bottes, écorçage et
sciage compris à 16 fr. le cent (*).   64 fr.

2° Voiture à 10 fr.   40

3° Un bois qui donnerait 400 bottes
d'écorce l'hectare produirait en l'exploitation d'hiver 8 cordes de moulée de 8
pieds de couche sur 5 de hauteur à 50 fr.
la corde, 400 fr.; l'écorce emportant du 1/4
au 1/5 du bois, il faut donc ajouter comme
frais ce déficit d'un cinquième seulement
sur 400 fr.   80

Resterait net, par hectare,   176
                                                   ⎯⎯⎯
ou 83 fr. par arpent (**).   360

En résumé, nous n'engageons un propriétaire à
consentir à l'écorçage qu'autant qu'il y trouverait un
avantage de 20 à 25 0/0 en sus du prix de ses coupes
d'hiver et encore en consultant les localités et les calculs que nous venons d'établir. Les écorces de No-
nancourt, Nogent-le-Rotrou, Chartres et de la forêt
de Dreux (Eure-et-Loir) produisent le meilleur tan
ou, du moins, le plus recherché, particulièrement
pour la mégisserie ou petite peau, parce qu'il donne

(*) Le prix le plus bas, en Normandie, est de 25 à 30 fr. pour la
façon de 104 bottes.

(**) Si on ne porte le produit qu'à 200 bottes l'hectare, on n'aura
que 46 fr. 50 c. l'arpent.

Cette valeur sera proportionnellement plus faible en raison de ce qu'il
y aura plus ou moins d'écorce, et on serait en perte dans les bois où il y
aura peu d'écorce à faire, à moins qu'on ne soit déterminé à faire de
la charpente, des sciages, pesseaux, lattes et autres marchandises industrielles, où l'écorce doit entièrement disparaître.

au cuir une couleur blanche et glacée qui le fait
valoir dans le commerce.

Quand le tan de Bourgogne vaut, à Paris, 48 à 50 fr.
le millier ou les 500 kilog., celui de Dreux passe 70 f.

Les écorces de cette contrée ont en longueur
3 pieds 6 pouces, en rotondité autant; elles pèsent en
taillis 15 kilogrammes (30 livres) environ et en
vieilles écorces jusqu'à 22 kilogrammes (44 livres);
elles se vendent, rendues dans les moulins de Dreux
et à Mantes, jusqu'à 140 francs.

La vieille écorce se donne de 75 à 80 fr. ou 3 boîtes pour deux de taillis.

Si le gouvernement permettait l'exportation libre
des écorces, limitée à la Meuse, pour la forêt des
Ardennes au département de l'Isère et à une commune du Jura (*), cette marchandise prendrait peut-
être beaucoup de valeur, sans nuire aux fabriques
françaises qui pourraient s'en approvisionner dans
la Bourgogne, le Nivernais, la Champagne, le Berri
et la Bretagne, par la Saône, la Seine et la Loire,
sans avoir rien à redouter de la concurrence des cuirs
anglais, qui sont le double plus chers que ceux de
notre pays.

Pour se convaincre du désavantage d'une exploitation à l'écorce, qu'un propriétaire qui coupe toujours
ainsi essaye par lui-même, pendant une année où
cette marchandise sera à bas prix, à faire une exploi-

(*) L'exportation des écorces des Ardennes a lieu, moyennant un
droit de 2 fr. 50 cent. les 100 kilog.; dans l'Isère et le Jura, *idem*.
(Loi du 7 juin 1820.)

tation en bois gris (d'octobre à janvier), suivant les principes indiqués précédemment, dès la 1re feuille il pourra apprécier la différence de végétation entre un taillis exploité en hiver avec un autre à l'écorce (de mai à juin). Cependant on fait de l'écorce dans presque toute la France, parce que le bois pelard, ayant un vernis que lui donne la séve par son épanchement extérieur, est très-propre aux échalas, treillages, cercles, chantiers et perches à houblon ; il dure, par conséquent, bien plus à l'air que celui coupé hors séve, et pourquoi, puisque la charpente équarrie vaut moins ?

C'est que la séve, qui se jette en dehors au moment de l'écorçage, le couvre d'une espèce de bitume ou corps résineux durci par le soleil, qui le protége et en assure la durée.

D'un autre côté, la dureté superficielle que lui a donnée le soleil le rend moins accessible à la vermoulure, tandis que l'échalas ou pesseau fait en hiver, et qui souvent est mal pelé, conserve toujours un peu d'écorce que le ver ou les coléoptères recherchent, et dans laquelle ils trouvent leur pâture et exercent leurs ravages.

Suivant Duhamel, l'aubier d'un bois écorcé se conserve mieux et pèse plus que celui exploité en hiver ; les extrémités se trouvent nourries, dit-il, et fortifiées aux dépens d'évacuations intérieures. Nous sommes complétement de son avis, l'aubier aura gagné ce que le cœur de l'arbre aura perdu.

Il n'est donc pas étonnant, d'après ce raisonnement,

que la charpente coupée hors séve soit bien supérieure en qualité au bois écorcé ou abattu lorsqu'il est
en amour, et qu'il a perdu la partie gommeuse de sa
séve, qui en entretenait le nerf et en assurait la conservation.

Aussi, sans la valeur qu'on attache à l'échalas d'é-
corce, attendu, en outre, que l'écorce est perdue sur
les bois de charpente ou qu'on débite en industrie, on
en ferait bien peu, et elle serait très-chère, car c'est
une exploitation funeste pour les fonds de bois froids;
nous ne saurions trop le répéter, cependant, l'ignorance
fait malheureusement considérer le bois de charpente
écorcé en séve comme très-bon; c'est qu'on ne le juge
que sur l'apparence, et qu'on ne sait pas ce qu'il peut
valoir après un demi-siècle de service. Comme bois
de chauffage, il est excellent, brûle vivement et
fait moins de fumée que celui qui a son écorce, c'est
incontestable; aussi est-il recherché par les rôtisseurs, les fondeurs, les confiseurs et les maisons de
bains; en un mot, il est d'une consommation régulière, se vend mieux que le bois avec son écorce,
et, quand l'hiver n'est pas rigoureux et que les
autres bois de foyer éprouvent de la baisse ou de la
mévente, ainsi que le bois blanc qui sert aux boulangers, il a toujours un débit avantageux et assuré,
bien qu'il soit moins beau souvent que le bois non écorcé, par la raison que là où l'on fait de l'écorce on tire
du pesseau dans les plus belles lances ou tous autres objets d'industrie qui exigent le bois le plus droit et le
plus gros; l'exploitant ne mettant en moulée que celui

non propre à la fente et tous les branchages. Si le bois pelard se vendait à la livre, au même prix que celui avec écorce, il y aurait avantage d'en acheter ainsi , plutôt qu'à la corde ou voie ; cependant en raison de ce qu'il ne fume pas et qu'il brûle parfaitement, qu'il fait un bon et beau feu, en l'achetant même à la voie, il y a compensation de la perte qu'on éprouve par les nœuds, protubérances, et les courbes qu'il décrit. Mais le bois de charpente abattu en séve, nous le répétérons encore, est loin de valoir celui exploité du 1er octobre au 1er janvier. Buffon ayant professé une fausse théorie sur les bois pelards, nous croyons devoir, sur ce point important, pousser plus loin nos arguments, en réclamant toute l'attention de nos lecteurs.

Le bois pelard est comme un bois chauffé. au four ou desséché par le soleil ; nous soutenons, contrairement à l'opinion de Buffon, qu'il se brisera plus facilement qu'un autre coupé hors séve ou qu'on aura conservé dans l'eau. Nous dirons de nouveau que le cercle fait avec du pelard sera aussitôt vermoulu. Mettez-le, avant de l'employer, pendant trois semaines dans une mare pour se faire une nouvelle séve, le cercle durera presque autant que du bois coupé en bonne saison.

Nous dirons en outre, par comparaison et comme preuve : le plâtre qu'on vient d'extraire de la carrière a la consistance de la pierre ; jetez-le au feu, réduisez-le ensuite en poudre, il sera sans force ; rendez-lui sa séve, ou plutôt l'eau que le feu lui aura enlevée, il reprendra en un instant toute sa dureté primitive.

Avec de la chaux et du sable seulement, on ne ferait rien ; ajoutez-y un peu d'eau , vous en ferez un corps indestructible.

Tout le monde sait maintenant, malgré l'autorité du forestier anglais *Ellis,* de Buffon et des autres théoriciens forestiers, que pour conserver le chêne il ne faut pas le dépouiller de son vêtement et l'exposer au soleil, ainsi que l'ont annoncé ces deux hommes célèbres ; au contraire, il faut le mettre à l'eau pour le retremper et lui donner plus de force ou une nouvelle séve.

La séve, par sa nature, est gommeuse , résineuse ; c'est, en un mot, une gélatine conservatrice qui ferme les pores du bois, et ne s'évapore et ne finit qu'avec le bois.

On croit à tort qu'un arbre n'est pas bon à employer comme charpente , et menuiserie surtout, lorsqu'il a jeté sa séve en dehors ; c'est une erreur, ce n'est pas la séve , mais ses parties aqueuses et séreuses qui, contenues par le plâtre ou la chaux, y introduisent aussitôt la corruption.

La séve, nous le proclamons sans crainte d'être contredit, constitue la force du bois, et en est la conservation, comme le baume aux momies d'Égypte.

La séve est en grande action en mai, quand le soleil met toute la nature en végétation ; elle est puisée de la terre d'abord par les racines des arbres, ensuite par la succion des feuilles ; elle se porte plus ou moins lentement par ses fibres aplaties, semblables aux fils de la trame d'un tisserand, sur le corps de l'arbre, suivant que le temps est propice à ses mouvements ; elle s'infiltre insensiblement dans ses branches, puis dans son écorce et à travers ses feuilles.

Quand un arbre est coupé d'octobre à janvier, la séve contenue dans son intérieur y reste entièrement; on ne tue pas un arbre comme un bœuf; six mois après, quelquefois, il pousse des rejetons bien venants, surtout sur les bois blancs. La séve du chêne est très-abondante, notamment quand le temps est chaud et pluvieux; elle est alors très-apparente sur un ancien chêne, elle se répand de toutes parts, et couvre extérieurement sa tige d'un vernis qui lui donne une couleur brillante et un air de qualité dont il faut se méfier pour les constructions, en lieux humides surtout.

Les bois résineux du Nord sont préférés, par les charpentiers et menuisiers, à ceux de France, parce qu'ils sont presque tous dans toute leur nature, et qu'on ne les épuise point par l'extraction annuelle de leur résine.

Les arbres résineux non saignés sont plus forts et plus durables que ceux dont on se fait un revenu; ceux-ci sont plus difficiles à travailler parce qu'ils ont été dégagés, tous les ans, de leur séve goudronneuse, qui leur fait plaie. Dans le Nord, ce revenu n'est point aussi abondant, ni aussi recherché que dans le Midi; nul doute que l'écoulement de la séve ne soit au détriment de la qualité de l'intérieur de l'arbre. Cependant, dans les landes de Bordeaux, il arrive, au contraire, que les pins qui ne sont pas saignés annuellement sont presque toujours pris de vermoulure et sont plus difficiles à travailler; cela provient sans doute du climat et de ce que le pin est plutôt un arbre du nord que du midi.

Par ces différentes considérations, autant que par notre expérience, nous soutiendrons toujours que le bois pelard n'est pas bon à employer comme charpente; cette opinion est aussi celle des meilleurs charpentiers de la capitale : c'est pourquoi nous prétendons que, lorsqu'un bois est en séve, on voudrait à tort le considérer comme étant en maturité; tandis qu'il est en amour, c'est-à-dire en pleine végétation, il faut le laisser pousser, ne pas interrompre sa marche productive; mais, quand il commence à perdre ses feuilles, la nature indique qu'on peut le couper.

Des maisons, à Paris, au bout de 30 à 40 ans de construction, ayant été abattues pour cause d'utilité publique ou pour des établissements industriels, ont donné lieu de remarquer que des charpentes de bois pelard (*) étaient aux trois quarts vermoulues ou en putridité complète. Peut-être ces charpentes ont-elles été employées presque aussitôt leur abatage.

C'est donc une grande imprévoyance de se servir, pour les constructions, d'arbres coupés en sève, et d'envelopper de chaux ou de sable le bois presque aussitôt qu'il a été abattu.

Il faut, au moins, un an d'équarrissage au bois de charpente pour que l'on soit à l'abri d'inquiétude,

(*) Le bois pelard est facile à distinguer : par l'ouverture de ses pores, sa couleur rouge-jaune, et le vernis que la séve et le soleil impriment sur le bois coupé à l'écorce, ressemblant, neuf, à une peau de chagrin jaune.

et plusieurs années pour celui destiné à la menuiserie.

Il est même convenable de ne mettre les ouvriers à équarrir les bois pour la charpente qu'après au moins trois mois d'abatage, pour qu'ils se mitonnent en leur laissant toute leur écorce, afin que les parties séreuses et aqueuses de ces bois puissent s'évaporer naturellement et sans efforts; autrement il s'y concentrerait un germe de putridité ou de vermoulure qui les rendrait impropres à la marine et à tout service extérieur, malgré la grande apparence de solidité et de dureté que la séve, répercutée par le soleil, leur donne, ce qui a fait penser, à Buffon et au forestier anglais Ellis, que le bois pelard était excellent et meilleur même que celui qui avait été coupé l'hiver, erreur grave et beaucoup plus funeste qu'on ne paraît le croire.

Nous sommes d'un avis entièrement opposé, et, malgré notre respect pour les allégations de ces auteurs, nous persistons donc dans l'opinion que nous avons déjà manifestée sur l'infériorité des bois écorcés en séve. Une longue expérience ne nous laisse aucun doute à cet égard.

Que l'on consulte, au surplus, les personnes qui emploient des bois carrés; qu'on examine enfin avec une loupe les pores du bois pelard, nous affirmons qu'on les trouvera bien plus ouverts, bien plus tendres et bien plus spongieux que ceux abattus en hiver, et on jugera alors lequel de ces bois aura le plus de qualité et surtout présentera plus de durée. (Voir, 2ᵉ volume, les précautions à prendre pour avoir un

s arbre de marine en bonne qualité, comme toutes charpentes et autres industries.)

Il est plus important qu'on ne pense de se bien
fixer sur la qualité du bois coupé en été ; aussi est-il
à désirer, dans l'intérêt général, que les marchands
de bois soient contraints à marquer, au ciseau ou au
marteau, *le mois et l'année* où chaque morceau de
bois au-dessus de 9 pouces d'équarrissage aura été
coupé et en présence d'un voyer ou des agents
forestiers. Nous voudrions aussi que chaque maison
nouvelle portât l'année de sa construction, pour
connaître la durée de sa charpente et ce qu'elle
peut avoir d'existence ; déjà cela se fait aux belles
constructions de la Chaussée-d'Antin, exécutées
par Victor Lemaire.

Un commissaire aux halles fera jeter à l'eau des
viandes ou poissons gâtés, que la plus stupide ménagère refuserait à l'odeur seulement, tandis qu'on ne
connaît pas encore dans le commerce les moyens
d'apprécier si des charpentes, qui intéressent à un si
haut point nos constructions maritimes et civiles,
ont été exploitées en bonne ou mauvaise saison ;
cependant ce serait très-facile à faire constater.
Un arbre employé trop vert est bientôt vermoulu ;
et entre un bois coupé de novembre au 1ᵉʳ janvier, ou un autre abattu du 1ᵉʳ avril au 1ᵉʳ octobre, la différence est grande ; c'est-à-dire que le
premier sera presque éternel et que le second n'aura
qu'une très-courte durée, particulièrement s'il est
employé en lieu humide ou extérieurement.

C'est le cas de rappeler ici que la charpente du château de Saint-Cloud a été renouvelée trois fois, en 45 ans, de 15 en 15 ans : sous Louis XVI, Napoléon et Louis XVIII. Pour avoir été employée toute bouillante de sève, cette charpente n'avait pu se dégorger de ses parties séreuses et putrides ; elle était requise d'urgence des forêts de Saint-Germain, Rambouillet, Versailles et environs : abattue en sève le matin, équarrie à midi, voiturée aussitôt après, mise dans le plâtre le soir même ou le lendemain.

Les bois sous l'équateur, qui sont perpétuellement en sève, sont impropres aux constructions navales.

Delamarre, dans son *Traité des pins*, pages 226 et 227, cite l'autorité de plusieurs auteurs célèbres, contre les abatages en sève. Le même annonce, page 232, que le bois d'une exploitation considérable de pins, exécutée dans l'été de 1803 à 1804, par M. Lebon, n'a pu trouver d'acquéreur à Rouen, pays où le bois de construction est rare et cher.

Tout fruit cueilli hors maturité est de courte durée, dit-on avec raison. C'est un avis important pour les propriétaires de forêts, et particulièrement pour les constructeurs de bâtiments maritimes et civils.

SECTION VIII.

EXPLOITATION DES BOIS RÉSINEUX OU ARBRES VERTS.

Cette espèce, dont les souches meurent, et qui ne se reproduit que par des semis naturels, doit s'exploiter par triages, et au furetage ou jardinage, et non à tire et aire; enfin, comme nous l'avons proposé pour les taillis entièrement en hêtre sur des terrains légers et montagneux, excepté seulement qu'il ne faut exploiter que des arbres de 60 à 80 ans, pouvant produire de la charpente, du sciage et de la fente. Si, cependant, les localités permettent de tirer bon parti des brins de 20 à 30 ans, même au-dessous, et qu'il y ait profit à couper suivant un aménagement à cet âge, il ne faudrait pas se priver de cet avantage, en ayant soin, toutefois, de laisser autant de volières en bouleaux, hêtres ou autres essences, qu'on pourrait en rencontrer pour protéger les jeunes arbres verts et les semis naturels. Si, dans les futaies des bois résineux, l'arrachage des racines et troncs peut se faire en même temps que l'abatage, et en abandonnant à l'ouvrier, il y aura utilité à le faire.

D'abord, les arbres, par leur poids, aident à l'extirpation, et rendent cette opération plus facile; elle est, en outre, fort avantageuse pour le fonds. D'une part, on en débarrasse le terrain; de l'autre, en les tirant de terre, il se fait un remuage dans le sol, dont les semis naturels se trouvent très-bien, en ce que cet arrachage détruit la couche du gazon, qui les priverait de pouvoir s'implanter. (Delamarre, dans son *Traité pratique de la culture des pins*, page 99, professe cette opinion.)

CHAPITRE IX.

Jusqu'à présent, les forêts ont été généralement considérées comme un don de la nature où l'on croit pouvoir toujours puiser et abuser même, sans s'inquiéter ni prendre aucun souci pour aviser aux moyens de les régénérer, lorsque par suite d'une imprévoyante administration elles sont détériorées et souvent sans vie.

Il résulte, de cette ignorance du principe restituant qui régit toutes nos autres cultures, qu'on n'a pas encore songé, quoique nous soyons dans le siécle des lumières, à faire aucuns frais ni recherches pour réprimer les désordres et ravages qui se commettent de nos jours, notamment dans la première année d'une coupe de bois, qui est à nos yeux la plus importante à surveiller ; qu'on le sache bien.

Nous ne saurions donc trop insister pour faire connaître que c'est précisément de la première pousse ou feuille que dépend le succès ou la perte d'un taillis jusqu'à sa prochaine coupe et même au delà.

Quand les tiges ou lances d'une jeune pousse de l'année sont écuissées, écrasées ou mutilées en sens divers par les bipèdes ou quadrupèdes employés à l'exploitation, par le frayement des voitures, par le broutement des animaux, par la fabrication sur feuilles de plusieurs espèces de marchandises, par la cuisson des charbons, et qu'un grand nombre de souches ont été étouffées par les produits de la coupe, qu'enfin il ne reste, pour la plupart du temps, d'un très-beau et bon bois qu'un chaume ou des renaissances herbacées et languissantes, particulièrement lorsque la coupe en a été faite à l'écorce, d'avril à juillet, ou à un âge avancé; si, en outre, l'exploitation de la coupe s'est prolongée sans réserves ni mesures, c'est quelquefois un bois à refaire ou à soigner comme un malade en danger de mort.

Nous appelons donc toute l'attention de nos forestiers sur les funestes désastres que nous venons d'indiquer, en les priant surtout de se bien pénétrer qu'ils ne doivent plus exploiter nos forêts maintenant comme sous Charlemagne, même d'après les ordonnances de 1669, époque où les bois taillis étaient encore presque sans valeur.

Toutefois nous ne devons pas dissimuler à MM. les propriétaires et officiers forestiers qui voudront imposer la condition salutaire de sortir sur un rond-point, sur les chemins, places vides ou chantiers, les produits de leurs bois avant le 1ᵉʳ mai de l'année de l'exploitation, qu'ils éprouveront d'abord les plus grandes difficultés de la part des marchands, maîtres de forges et de tous les exploitants de bois. Ce sera d'abord un hourra général contre ce mode nouveau; qu'on s'y attende et qu'on se mette bien en mesure, par avance, de repousser toutes doléances à cet égard : nous allons, par les détails qui vont suivre, en donner les moyens.

Pour gouverne nous prévenons qu'on débutera premièrement par faire naître mille obstacles chimériques en soutenant par exemple et sans y réfléchir : « qu'une pareille condition serait dérisoire, « impraticable, et que la preuve se démontre en ce « que les ordonnances forestières les plus rigoureuses « ne la prescrivent pas, qu'au contraire dans beau- « coup de localités l'État accorde jusqu'à deux ans « pour l'exploitation d'une superficie de bois. » Et si, après toutes ces représentations contre nos conditions de vidange, en définitive on s'y soumet, ce sera au moins le prétexte d'une réclamation de diminution de prix considérable et non méritée qu'il faudra bien se garder d'accorder, nous flattant que le lecteur, en se pénétrant de nos instructions, sera à même de soutenir la question et surtout de se convaincre que l'exploitant, loin de perdre à réunir ses marchandises en chantier ou sur les bords de son exploitation, ne pourra qu'y gagner. Le mieux encore serait, si on avait un garde actif et intelligent, de couper une vente par ses mains, afin de produire un exemple de vidange opérée avec un bon résultat.

Cependant, si on n'avait pas la certitude que l'exploitation serait dirigée par un garde expérimenté, il y aurait quelquefois prudence à y renoncer, parce que le marchand de bois, en cas d'insuccès, même par un événement fortuit ou autrement, s'en prévaudrait ensuite pour imprimer une terreur de commande qu'il ferait tourner à son profit.

Enfin, pour prouver l'immense avantage qu'il y a de vider une coupe avant le 1er mai, nous allons offrir le tableau d'une vente de 50 arpents ou 25 hectares dont chaque hectare aura produit, savoir :

1° En bois de marine ou charpente, 60 solives ou 6 stères ;

2° Moulées ou bois de foyer, 4 décastères ou 8 cordes ;

3° Charbonnages, 5 décastères ou 20 cordes ;

4° Chantiers, 1,500 ;

5° Bourrées, 1,000 ;

6° Souches, recoupes ou autres résidus, 6 cordes ou 12 pavillons.

En hiver, quand il gèle, notamment en janvier et aux hâles de mars, où la poussière vole quelquefois comme en été, un homme, dans nos forêts, avec un cheval ou deux bœufs, est fort content de gagner de 3 à 5 fr. par jour, et, en travaillant raisonnablement, il peut aisément, en une semaine, vider un hectare en taillis de 18 à 25 ans, ainsi qu'on pourra en juger par le tableau suivant.

DÉPENSES POUR SORTIR SUR LES CHEMINS ET BORDS D'UNE COUPE LES PRODUITS D'UN HECTARE DE BOIS DE 18 A 25 ANS.

1° En un jour, à deux attelées par jour, deux hommes et un cheval tireront hors la coupe, et même à une distance de plus de 30 mètres, 120 solives à 6 centimes la solive.   7 f. 20 c.

2° Un seul homme avec une voiture à un cheval, 4 décastères (*) ou 8 cordes de moulée à 1 f. la corde.   8   » »

3° 1500 chantiers à 40 c. le cent.   6   » »

4° 2 décastères 5 stères charbonnage ou 10 cordes à 50 c. la corde. .   5   » »

5° 1000 bourrées à 50 c. le cent. .   5   » »

6° 6 cordes de souches et autres résidus à 1 fr.   6   » »

7° Dépenses imprévues.   1   80

TOTAL. . . .   39 f. » »

Dans les proportions ci-dessus, un seul homme avec son cheval ne pourra, il est vrai, sortir, d'une part, les charpentes sans un compagnon, mais avec un gain de 7 fr. 20 c. ; il sera à même de le payer et d'avoir plus que ses 5 fr. par jour.

(*) A Paris, avec 6 chevaux, on rentre en un jour un train, dans un chantier éloigné de 600 mètres au moins, composé de 18 à 19 décastères de bois *mouillé*, plus 500 de chantiers garnis de harts.

D'autre part, il ne pourra sortir, nous en convien
drons, toute la moulée d'un hectare qu'en deux jours,
mais en compensation il videra 2 hectares en charpente; en outre, nous avons porté une somme de
4 fr. 80 en dépenses imprévues, afin de compléter,
autant que possible, la dépense totale de la vidange
d'un hectare de bois ; ainsi, en fixant la commune
d'une journée de voiturier, dans nos forêts, à 5 fr.
par jour et à 39 fr. les frais de vidange, nous pensons être dans le vrai, et que la dépense totale pour
25 hectares serait, au plus, de 975 fr., sauf quelques
exceptions par les obstacles que pourraient présenter
les quantités et variétés des produits , ainsi que les
difficultés plus ou moins grandes des localités.

AVANTAGES D'UNE COUPE DE BOIS DÉBARRASSÉE DE TOUS
SES PRODUITS AVANT LA POUSSE DE SA PREMIÈRE
FEUILLE.

1° Un jeune taillis doit être entièrement nettoyé de
tous ses produits au 1er mai, époque où les graines
forestières, les plants ou recrus, sont en pleine végétation; alors tout y pousse de fureur; il s'établit même
entre chaque essence de bois une concurrence de croissance admirable, qui exerce une telle influence que les
tiges qui surgissent aux impulsions du soleil sont for-
cées de s'élancer verticalement, et il résulte de cette
concurrence d'action que les fonds morts ressuscitent;
les faibles prennent de l'embonpoint, en un mot que
les taillis, libres de tous obstacles, se garnissent comme

par miracle, et dans les riches fonds avec une telle profusion, qu'ils deviennent impénétrables, même à s'en affliger; mais, comme il y a toujours bénéfice à en ôter, on s'en console avec joie, parce qu'en tous pays on s'accommode très-bien d'un bois fortement garni.

Dans cette perspective d'avenir, nous croyons assurément estimer bien au-dessous de sa valeur la bonification que doit opérer une vidange avant la venue de la première feuille d'un taillis à 15 fr., ci. . . . .   15 f. l'hec.

2° Les charpentes, mises en chantier sur des soustraits et rangées en bon ordre, particulièrement pour la facilité des chargements, se voitureront au port à 5 c. de moins par solive que dans une vente où l'on ne peut souvent entrer à pied à cause des marchandises qui l'obstruent, des trous de minerai et de carrières, des mares, fossés et autres empêchements, 120 solives à 5 cent.   6

3° Pour la voiture des moulées, par les mêmes considérations que dessus, on obtiendra facilement une diminution de prix lorsque cette marchandise sera mise notamment sur un chemin abordable où elle séchera d'une part, et que, de l'autre, on pourra charger

A reporter. . . . .   21 fr.

Report. . . . 21 fr.

de nuit comme de jour, avantage certain dans les contrées où elle se voiture
à la fraîcheur des nuits d'été, et que
nous porterons seulement à 2 f. par
décastère, 4 décastères à 2 f. . . . 8

4° Chantiers, *idem* 25 c. par cent
ou 2 f. 50 par millier, 1500. . . . 3   75 c.

5° Charbonnage (*), *idem* 10 cordes
à 50 c. 5

6° Bourrées, *idem* mille à 50 c. le cent. 5

7° Souches et autres résidus, 6 cordes à 50 c. 3

Avantages de la vidange. . . 45   75
Dépenses. . . . 39
Balance en faveur de la vidange
avant la pousse par hectare. . . . 6   75
Ou par arpent. 3   37

Nous conviendrons, toutefois, que ce chiffre pourra
éprouver quelques variations et être modifié suivant
les difficultés du sol, et autres circonstances. Néanmoins, soumis à la critique de l'exploitant le plus
exigeant et même de mauvaise foi, nous pensons qu'il

(*) En réunissant tout le charbonnage d'une vente sur un rond-point
ou chaume, on évite au dresseur la peine d'aller chercher quelquefois
très-loin, et à travers les marchandises de l'exploitation, ses charbonnages, ses fraisils pour couvrir ses fourneaux ; il n'aura pas non plus à
courir et à se mouiller souvent, pour surveiller ses feux ; en outre, tout
le monde sait qu'en cuisant plusieurs fois sur une place à fourneaux
on gagne au moins un cinquième en matière.

lui sera impossible d'équivoquer sur l'inappréciable avantage qui doit surgir d'une vidange avant la pousse. Au surplus, nos calculs sont établis de manière à ce que chacun pourra faire le sien et défendre ses droits suivant ses goûts et la position topographique de ses coupes.

C'est bien véritablement agir contre nature que de laisser les produits d'une exploitation se ruer pendant le temps, précisément où la végétation est dans son plus grand travail et appelle, au contraire, toute la vigilance et intelligence du forestier pour guérir les plaies d'une amputation violente, et les pertes que le temps a fait éprouver aux souches, notamment dans les taillis de 25 à 40 ans ; ce à quoi il ne peut parvenir qu'en commençant à détourner tout ce qui peut nuire à l'action de reproduction ; en un mot, en protégeant par tous les moyens possibles les semis, les plants et recrus.

Rien de plus simple et de plus facile; cependant on n'en fait rien, même au parc de Vincennes et sous les murs de la capitale.

Voilà de ces funestes abus, de ces préjugés inexplicables, soutenus par une routine encroûtée, dont nos plus honorables forestiers, par trop de bienveillance et de crédulité, sont dupes, mais que nous ne pouvons nous empêcher, malgré l'estime que nous leur portons, de réprimander, en les suppliant de nous aider de leur puissant concours pour qu'on en fasse justice, sans avoir égard aux cris et spécieux raisonnements de MM. les exploitants qui, dans leur

langage intéressé, ne manqueront pas de faire valoir, et avec raison, nous en conviendrons pour certaines localités à terres fortes et glaiseuses ou marécageuses, « que, pendant l'hiver, les forêts sont im-
« praticables pour les voitures, particulièrement aux
« époques des dégels et pluies, en février et avril ;
« qu'il serait, en outre, de toute impossibilité d'exiger
« la vidange avant le 1ᵉʳ mai de l'année de la coupe
« d'un gaulis et, encore mieux, d'une futaie pleine
« dont les produits couvriraient tout le sol. »

A ces objections nous croyons pouvoir répondre qu'avec une volonté ferme et bien arrêtée, et si l'on porte véritablement intérêt aux recrues et à la conservation d'un taillis, on trouvera toujours bien au moins un mois sur six, soit dans les gelées de janvier ou dans les hâles de mars, pour mettre seulement sur les chemins et vides d'une vente tous les produits, d'autant qu'avec un peu de surveillance on peut obliger le bûcheron à en placer sur les routes et chemins au moins un cinquième.

Quant à la vidange des gaulis et futaies, qui ne peuvent se reproduire souvent que par une plantation nouvelle, dans ce cas il n'y pas à s'en occuper.

Si, au contraire, ils sont sur un sol et assez bon et assez frais pour se reproduire d'eux-mêmes, on ne saurait alors trop prendre de précautions et de ménagements, ni mettre trop d'empressement pour les débarrasser de ce qui peut s'opposer au développement de leurs semis naturels et recrus. Ce sont des fonds fatigués, qui, par cette considération, sont bien plus exigeants de soins et de culture que de jeunes taillis; en un mot, ce sont des vieillards dont la convalescence oblige à prendre à leur égard des précautions infinies.

En résumé, un charretier, ainsi que nous venons de l'exposer, pouvant vider un hectare de bois taillis en six jours ou en une semaine, ce ne serait au surplus, pour 25 hectares, que l'occupation d'un mois pour six petits voituriers, appelés vulgairement bricoliers, dont les chevaux varient de prix entre 75 et 150 francs, et qui se nourrissent presque exclusivement, comme ceux du charbonnier, de l'herbe verte ou sèche des bois.

Avec ces voituriers sans façon on fait beaucoup de besogne et à peu de frais; si pourtant les ventes étaient inabordables pour les voitures, à cause des mauvais chemins, on peut toujours, et par toutes les saisons, tirer hors les charpentes, perches, perchettes et chantiers, au moyen d'une chaîne en fer, et enfin en chargeant à dos de mulet ou d'âne, sur des crochets en bois mis à la place des paniers, les moulées, charbonnages, bourrées, souches et autres produits de l'exploitation, ainsi que cela se pratique en beaucoup de localités, notamment dans les étés pluvieux.

A Joigny (Yonne), où les ânes abondent, même dans les années sèches, on s'en sert communément pour transporter à d'assez longues distances les moulées, charbonnages, échalas, écorces et bourrées; il est vrai que, dans cette contrée, pour ne pas dépendre du gros laboureur trop rare ou trop cher, les plus simples manœuvres ont leurs ânes qu'ils réunissent par attelages de six pour leurs cultures, ce qui donne droit, pour chacun, à une journée de labour par semaine.

Ce compagnon du pauvre, par sa frugalité et la puissance de son dos, peut être employé, à très-peu de frais et fort utilement, particulièrement dans les contrées montagneuses où les chevaux et bœufs ne peuvent atteindre; un sentier d'un pied de large (33 centimètres) lui suffit.

En terminant notre chapitre *vidange*, nous croyons, toutefois, très-nécessaire de recommander, à MM. les propriétaires et officiers forestiers qui seraient disposés à suivre nos instructions sur l'avantage de vider les ventes avant la pousse de la première feuille, de vendre leurs coupes en septembre au plus tard, afin que les exploitants puissent y placer leurs ouvriers dès le 15 octobre, car si, à l'exemple des bois de la liste civile et de l'État, ils ne vendaient qu'en novembre, nos conseils seraient inutiles : arrêté par les froids et neiges de décembre et janvier, on est souvent forcé de remettre l'entrée en coupe à la fin de février; alors il est trop tard pour exécuter ce que nous prescrivons pour le bien-être des jeunes taillis.

En embauchant, au contraire, une vente au 15 octobre, sans s'inquiéter des feuilles qui, en cette circonstance, n'ont d'importance qu'à cause de la qualité des bourrées, inconvénient auquel on peut parer en remettant à les façonner et lier en février, on aurait l'avantage d'être en pleine coupe en novembre, et alors l'exploitation se ferait, en majeure partie, sous l'influence d'un très-beau temps que les bûcherons qualifient du nom d'*été de la Saint-Martin*, moment le plus favorable, que les forestiers le retiennent bien, pour la coupe, la qualité du bois et les plantations de tous genres, l'arbre résineux excepté.

En conséquence, une coupe de superficie, faite de novembre à la fin de décembre, est tout ce qu'il y a de plus favorable et de plus heureux en exploitation de bois, attendu qu'il en résulte que les souches ne font aucune perte de séve, les pores du bois se fermant insensiblement par les fraîches nuits d'automne et alors n'ayant plus rien à redouter des grands froids; il en résulte encore que les troncs se coudrent et s'aguerrissent progressivement pour résister aux ravages de l'hiver : mais ce qui est plus précieux, nous le répétons, c'est qu'il n'y a aucune évacuation de la substance végétative qui doit mettre au jour, aux premières influences du retour du soleil, les renaissances ou recrus du taillis qu'on exploite; en outre, les produits sont meilleurs, et les fonds, dans ce cas, nous le garantissons, présentent toujours un avenir de prospérité.

En exploitant de bonne heure, dès le 15 octobre, on peut, en janvier, commencer à vider les ventes, et, de ce mois au 1er mai, en 120 jours, il faudrait être bien insouciant pour n'en pas trouver 30 favorables aux transports qu'on aura à exécuter. (Voir notre article *Coupes*, page 250.)

CHAPITRE X.

INSTRUCTIONS SUR LES MOYENS D'ESTIMER SANS AUCUNE EXPÉ-
RIENCE FORESTIÈRE LES FONDS ET SUPERFICIES DE BOIS.

CONSIDÉRATIONS GÉNÉRALES.

L'estimation d'un bois consiste notamment à déterminer le prix d'abord de la superficie et ensuite
du fonds, qui se fixe en raison des produits connus
ou présumés de cette superficie.

Ainsi deux divisions principales à faire :

La première doit présenter les moyens d'évaluer
tout ce qui garnit le sol ;

La seconde d'estimer le fonds par la nature du sol,
notamment sur ses revenus et produits.

C'est l'une des plus importantes opérations de l'é-
conomie forestière, soit pour le vendeur, soit pour
l'acheteur ; elle exige beaucoup de pratique et plus
de rectitude dans l'esprit que de calculs. L'estimation
des forêts est un anneau essentiel des travaux confiés
à la science forestière : c'est le corollaire, le complément de sa mission, rien n'étant plus éventuel que
l'estimation d'une superficie de bois.

L'expérience nous a appris plus d'une fois que

le garde à barbe grise, et passant pour un aigle en estimation forestière, se trompait à s'en étonner lui-même, tout en vous assurant, quelques jours auparavant, et de bonne foi, que, sur un produit de 1,000 à 1,200 fr. l'hectare, il n'errerait pas de 10 francs; aussi avertissons-nous les marchands de bois et propriétaires de ne pas toujours considérer comme infaillibles les évaluations de leurs gardes ou régisseurs.

DE L'ESTIMATION D'UNE SUPERFICIE.

Le prix d'une superficie de bois tient, premièrement, au débit de ses produits, à sa position plus ou moins éloignée des grands foyers de consommation ou des rivières et canaux qui y conduisent, à la nature du sol, aux essences qui la garnissent, à l'âge, au nombre de réserves qu'elle contient, aux améliorations qu'on peut espérer par la création d'usines, l'établissement de routes nouvelles pour une exploitation industrielle inconnue aux localités, ou enfin à un aménagement *d'une gestion forestière mieux combinée*.

Or, après avoir pesé mûrement et bien réfléchi les considérations ci-dessus, on commence ensuite par faire le tour entier de la superficie qu'on doit évaluer, afin d'en reconnaître exactement les limites et ne pas s'exposer à prendre les bois de A pour ceux de B. Les limites d'un bois sont ordinairement fixées par des fossés d'entourage, par des arbres de lisières et d'autres, placés dans les angles appelés *pieds corniers*; ces derniers sont de tous âges et de toutes essences, qu'on laisse même tomber en poussière plutôt que de les couper ou arracher, attendu qu'ils sont les gardiens du sol et placés pour prévenir toutes anticipations.

Le bois exploré dans son entourage, on compte ensuite, par bandes ou laies, les réserves depuis le baliveau de la dernière coupe jusqu'au séculaire et au-dessus, en les casant, dans un état à colonnes, par essences, âges et classes, et en donnant un prix à chaque espèce d'arbres, soit au pied cube ou par arbre, suivant sa qualité : c'est un ordre, au surplus, que chacun peut établir à sa manière et suivant ses connaissances arithmétiques.

Ces notes prises, on parcourt de nouveau la coupe à faire, afin d'en estimer le taillis et l'apatroner avec la réserve.

Pour arriver à ce but avec le plus de succès possible, il faut la visiter transversalement et en plusieurs sens, dans le bon, le médiocre, le mauvais et le très-mauvais. Nous ne saurions trop recommander surtout de faire cette opération le plus également possible, en se défendant notamment de vouloir toujours aller aux bonnes parties de préférence aux mauvaises, ce qui arrive sans qu'on s'en aperçoive, parce qu'on se plaît naturellement à voir ce qu'on désire, et qu'une pente insensible vous porte à vous illusionner sur un achat en herbe qui promet en imagination des bénéfices qui, souvent, font défaut. Ensuite, le parcours intérieur et extérieur achevé, on doit résumer tout ce qu'on a pu voir,

1.° En reconnaissant les limites du bois,

2° En comptant les réserves ,

3° En le traversant en **X** ou sur deux lignes croisées.

Admettons qu'on ait reconnu cinq qualités ou classes différentes et, sur une coupe de 25 hectares, que nous fixerons, pour ordre, ainsi qu'il suit :

1re classe, 5 hectares à 1800 fr.

2e id.	5 id.	à 1500
3e id.	5 id.	à 1200
4e id.	5 id.	à 900
5^c id.	5 id.	à 600
	25	6000 fr.

La commune sera donc de 1200 francs l'hectare , ou 600 francs l'arpent ; déduire sur ce produit 10 pour 100 pour le bénéfice de l'exploitant , le prix net de l'hectare sera de 1080 francs ou 540 francs l'arpent.

Dans les contrées où le bois est très-recherché , les marchands exploitants , pour mieux s'assurer de la valeur d'une superficie, arpentent une perche seulement (50 centiares) dans chaque qualité, et ensuite comptent, autant qu'ils le peuvent, en y faisant une barre à l'ocre , tous les pieds d'arbres ou lances en taillis et réserves qu'elle contient ; enfin , à l'aide d'échelles et ficelles, ils mesurent la hauteur et la rotondité des vieux arbres.

L'homme, de sa nature, aimant à s'illusionner, nous le répétons, ces précautions poussées à l'extrême peuvent facilement égarer des têtes françaises, notamment quand elles commencent par se garnir l'estomac de libations copieuses, ainsi que cela arrive quelquefois à la gent forestière de bas étage, en vue de se prémunir contre les fraîches matinées d'octobre et de novembre, époques où se font ordinairement, et à tort, les estimations et ventes de bois.

Il faut être d'autant plus circonspect et sévère même sur ces sortes d'opérations, qui, dans leurs résultats, offrent tant de variations, que, si un marchand n'a pas de la marge, il peut se ruiner tout en se donnant bien des soucis et des peines.

Nous croyons, en conséquence, devoir avertir les jeunes forestiers ou ceux qui, par l'amour des progrès et de la perfection, voudraient établir des estimations de bois, sur les théories professées par les forestiers allemands et relatées très-amplement au dictionnaire Baudrillart, Vol. E. Z., page 58, qu'ils s'égareraient à ne pouvoir plus se retrouver, même avec les connaissances mathématiques les plus étendues.

Comment fixer la valeur précise de chaque arbre ou lance ? Pour cela il faudrait au moins qu'ils fussent abattus, sans malandres ni vices, et, en outre, négliger une infinité de détails et accessoires qui, calculés rigoureusement, présenteraient des produits qui ne se réaliseraient pas ; le moyen le plus certain en estimation de bois, c'est tout simplement, quand on a l'expérience des exploitations, de faire une commune de chaque chose, et de priser ensuite toutes les superficies ou fonds sur d'antécédents produits, et sur le cours du prix des bois *puisé à bonne source.*

Les bois qui s'allongent peu, qui sont courts et trapus, à branches traînantes ou horizontales, quoique paraissant aux néophytes forestiers très-garnis et de bonne qualité, sont généralement d'un très-faible produit ; nous engageons à s'en méfier, surtout si les réserves sont peu élevées, font parasol, et encore plus s'il n'y en a pas, parce que le sol n'aura pu en supporter ou qu'on les aura fait abattre pour mieux déguiser l'aridité du fonds ; tandis qu'un bois bien lancé à écorce luisante, sur souches ou par cépées, produit beaucoup : c'est donc sur la longueur des arbres particulièrement qu'il faut évaluer les superficies de bois ; ce qui est en l'air ne semble rien d'abord, et c'est ce qu'il faut s'attacher d'apprécier. Dans une coupe, par exemple, où le taillis arrive presque à la hauteur de ses réserves, quand tout est abattu et scié, le terrain se trouve couvert de produits inattendus et riches.

L'usage des localités qui approvisionnent la capitale est d'évaluer le produit d'un arpent de taillis (51 ares) sur ce que chaque brin ou lance peut produire en bûches de trois pieds et demi (114 centimètres) de longueur. Si le brin rend, terme moyen, trois bûches, on peut compter sur autant de cordes ou de demi-décastères que de bûches ($1^d 5^s$ par arpent). Six bûches, six cordes ou trois décastères pour chaque arpent.

Le charbonnage et les bourrées s'évaluent en raison du produit de la moulée ou bois de chauffage, savoir :

Par demi-décastère ou corde, 2 cordes de charbonnage.

Par id.   id.   id.   1 cent de bourrées.

Il ne faudrait pas s'arrêter, à la rigueur, à cette évaluation de routine, car cette appréciation vulgaire serait souvent très-inexacte ; attendu que de jeunes taillis de 18 à 20 ans très-fourrés, essences charme et hêtre , donnent presque toujours quatre fois plus de charbonnage et bourrées que de moulée, lorsque dans d'autres sur coteaux en chêne pur on ne comptera pas plus de cordes de charbonnage et de cents de bourrées que de cordes de moulée. (Voir nos instructions sur ce sujet au chapitre des *Exploitations*, 2ᵉ vol.)

Quant à l'appréciation particulière de la vieille écorce , séparée du taillis , en arbres de soixante-dix ans et au-dessus, elle doit se faire d'après les indications ci-dessus , et les procédés indiqués à notre chapitre *exploitations*, pour les tiges propres à la charpente ou autre industrie ; mais, si les arbres sont viciés et susceptibles seulement d'être convertis en bois de chauffage , on se guidera sur les moyens désignés même section.

L'estimation de la défroque des houppiers ou branchages des arbres futaies sur taillis est une opération que chacun fait à sa manière, suivant son expérience, pour laquelle, toutefois, nous ne pouvons donner de bases bien certaines : ces résidus, on peut le concevoir facilement, ont une valeur relative : suivant leur situation, et selon qu'ils sont plus ou moins favorisés par les influences atmosphériques, les richesses du

sol, leur âge et les avantages de localités ; en conséquence, nous fixerons nos calculs de produits approxi-
matifs pour un sol ordinaire, ni trop maigre, ni
d'une végétation de première classe, en un mot sur
une commune moyenne :

1° Pour un arbre de 3 pieds de tour (1 mètre), 1/8
de corde ou 2 décistères ;

2° Idem de 4 pieds 6 pouces (1 mètre 51 centimètres), 3/8 idem, 6 décistères ;

3° Idem de 5 pieds (1 mètre 66 cent.) 5/8 idem,
1 stère 5 décistères ;

4° Idem de 6 pieds (2 mètres), 1 corde 2 stères.

Les arbres résineux de 4 à 5 pieds de tour (1 m.
33 c. à 2ᵐ 66 c.) se calculent sur un produit, l'un dans
l'autre, d'environ 6/8 de corde ou 1 stère 5 décistères chaque. Ces produits sur les essences feuillues
ainsi que sur les résineuses peuvent être doublés
et plus, lorsqu'elles sont isolées, près de terrains cultivés ou sur des haies et bordures. En résumé, beaucoup de gardes-vente, sur 100 solives ou 300 pieds
cubes de bois équarris, formant 10 stères environ,
ou 160 à 180 solives en grume, comptent 15 cordes
ou 30 stères, en résidus de houppes et branchages.

Nos plus grands forestiers prisent peu les superficies en bois blanc (bouleau, tremble et marseau),
c'est une profonde erreur ; nous allons l'établir en
peu de mots. Ils ignorent probablement que ces essences prolifiques à vingt-cinq ou trente ans, même
au-dessous de ces âges, ainsi que nous l'avons déjà
répété plusieurs fois, produisent en matière, par la ra-

pidité de leur croissance, le double du chêne et autres essences pivotantes et dures.

Il est vrai qu'elles ne sont point employées pour les foyers domestiques et peu en constructions ; mais les sabotiers, les boulangers, les pâtissiers, les fabriques de tous genres, particulièrement les porcelaineries, faïenceries, poteries, en font une si prodigieuse consommation, qu'elles se vendent toujours et en toutes saisons, qu'il y ait de l'hiver ou qu'il n'y en ait pas.

Dans le commerce, le bois blanc se livre à trois pour deux, c'est-à-dire que deux décastères de bois de chêne, à 120 francs le décastère, représentent en prix la somme de 240 fr., qui équivalent à 3 décastères en bois blanc à 80 francs.

Le bois blanc, produisant le double en matière, a donc un avantage sur le chêne d'un quart ; son prix, en outre, est presque invariable, étant d'une consommation incessante, et n'ayant rien à redouter des influences atmosphériques. En définitive, il y a beaucoup à espérer lorsqu'un bois est fortement garni en bois blanc, attendu que ce qui manque en qualité est plus que compensé *par la quantité*.

Dans les bois en chêne et charme, qui sont garnis de bois blanc, c'est, pour le marchand expérimenté, une réjouissance, contre laquelle il ne recule pas ; il s'en accommode, au contraire, très-bien ; de même quand les réserves d'un bois sont vigoureuses et très-lancées avec des branches vives et bien nourries ; que l'intérieur est riche *en volières,* que les bords ou lisières, les fossés ou chemins sont spécialement garnis de réserves, lorsque enfin les essences sont utilement mélangées et que tout atteste l'ensemble d'une sage et prévoyante administration, ce qu'un estimateur et tout garde-vente doivent s'attacher à reconnaitre et à apprécier. (Voir nos articles *Bouleau* et *Tremble*, vol. 1, p. 114 et 121.)

La capacité d'un garde-vente ou de tous régisseurs forestiers, experts en bois, se reconnaît

1° Au classement du produit des coupes ;

2° A l'énonciation des bois qui peuvent se convertir en industrie avec assurance de débit, comme raclerie, merrain, lattes, planches, cercles, échalas, courbes, charpentes, raies, moulée, chantiers, charbonnage, fagots, bourrées, etc., etc. ;

3° Enfin à l'appréciation de la qualité des anciennes réserves, opération difficile dans les vieilles futaies surtout.

Lorsque l'écorce du chêne est grossière et cannelée, que ses feuilles sont petites, on doit présumer que son bois est rouge et, par conséquent, impropre à toute industrie, même à la charpente ; en général, la défectuosité des bois se remarque à un feuillage terne, aux abreuvoirs, chancres et trous que les oiseaux et insectes y forment, mais particulièrement à une écorce brune criblée de petites cellules par les insectes, et à une écorce tombante et vermoulue. (Voir nos chapitres *Gelivure, Cadranure* et *Roulure*.)

Par tous ces avertissements et les détails qui précèdent, nous désirons vivement être assez heureux pour qu'un jour ils puissent contribuer à prévenir les er-

reurs qui se commettent trop communément dans l'é-
valuation de la superficie des propriétés forestières.

DE L'ÉVALUATION DU SOL.

Le fonds d'un bois s'estime, ainsi que nous l'avons
dit, par les revenus et produits de sa superficie ; ordinairement il équivaut au tiers de la valeur d'une superficie de 18 à 25 ans ; au-dessus de cet âge, comme
le taillis prend, chaque année, une plus grande valeur
et qu'il y a, au contraire, décroissance dans celle du
sol, il ne doit plus s'estimer sur cette base ni sur les
revenus, cela doit se régler suivant qu'il est plus ou
moins chargé de réserves, que les taillis sont bien ou mal
venants et plus ou moins bien conservés ; exemple :

Un propriétaire de 250 hectares ou 500 arpents de
bois d'un revenu annuel de 10,000 fr., qui les aura
exploités, pendant 40 ans (deux révolutions), en bon
père de famille, en laissant, notamment dans chaque
coupe, un grand nombre de *jeunes brins* de semis et
même sur souches appelées *volières* sans valeur lors
de la coupe ; qui aura, en outre, conservé successivement une belle réserve de toutes essences bien
espacées : toutes ses coupes, ainsi pourvues à sa mort,
son fils peut avoir, pendant une révolution entière
(20 à 25 ans), un revenu supérieur, même de 5,000 f.,
à celui de son père (15,000 f.), parce qu'il aura abattu
toutes les économies de ses ancêtres. Dans ce cas, on
doit se garder d'estimer les fonds sur les revenus
extraordinaires obtenus par le fils, ni même sur ceux

du père, qui se trouveront diminués infailliblement d'un quart au moins, notamment par 3,000 f. de réserves que le père exploitait annuellement avec ses taillis et qu'on ne retrouvera plus.

Dans cette position, nous pensons qu'en réduisant le produit annuel des coupes à 7,500 f., ce serait la base la plus juste qu'on puisse adopter, comptant pour 500 fr. le produit du taillis venu à la place des réserves exploitées annuellement par le père; évaluation, cependant, qu'on pourra modifier suivant l'état des coupes et selon qu'elles auraient plus ou moins été dépouillées de leurs réserves et volières.

Un fonds de bois ne peut donc pas toujours s'évaluer précisément sur les revenus perçus, ou l'on s'exposerait à de grands mécomptes. Cette opération doit se faire, nous le renouvelons ici,

1º Sur la nature du sol et ses produits;

2º Sur la pousse plus ou moins vive du taillis;

3º Sur la qualité et le nombre des réserves.

Un fonds de bois, qui aura été épuisé par une trop grande quantité de réserves ou par une coupe retardée bien au delà de son aménagement ordinaire, ne peut être mis au même prix qu'un jeune taillis de 18 à 25 ans, très-vivace et garni d'une réserve que le fonds peut supporter de même sans inconvénient.

Un fonds de vieux gaulis ou de futaies est un terrain de la plus mince valeur sur lequel les rejets de taillis sont languissants ou rares; alors on n'a quelquefois rien de mieux à faire que de chercher à le régénérer en y introduisant les cochons, quelques années avant de procéder à la coupe, et en empêchant le ramassage des glands, ou enfin en le replantant à neuf. (Voir notre article *Coupes,* page 250.)

Qu'on nous pardonne cette excursion sur la régénération des bois, que nous ne consignons ici que pour faire comprendre qu'on doit mettre, dans la classe des fonds de bois presque sans valeur, le sol des taillis surchargés d'une trop grande quantité de réserves, et à peu près sur le même pied de valeur que les gaulis et futaies.

Lorsqu'une forêt est en coupe réglée avec une réserve constante en baliveaux et anciens bois, et qu'elle est régulièrement maintenue pendant deux à trois révolutions successives (40 à 60 ans), rien n'est plus facile à évaluer, en prenant une commune sur ses produits pendant 10, 20 ou 30 ans; mais quand, au contraire, il y a eu irrégularité ou anticipation de coupes, destruction des réserves, confusion et gaspillage, l'estimation des superficies, puis du fonds doit être faite par pièces ou coupes, comme pour un bois isolé et sans aménagement. Ces principes posés, nous allons entrer en matière sur l'appréciation du sol; supposons un hectare fraîchement coupé, acquis, par exemple, 800 f., en janvier 1839, poussant actuellement ses premières feuilles; intérêt à 4 0/0, il reviendra au 1ᵉʳ janvier 1859, 20 ans après, à.   .   1752 f. 88 c.

Déduire la valeur de sa superficie qu'on fixe sur ce qu'elle pourra rendre d'après sa venue, admettons.   .   1400   » »
____
Le fonds restera alors pour.   .   .   352   88

Les tableaux suivants, au surplus, qui termineront nos instructions seront un guide pour les personnes les moins versées dans la culture et l'exploitation des forêts. Avec ces tarifs, en se pénétrant bien de ce que nous recommandons pour apprécier les superficies et le sol des bois, elles auront une marche tracée et pourront, sans de grands efforts, nous l'espérons, faire tous calculs sur la valeur des propriétés forestières ; c'est dans cette intention que nous y avons apporté tous nos soins.

N° I.

TABLEAU DU PRIX AUQUEL REVIENT UN HECTARE DE BOIS ACHETÉ 400 FRANCS, AU BOUT DE 20 ANS, AVEC INTÉRÊTS COMPOSÉS.

	A 3 POUR CENT.			A 4 POUR CENT.			A 5 POUR CENT.		
	fr.	c.	mil.	fr.	c.	mil.	fr.	c.	mil.
1re	412	»	»	416	»	»	420	»	»
2e	424	36	»	432	64	»	441	»	»
3e	437	09	08	449	94	56	463	05	»
4e	450	20	35	467	94	32	486	20	25
5e	463	70	95	486	66	08	510	51	25
6e	477	62	05	506	12	72	536	3	80
7e	491	94	91	526	37	20	562	83	95
8e	506	70	73	547	42	68	590	98	10
9e	521	90	83	569	32	36	620	53	04
10e	537	56	53	592	09	64	651	55	65
11e	553	69	21	615	78	»	684	13	40
12e	570	30	28	640	41	12	718	34	05
13e	587	41	18	666	02	76	754	25	75
14e	605	03	41	692	66	84	791	97	»
15e	623	18	50	720	37	48	831	56	85
16e	641	88	04	749	18	96	873	14	65
17e	661	13	68	779	15	68	916	80	35
18e	680	97	07	840	32	28	962	64	35
19e	701	39	98	842	73	56	1010	77	55
20e	722	44	15	876	44	48	1061	31	30

Nous n'avons pas parlé, dans le tableau n. 1 ci-dessus, des impôts, frais de garde, fossés, semis et plantations, parce que ces dépenses, dans beaucoup de localités, se compensent par l'essartage, l'élagage, le rouettage, par la chasse, le pacage, la glandée et les bois brisés et dépérissants. On peut, au besoin, les fixer et les déduire ensuite sur la valeur de la superficie, ou les ajouter pour une somme quelconque au capital d'achat.

En France, les terres s'acquièrent sur un revenu net de 3 0/0, même à 2 1/2 quand il y a une jolie habitation ou quelques autres agréments.

Les bois, quoique pleins d'avenir, se vendent à 4 0/0 à cause de la non-fixité des revenus, qui, depuis plus d'un siècle, sont cependant toujours croissants, et aussi parce que les marchands de bois ne présentent pas autant de sécurité, pour le recouvrement des revenus, que les fermiers qui, en bestiaux, instruments aratoires et récoltes, ont trois fois la représentation du prix d'une année de bail.

Les maisons se traitent depuis 1 0/0 jusqu'à 10, suivant leurs convenance, solidité et position ; à Paris, en bonnes constructions et pour louer, c'est de 4 à 6 ; les usines de 5 à 15.

Les tableaux n°s 2 et 3, qui vont suivre, sont empruntés à une publication faite en 1837 par M. Brossin de Saint-Didier, conseiller maître des Comptes, démissionnaire en 1830, sur *l'appréciation des bois suivant leur âge.*

TABLE GRADUÉE PRÉSENTANT A CHAQUE AGE LA VALEUR RELATIVE ET
(On entend, par valeur nécessaire, celle qui représe

AGES.	VALEUR POUR UN REVENU brut de 10 fr.		VALEUR POUR UN REVENU brut de 11 fr.		VALEUR POUR UN REVENU brut de 12 fr.		VALEUR POUR UN REVENU brut de 13 fr.		VALEUR POUR UN brut de
	fr.		fr.		fr.		fr.		fr.
1 année.	10		11		12		13		14
2 (A)	20	40	22	44	24	48	26	52	28
3	31	22	34	34	37	46	40	58	43
4	42	47	46	71	50	95	55	20	59
5	54	17	59	58	64	98	70	41	75
6	66	33	72	96	79	57	86	23	92
7	78	98	86	88	94	75	102	68	110
8	92	14	101	36	110	54	110	79	128
9	105	83	116	41	126	96	137	58	148
10	120	06	132	07	144	06	156	08	168
11	134	86	148	37	161	82	175	32	188
12	150	25	165	30	180	29	195	33	210
13	166	26	182	91	199	50	216	14	232
14	182	92	201	22	219	48	237	79	256
15	200	24	220	27	240	26	260	30	280
16	218	25	240	08	261	86	283	71	305
17	236	98	260	68	284	33	308	06	331
18	256	46	282	11	307	70	333	38	359
19	276	72	304	39	332	01	359	72	387
20	297	79	327	57	357	29	387	11	416
21	319	70	351	67	383	58	415	59	447
22	342	49	376	74	410	92	445	21	479
23	366	18	402	80	439	35	476	02	512
24	390	83	429	91	468	92	508	06	547
25	416	46	458	11	499	68	541	38	582
26	443	12	487	43	531	67	576	04	620
27	470	84	517	93	564	93	612	08	659
28	499	67	549	65	599	53	649	56	699
29	529	66	582	63	635	51	688	54	741
revenu net (B).	6		7		8		9		1
valeur du fonds (C).	150		175		200		225		25

(A) Dans la formation de cette table, on a supposé que les contributions
multipliés qui n'auraient pour résultat que des différences trop légères po
   (B) On suppose dans l'appréciation du revenu net que les frais ann
comme celle de l'intérêt à 4 pour cent, est applicable à la localité où se
primée.
   (C) On a cru utile de porter ici la valeur du fonds dans les hypothèses
placés dans les mêmes conditions ; mais, dans l'usage général, cette in

E LA SUPERFICIE D'UN ARPENT DE BOIS, L'INTÉRÊT ÉTANT DE 4 POUR CENT.
vances faites en frais et intérêts, depuis la coupe.)

EUR REVENU 15 fr.	VALEUR POUR UN REVENU brut de 16 fr.		VALEUR POUR UN REVENU brut de 17 fr.		VALEUR POUR UN REVENU brut de 18 fr.		VALEUR POUR UN REVENU brut de 19 fr.		VALEUR POUR UN REVENU brut de 20 fr.	
	fr. 16		fr. 17		fr. 18		fr. 19		fr. 20	
60	32	64	34	68	36	72	38	76	40	80
82	49	95	53	07	56	19	59	31	62	44
69	67	95	72	19	76	44	80	68	84	91
24	86	67	92	08	97	50	102	91	108	34
49	106	14	112	76	119	40	126	03	132	66
47	126	39	134	27	142	18	150	07	157	96
21	147	45	156	64	165	87	175	07	184	28
74	169	35	179	91	190	50	201	07	211	66
09	192	12	204	11	216	12	228	11	240	12
29	215	80	229	27	242	76	256	23	269	72
38	240	43	255	44	270	47	285	48	300	50
40	266	05	282	66	299	29	315	90	332	52
38	292	69	310	97	329	26	347	54	365	84
35	320	40	340	41	360	43	380	44	400	48
36	349	22	371	03	392	85	414	66	436	50
45	379	19	402	87	426	56	450	25	473	96
67	410	36	435	98	461	62	487	26	512	92
06	442	77	470	42	498	08	525	75	553	44
66	476	47	506	24	536	00	565	78	595	58
53	511	53	543	49	575	44	607	41	639	40
71	547	99	582	23	616	46	650	71	684	98
26	585	91	622	52	559	12	695	74	732	36
23	625	35	664	42	703	48	742	57	781	66
68	666	36	708	00	749	62	791	27	832	92
67	709	01	753	32	797	60	841	92	886	24
26	753	37	800	45	847	50	894	60	941	68
51	799	50	849	47	899	40	949	38	999	34
49	847	48	900	45	953	38	1006	35	1059	32
4	12		13		14		15		16	
75	300		325		350		375		400	

ais ne se payaient qu'à la fin de chaque année, afin d'éviter des calculs
considération.
repeuplement et de contributions s'élèvent à 4 francs : cette supposition,
uteur de cette table. Dans l'usage général, cette indication doit être sup-

ent à l'intérêt et aux frais annuels, afin d'éviter tout calcul pour les bois
ssi être supprimée.

N° III.

TABLE PRÉSENTANT LA VALEUR NÉCESSÂIRE DE LA SUPERFICIE D'UN AR-
PENT DE BOIS SUIVANT LE TAUX D'INTÉRÊT QUE L'ON VEUT OBTENIR, LE
REVENU BRUT ÉTANT DE 10 FRANCS.

AGES.	INTÉRÊT à 3 pour cent.		INTÉRÊT à 3-50 p. cent.		INTÉRÊT à 4 pour cent.		INTÉRÊT à 4-50 p. cent.		INTÉRÊT à 5 pour cent.	
1	10		10		10		10		10	
2	20	30	20	35	20	40	20	45	20	50
3	30	91	31	06	31	22	31	37	31	52
4	41	84	42	15	42	47	42	78	43	10
5	53	09	53	63	54	17	54	71	55	25
6	64	68	65	50	66	33	67	17	68	01
7	76	62	77	80	78	98	80	20	81	41
8	88	92	90	53	92	14	93	81	95	48
9	101	59	103	71	105	83	108	03	110	25
10	114	64	117	34	120	06	122	89	125	76
11	128	07	131	45	134	86	138	42	142	05
12	141	91	146	05	150	25	154	65	159	15
13	156	17	161	16	166	26	171	61	177	11
14	170	85	176	80	182	92	189	33	195	97
15	185	98	192	99	200	24	207	85	215	77
16	201	56	209	74	218	25	227	20	236	56
17	217	61	227	09	236	98	247	42	258	39
18	234	14	245	04	256	46	268	55	281	31
19	251	16	263	61	276	72	290	63	305	37
20	268	69	282	84	297	79	313	71	330	64
21	286	75	302	74	319	70	337	83	357	17
22	305	35	323	33	342	49	363	03	385	03
23	324	51	344	65	366	18	389	37	414	28
24	344	25	366	71	390	83	416	89	444	99
25	364	58	389	54	416	46	445	65	477	24
26	385	52	413	17	443	12	475	70	511	10
27	407	09	437	63	470	84	507	11	546	65
28	429	30	462	95	499	67	539	93	583	98
29	452	18	489	15	529	66	574	23	623	18

N° IV.

TABLEAU DE LA VALEUR PROGRESSIVE D'UN BOIS DEPUIS UN AN JUSQU'A 20, AVEC L'INTÉRÊT DE L'INTÉRÊT.

(L'hectare de 20 ans supposé, de terme moyen, 761 f. 61 centimes.)

AGES.	VALEUR DES FEUILLES.	IMPOT FONCIER.		REVENU IMPOSABLE.		FRAIS DES GARDES ET REPEUPLEMENT.		TOTAL.	INTÉRÊTS DES FEUILLES ET DÉPENSES.		TOTAUX.	
	fr.	fr.	c.	fr.	c.	fr.	c.	fr.	fr.	c.	fr.	c.
1	20	2	50	22	50	1	50	24			24	
2	»	»	»	»	»	»	»	»	1	20	25	20
3	»	»	»	»	»	»	»	»	2	46	51	66
4	»	»	»	»	»	»	»	»	3	78	79	44
5	»	»	»	»	»	»	»	»	5	17	108	61
6	»	»	»	»	»	»	»	»	6	63	139	24
7	»	»	»	»	»	»	»	»	8	16	171	40
8	»	»	»	»	»	»	»	»	9	17	205	17
9	»	»	»	»	»	»	»	»	11	45	240	62
10	»	»	»	»	»	»	»	»	13	23	277	85
11	»	»	»	»	»	»	»	»	15	09	316	95
12	»	»	»	»	»	»	»	»	17	04	357	99
13	»	»	»	»	»	»	»	»	19	09	401	09
14	»	»	»	»	»	»	»	»	21	29	446	38
15	»	»	»	»	»	»	»	»	23	51	493	90
16	»	»	»	»	»	»	»	»	25	89	543	80
17	»	»	»	»	»	»	»	»	28	39	596	19
18	»	»	»	»	»	»	»	»	31	»	651	20
19	»	»	»	»	»	»	»	»	33	76	708	96
20	»	»	»	»	»	»	»	»	36	64	769	61

Avec ce tableau comme avec le premier, on pourra connaître, en diminuant ou en augmentant le prix des feuilles, ce qu'on aura à espérer d'intérêts d'une acquisition de bois.

A 5 fr. la feuille, avec les impôts et autres dépenses, ce serait le quart. .   193 fr. 40 c. l'hect.
à 10 fr. la moitié.   .   .   .   384   80   *id.*
à 30 fr. un tiers en sus. . .   1154   40   *id.*
à 40 fr. le double.   .   .   .   1539   20   *id.*

C'est donc une crémaillère qu'on avancera ou re-
culera suivant la valeur du bois dont on voudra
fixer le revenu.

APERCU DE CE QU'UN HECTARE DE BOIS DOIT CONTENIR DE BRINS OU LANCES SUIVANT SON AGE.

18 à 20 ans	6,000 à 7,000.
30 à 40	3,200 à 4,000.
50 à 60	1,200 à 1,500.
70 à 80	750 à 1,000.
90 à 100	600 à 800.
100 à 150 et au-dessus	500 à 600.

MORT-BOIS.

Dans cette ancienne désignation du mort-bois, on
comprend le saulx (saule), marseau, genêt, puine,
seur (sureau), la viorne, le fusain, la bourdaine, le
houx, les épines, le genévrier et la ronce.

BOIS MORT.

Bois sec, en étants ou gisants ;
ord. de 1669.

CHAPITRE XI.

Le feu prend quelquefois dans les bois par la malveillance, et plus ordinairement par la négligence des bûcherons, qui, pour assurer le service de leur pipe et de leur marmite, le soir, en quittant leurs ateliers, chargent leurs feux outre mesure, au lieu de les éteindre. Les pâtres et bergers font de même; ils en allument même souvent en plusieurs endroits en un jour, et négligent ensuite de les détruire, ou de les couvrir de cendres, lorsqu'ils changent de position.

Les gardes ne sauraient donc exercer une trop grande surveillance à cet égard, particulièrement dans les hâles de mars et les sécheresses de juillet.

L'incendie d'un bois est plus à craindre sur une montagne que dans une vallée où le vent a moins d'action, et où se trouvent, en outre, des mares, ou, au moins, une humidité qui paralyse le sinistre dès son début.

Lorsqu'un bois est en feu, il est inutile de perdre son temps à vouloir l'éteindre avec le secours des pompes à incendie, qui sont rares dans les forêts, et même dans les habitations voisines. Le meilleur moyen à employer est alors de chercher à le barrer par un fossé frais, qu'on lui oppose à la hâte, où d'établir une chaine d'hommes à gros sabots, qui le broient et l'étouffent sous leurs pieds, en le frappant de forts balais, dont ils doivent être armés pour s'en défendre; de cette manière on peut espérer d'éteindre l'incendie en peu de temps et à peu de frais, si toutefois il n'est pas trop intense.

Le feu, dans un bois, s'alimente par les feuilles mortes, les bois trainards, par les ronces, bruyères, épines, et particulièrement par la mousse; il roule sur la superficie de la terre comme une eau débordée et croissante. Il n'est point dangereux pour les hommes en veste, mais il est à craindre pour ceux en blouse ou pour les vêtements de femmes.

Un fossé, comme nous venons de le dire, ou un monticule, sont des positions favorables pour arrêter la flamme; rarement le feu prend dans un bois bien fourré; le défaut d'air ou l'humidité l'empêchent d'y faire ses ravages.

C'est ordinairement dans les bois garnis de vieux genêts morts ou de bruyères sèches qu'il est plus vivace et plus à craindre; ensuite, dans ceux en chêne, éclaircis par le temps ou les élagages, c'est là qu'il est le plus funeste, parce qu'il attaque plus vivement les gros brins, c'est-à-dire ceux qui sont fortement garnis de mousse.

Si l'incendie s'est fait sentir jusqu'à la racine, il

faut, sans perdre un moment, mettre le bois en exploitation, quand ce ne serait que pour faire du charbonnage et de la bourrée; on ne doit laisser, dans ce cas, en réserve que des brins non attaqués par le feu. Un arbre qui a été brûlé par le pied, à moins qu'il ne soit fort vieux (100 à 120 ans), se remet très-difficilement d'un coup de feu; ses racines ayant été attaquées ne répandent plus leur sève avec la même vigueur, et, après une végétation languissante de quelques années, l'arbre périt.

Lorsque l'atteinte du feu est légère, ce qu'on voit par la mousse plus ou moins brûlée, un jeune taillis peut se remettre, mais cela est rare, et nous tenons pour certain que le meilleur moyen de régénérer le bois et de n'avoir point trop à regretter cette catastrophe, c'est d'y mettre la cognée dès que la saison le permet; cependant, après la coupe d'une vieille futaie, le feu est salutaire, pour détruire le genêt, bruyères et autres parasites, qui ont leurs racines à fleur de terre; et les bonnes essences, s'en trouvant faiblement attaquées, renaissent de leurs cendres, particulièrement si le terrain est frais et riche de fonds, surtout en recepant immédiatement après le passage du feu et à vif les souches et rameaux apparents. **Les bois fortement grêlés exigent, pour être remis en bon ordre, le même traitement que ceux incendiés à vif.**

CHAPITRE XII.

Hésiode, Virgile, Caton, Pline, Columelle, Talès, d'Acosta, croyaient à l'influence de la lune sur les végétaux ; nonobstant d'aussi importantes autorités, nous contredisons cette croyance, au moins en ce qui concerne les bois. C'est, suivant nous, une sorte de superstition soutenue par l'intérêt, nullement vérifiée par ceux qui en sont partisans et que la crainte de perdre fera longtemps exister.

L'opinion du peuple, et même celle d'hommes graves sur les jours heureux ou malheureux, sur les influences des astres, et surtout sur celles de la lune, est un bien ancien préjugé.

Les Grecs et les Romains, comme on sait, n'entreprenaient jamais rien sans qu'ils eussent consulté les augures, dont les décisions bonnes ou mauvaises les guidaient dans leurs actions.

Leurs armées avançaient ou reculaient suivant l'avis de leurs auspices, fondé sur le vol des oiseaux, le becqueter des poulets, les cris des grues, le coassement des grenouilles, etc.

La curiosité naturelle à l'homme, le désir de connaître les événements, la pente qui presque toujours l'entraîne vers le merveilleux, dirigent son esprit vers les choses occultes, et il s'abandonne aux idées superstitieuses, lorsqu'il ne peut ou ne veut pas se donner la peine de chercher la raison. Tels sont, entre autres, les préjugés répandus sur l'influence de la lune. Cet astre, nous le garantissons, n'a, par son attraction, aucune influence sur les bois. Lorsqu'il se rapproche ou s'écarte de la terre, il cause les hautes et les basses marées, et, quand le soleil réunit son concours attractif à celui de la lune, on a les grandes marées ; seulement la puissance de la lune étant deux fois et demie aussi grande que celle du soleil, son action sur les marées est plus directe et plus forte à cette époque.

Duhamel a fait, sous le règne de Louis XV (de 1732 à 36), dix-sept expériences sur les bois de chêne, orme, frêne, châtaignier, hêtre et autres, coupés dans les vieilles et jeunes lunes. Contre l'opinion si bien accréditée, même auprès de nos administrations de premier ordre, les bois durs coupés en croissant (jeune lune) étaient plus sains et avaient plus de poids que ceux qui avaient été abattus en décours (vieille lune), mais dans une proportion d'environ 6 0/0, et Duhamel, à cet égard, laisse son lecteur dans l'indécision. Nous croyant plus praticien que lui, nous pensons avoir trouvé la raison pour laquelle les bois coupés en croissant ont plus de qualité et de

poids que ceux abattus en décours, toutefois dans une
bien faible proportion.

On sait, lorsqu'on a lu l'annuaire de l'astronome
Arago, que, d'après les observations météorolo-
giques de Stuttgard et Ausbourg, de 1809 à 1828,
en 20 ans, il a plu en jeune lune. . 1,609 jours.
En décours. 1,457
                                    ————
        Total pour 20 ans. . . . 3,066 jours.

Comptant, année commune, 365 et 366 tous les
quatre ans, les 20 ans donnent 7,305 jours, savoir :
sans pluie 4,239, avec pluie 3,066, ou 59 jours
15 heures 36 minutes par an de plus que les jours de
pluie ou de neige, c'est-à-dire que sur 11 jours il
pleut 5 jours et qu'il y en a 6 sans pluie; mais comme
il pleut moins à Montpellier qu'à Paris, et dans cette
ville et ses environs moins qu'à Stuttgard; en France
la commune peut être établie, sur 18 jours, 11 sans
pluie et 7 avec pluie ou neige; et attendu, d'après le
tableau ci-dessus, qu'il pleut plus en nouvelle lune
qu'en vieille lune, et dans une proportion, sur 20 ans,
de 696 à 845 ou 100 à 121, et enfin en nombre rond
de 5 à 6, il y a donc plus de beaux jours en décours
qu'en croissant; de là vient peut-être la préférence
que nos ancêtres donnaient aux abatages de bois en
vieille lune, plutôt par le beau temps que par la pluie.
Nous pensons, au résumé, que le bois coupé en jeune
lune, contrairement à l'opinion vulgaire, a plus de
qualité qu'en décours et, dans la proportion du nombre 6 équivalant précisément à l'excédant des jours

de pluie. En outre (et c'est notre conviction), si le bois coupé en jeune lune gagne en qualité et en poids sur celui coupé en décours, c'est que la pluie (l'eau en général) est pour les bois durs particulièrement une seconde séve. Un bouquet, dans un vase rempli d'eau, s'entretient frais pendant plusieurs jours, de même un arbre abattu et garni de son écorce pousse dans l'eau, se garnit même de feuilles, en un mot, se conserve mieux par un temps pluvieux ; l'humidité lui est surtout favorable à l'issue de son abatage, parce qu'elle le lave, en cela semblable à un animal qu'on vient d'égorger et qu'on cherche à conserver en jetant de l'eau fraîche dessus pour en faire sortir toutes les parties sanguines qui pourraient le corrompre. Aussi, pour avoir une charpente de bonne qualité et qui ne gerce point, on ne doit pas équarrir l'arbre aussitôt qu'il est abattu, on doit le laisser, au contraire, coudrer auparavant, c'est-à-dire qu'il soit un peu séché et ait dégorgé l'eau séreuse qui attire les vers et hâte sa corruption. Il est facile de concevoir que cette eau putride s'écoule mieux par un temps frais que par la chaleur qui la répercute et la renferme dans l'arbre ; c'est là qu'est le danger pour l'introduction des vers. Au surplus, le moindre accident peut occasionner et favoriser les préjugés qu'il n'est souvent plus possible de déraciner.

Un cultivateur aura, par exemple, remarqué que des bois qu'il a fait abattre dans le croissant de la lune ont été plus promptement attaqués de la vermoulure que ceux qui avaient été abattus en décours, et de cette observation isolée il a pensé qu'il fallait, pour toujours, avoir égard aux différentes phases de la lune.

Pour conclure sur cet important article où le préjugé cause tant de préjudice aux exploitants, nous dirons que la seule cause de vermoulure et de la mauvaise qualité de bois ne vient pas précisément de ce qu'ils ont été abattus en jeune lune, mais plus particulièrement parce qu'on les coupe alors que la séve est en action.

Nous renverrons nos lecteurs aux observations sur l'*Écorcement*, page 267.

On voit; d'après ce qui précède, que la lune n'est réellement pour rien dans la détérioration ou l'amélioration des bois, bien qu'elle ait une influence considérable sur la mer, puisque, par sa puissance attractive, elle la sort de ses limites et cause régulièrement les hautes et les basses marées. Les hautes marées sont, nous le répétons, le résultat de la réunion attractive de la lune et du soleil, et de leur éloignement de la mer, cette masse d'eau abandonnée; il en est des marées comme des choses qu'on a soulevées, qui refluent sur elles-mêmes en franchissant parfois leurs limites pour y revenir périodiquement, suivant qu'elles sont plus ou moins comprimées par l'influence, soit progressive, soit rétrograde, qui les met continuellement en action. En définitive, pour convaincre, en effet, le plus lunatique des exploitants, nous le prierons de s'armer d'une loupe et de parcourir tous les ports de la rivière d'Yonne qui fournissent en jeune taillis de 18 à 25 ans la moitié de l'approvisionnement de Paris ; qu'il parcoure les chantiers de cette ville, qui contiennent des bois de toutes qualités et de tous pays, ayant 3 à 4 ans de coupe et qui ont été abattus dans toutes les phases de la lune, il nous dira ensuite combien il en a remarqué de piqués et de vermoulus ; certes il en rencontrera qui seront gâtés, mais ce sera en petit nombre et par exception : les hommes sont-ils tous sains ?

Il en résulte que si la lune n'a pas d'action sur les bois à brûler de toute espèce et de tout âge, qui se composent particulièrement de jeunes taillis coupés par toutes les syzygies de la lune et par tous les temps, cette planète n'en saurait donc avoir non plus sur les gros bois de réserve, qui sont moins accessibles au ver par leur dureté, et plus à l'abri des influences lunaires et atmosphériques par l'épaisseur de leur écorce, qu'un jeune brin de 18 à 20 ans, qui est, pour le ver, de meilleur goût et bien plus friand qu'un vieil arbre sans saveur ; néanmoins nous craignons que nos observations ne soient inutiles pour les gardes à préjugés et les bûcherons qui ne voudront pas seulement les entendre, parce que rien n'est difficile à effacer comme les premières idées dont les routiniers sont imbus, citant à l'appui de leur opinion quelques faits isolés qui la favorisent ; et nous nous attendons, en conséquence, malgré toutes citations et observations, à rencontrer encore bien des lunatiques dans les ouvriers de bois, même dans bon nombre de forestiers qui, cependant, ne sont pas sans connaissances dans cette partie, tant l'opinion que nous nous sommes efforcé de combattre est enracinée chez la plupart de nos forestiers et propriétaires de bois.

Mais, comme nous tenons à détruire une erreur si préjudiciable à l'exploitation des bois, nous prions notre lecteur de nous accorder toute son indulgence pour la prolixité de nos remarques sur les effets de la lune, tout en nous permettant encore d'y revenir, et de mettre, pour en finir, à la place de notre opinion, bien que bonne, puisqu'elle émane d'une longue expérience, celle de l'homme universel, Voltaire. Suit l'extrait de ce qu'il a dit sur l'influence de la lune, *Dictionnaire philosophique,* tome VI, page 200.

« Tout ce qui vous entoure influe sur vous en phy-
« sique, en morale, vous le savez assez.

« Peut-on influer sur un être sans toucher, sans
« remuer cet être?

« On a démontré enfin cette étonnante propriété de
« la matière de graviter sans contact, d'agir à des dis-
« tances immenses.

« Une idée influe sur une idée, chose non moins
« compréhensible!

« Mais quand vous aurez la fièvre, le soleil et la
« lune influent-ils sur vos jours critiques?

« Les arbres que vous coupez dans la pleine lune
« pourrissent-ils plutôt que s'ils avaient été coupés
« dans le décours? Il n'en est rien; mais des bois
« coupés pendant que la séve circulait encore ont
« éprouvé la putréfaction plus tôt que les autres, et,
« s'il fût arrivé qu'on les eût coupés en pleine lune,

« on n'eût pas manqué de dire que de là venait tout le
« mal. Il faut bien que tout ce qui agit sur les ani-
« maux et sur les végétaux agisse pendant que la lune
« marche; il en est ainsi de la croyance qu'avaient
« les gens des ports de mer, qu'on ne pouvait mourir
« quand la marée montait, et que la mort attendait
« toujours le reflux.

« Les éléments, la nourriture, les veilles, le som-
« meil, les passions, ont sur nous de continuelles in-
« fluences, et, tandis qu'elles exercent leur empire
« sur notre corps, les planètes marchent et les étoiles
« brillent. Direz-vous que leur marche et leur lu-
« mière sont la cause de votre rhume, de votre indi-
« gestion, de votre insomnie, de la colère ridicule
« que provoque en vous un mauvais raisonnement,
« de la passion que vous ressentirez pour une
« femme.

« Le soleil agit beaucoup sur nous par ses rayons
« qui nous touchent et qui entrent dans nos pores;
« cette influence-là est incontestable et fort bénigne.
« Le poisson de mon étang et moi existons chacun
« dans notre élément. L'eau qui le touche de la tête
« à la queue agit constamment sur lui; l'atmosphère
« qui m'environne et me presse agit sur moi. Je ne
« dois attribuer à la lune, qui est à 90,000 lieues de
« moi, rien de ce que je dois attribuer à ce qui me
« touche sans cesse; c'est comme si je voulais rendre
« l'empire de Chine responsable de ce qui m'arrive
« de malheureux en France. Ne cherchons donc
« point de causes étrangères à ce qui s'explique tout
« naturellement. »

CHAPITRE XIII.

Lorsqu'un bois a supporté l'amputation de sa superficie, le garde, pour la première feuille, doit en prendre grand souci, parce qu'alors il a besoin de soins et doit être aidé dans sa régénération : à cet effet, il faut en accélérer le plus possible la vidange, et le mettre en défense par des fossés, des haies vives ou sèches, formées soit de bourrées d'épines, soit des taillis exploités, ou par des plessis de jeunes brins, qu'on laisse exprès en réserve sur les bords du bois et qu'on fait courber après une entaille suffisante pour les étendre de toute leur longueur, à la hauteur de 24 à 30 pouces, même à trois pieds (un mètre); enfin, n'y laisser qu'une barrière, ou un échalier : c'est une petite échelle double, en bois, appuyée sur le fossé ou la haie pour le passage du garde.

Un bois entièrement vidé et nettoyé de toutes ses marchandises, mis à l'abri de la dent des bestiaux et du gibier, il n'y a plus qu'à s'occuper :

1° A l'abattre, ainsi que les réserves brisées ou trop endommagées par la chute des arbres et l'exploitation, les sortir de suite du bois avec leurs résidus;

2° A faire tenir tout le bois par des ouvriers attentifs et adroits, munis de serpes et de cognées bien tranchantes, pour receper toutes les branches écuissées ou fracassées de la première feuille, les bois rabougris ou trainants que le bûcheron aura négligé de couper; ne protéger dans cet élagage que des brins bien venants, ensuite détruire les mauvaises souches pourries (les couper au rez du tronc), ainsi que les jeunes brins de taillis de la première pousse, s'ils sont écuissés, écrasés ou même broutés par les bestiaux ; conserver soigneusement les souches saines, notamment dans les fonds froids ou marécageux, quand bien même elles auraient deux mètres de circonférence. En un mot, mettre le bois en bon ordre de végétation, ne pas hésiter à faire la dépense de ce régalage, qui peut s'élever à 1 franc 50 centimes l'arpent.

Quatre bûcherons, en les stimulant par la présence d'un garde et les gratifiant d'un peu d'eau-de-vie, le matin, et de quelques verres de vin ou de cidre, à midi et le soir, mettront en un jour au moins 10 arpents de bois en bon état.

3° Dans les bois en plaine ou dans les marécages, détourner les eaux, comme on l'a indiqué à l'article *Fossés*, page 173.

4° Sur les coteaux, montagnes, terrains secs et arides, il faut, au contraire, ne rien négliger pour y attirer les eaux des champs par des rigoles, afin d'arroser les racines du bois ; elles apporteront, en outre, des engrais et une couche végétale qui peuvent régénérer un fonds dépérissant.

Ces quatre conditions d'ordre remplies, la garde exceptée, il faut oublier un bois jusqu'à sa coupe, même n'y plus entrer, à moins que ce ne soit pour surveiller les maraudeurs, s'y promener ou y chasser.

CHAPITRE XIV.

MOYENS A EMPLOYER POUR FORMER DES GAULIS, DEMI-FUTAIES
ET FUTAIES PLEINES OU VIEILLES FUTAIES.

Nous avons dit que les gaulis sont des bois âgés de 40 à 60 ans, les demi-futaies de 60 à 80, les futaies pleines de 100, les vieilles futaies de 100 et au-dessus.

Quand on veut avoir, par agrément ou pour un intérêt de localité, un vieux bois, il faut aider la nature en s'en faisant même un revenu.

Une futaie qui s'est formée seule a commencé par expulser les ronces, genêts, broussailles et bois blancs; quand tous ces compagnons de l'enfance ont disparu, les chênes, les hêtres et les autres bois durs se dévorent ensuite entre eux ; il y a donc avantage à prévenir une destruction inévitable, d'autant mieux qu'on peut tirer un profit de ce qui se perd ordinairement : comme le bois provenant de tout ce qui meurt sur pied, ainsi que des branches qui se pourrissent à mesure que la tige s'élève ; enfin des arbres abattus par les vents et appelés chablis.

En faisant, tous les dix à vingt ans, des coupes par éclaircies, ce produit serait bien supérieur à celui de l'extraction des bois morts et chablis : nous allons en indiquer le mode qui nous semble le plus avantageux.

Première éclaircie : de dix-huit à vingt-cinq ans (*) arracher alors impitoyablement tous les arbustes, épines, ronces, plantes parasites et bois mal venant. (Voir, page 239, article *Futaies*.)

Nous préférons un arrachage à vif et complet à une extirpation à la cognée, dite à cul-noir, telle profonde qu'elle puisse être, parce qu'en abattant des bois comme nuisibles il faut en enlever entièrement les racines, afin qu'elles ne viennent point, par leurs souches non éteintes ou par drageons, disputer la pâture des bois réservés en futaies, qui, à mesure qu'ils grandissent, ont besoin de plus d'espace, et par conséquent d'une plus grande portion de nourriture.

Dans cette première éclaircie, conserver le tremble et le bouleau, comme garniture; ces bois, vivant à la superficie de la terre, ne nuisent point aux bois durs qui ont de profondes racines perpendiculaires et horizontales. Il est bien certain, en outre, qu'un taillis de chêne, hêtre et charme, pousse mieux quand il est garni de bois blanc.

(*) Dans un fonds maigre, dont la végétation se ralentit à 25 ans, on peut commencer plus tôt; mais nous ne conseillons les futaies que dans de riches fonds ou à 18 ans, les taillis sont très-allongés, mais faibles de corps.

2ᵉ éclaircie, de quarante à soixante ans (gaulis) : en extirper une partie du bois blanc qui, à cet âge, commence à se couronner : donner, au moins, cinq à six pieds d'espace aux arbres réservés.

3ᵉ éclaircie, soixante à quatre-vingts ans (demi-futaie) : détruire tous les bois blancs, espacer les arbres réservés de huit à dix pieds.

4ᵉ éclaircie, quatre-vingts à cent ans (futaie pleine), espacement, dix à douze pieds et au delà.

5ᵉ éclaircie, de cent à cent vingt ans (vieille futaie) : espacement de quinze à vingt pieds et plus.

L'espacement, en définitive, doit être fixé à raison de la grosseur des arbres, jusqu'à l'exploitation de la futaie; quelques années avant la coupe d'un bois, laisser pâturer librement les bestiaux comme engrais; et, pour détruire tout à fait les plantes parasites, y conduire de préférence, particulièrement à la veille de la coupe, les cochons, qui, en labourant la terre avec leur groin, facilitent la végétation des semis naturels ; en détruisant la couche de gazon qui empêche l'eau et l'air de pénétrer sur les racines, et oppose un mur d'airain aux graines forestières.

A cent vingt ans, on peut commencer la coupe d'une futaie en l'arrachant entièrement ou en suivant le mode allemand, dont nous avons parlé, page 240, par quart ou sixième, suivant que le réensemencement s'opère plus ou moins bien ; si on échoue, ainsi que nous en avons exprimé les craintes, défricher entièrement et replanter à la charrue, comme nous l'avons indiqué, page 179.

CHAPITRE XV.

Vitruve, Duhamel de Monceau, Buffon, et l'auteur anglais Ellis, ont prétendu qu'il était possible d'augmenter la force du bois en l'écorçant sans l'abattre, ou en le mutilant pour le faire mourir sur pied.

Un arbre auquel on a enlevé l'écorce ou fait de fortes incisions périt, il est vrai, au bout de 2 à 3 ans, quelquefois dans l'année même, surtout si la mutilation a été faite en séve, de février à septembre, et au delà de l'aubier.

Il arrive néanmoins qu'un arbre écorcé jusqu'à ses principales branches, quoique tout nu, a, cependant, au printemps, plutôt des feuilles qu'un autre dans toute sa nature, parce que la séve se porte plus rapidement aux extrémités, n'étant point arrêtée par l'écorce qu'elle avait avant à garnir et à alimenter. Voilà, au juste, la position d'un arbre écorcé sur pied quant à la qualité de son produit.

Nous regrettons assurément de nous trouver ici en opposition avec d'aussi importantes autorités : le lecteur nous jugera.

Un chêne qui aura été exposé 2 ou 3 ans, plus ou moins, aux intempéries de l'air, au froid, à l'humidité, enfin à toutes les influences atmosphériques, ou desséché à l'ardeur d'un soleil de 20 à 25 degrés, aura une apparence de dureté, ressemblera à un os qu'on aura mis au four : suivant nous, il se sera racorni, ou *durci superficiellement*; mais ses pores, pour l'évacuation de la sève, seront ouverts comme ceux d'une éponge, et il sera loin d'avoir la solidité et la durée d'un autre bois coupé avec son écorce, en pleine maturité.

Employez l'un et l'autre dans une construction, particulièrement dans un endroit humide : le bois qui aura péri sur pied ne durera que très-peu d'années, l'autre plusieurs siècles. Ainsi, comme exemple, ayez sous la main un cuir nerveux, souple et doux en même temps, par l'huile dont il aura été nourri, qui pour lui est la séve et son principe de vie ; ensuite présentez-le au feu, vous le verrez se rétrécir et devenir dur à ne pouvoir y introduire la pointe la plus acérée; cherchez, après cette opération, à vous en servir comme chaussure ou autrement, le pourrez-vous? Si vous le mettez à l'eau ou dans l'huile même, pour lui rendre la souplesse, il se décomposera comme un chiffon pourri, et ne sera plus bon à rien ; le soleil sur un arbre mort faisant le même effet que le feu sur le cuir. Buffon et le forestier Ellis se sont donc étrangement trompés sur la qualité du bois écorcé, pour le faire mourir sur pied. Au surplus, on gagne rarement à vouloir forcer la nature; c'est en l'étudiant, au contraire, et en la prenant pour guide, qu'on s'éclaire davantage et qu'on obtient de bons résultats. (Voir notre article sur l'*Écorçage*, p. 267.)

CHAPITRE XVI.

DES AGENTS FORESTIERS ET DE LEURS DEVOIRS.

CONSIDÉRATIONS GÉNÉRALES.

Écoutez un vieux forestier, bien entiché des ordonnances de nos premiers rois et des vieilles routines : la science forestière est la pierre philosophale, et ne peut entrer que dans de fortes têtes. Cependant, pour nous, qui avons une longue expérience dans l'administration et culture des bois, nous croyons avoir démontré, au contraire, que c'est simplement une opération d'exécution, qui n'exige qu'un peu de pratique, et qu'enfin la culture des forêts est la plus facile de toutes et la moins dispendieuse ; qu'il n'est même pas de profession plus douce, plus agréable, puisqu'elle s'exerce en se promenant, en chassant, sans fatigue d'esprit, et qu'on en prend à loisir même, sans perdre de vue son clocher. Néanmoins, si un vétéran forestier vous raconte ses peines et ses mérites, il ne manquera pas d'attribuer sa décrépitude ainsi que toutes ses infirmités aux rudes travaux du métier, au lieu de les attribuer à l'âge, à l'intempérance souvent : ce sont des titres qu'il se fait, particulièrement au moment de sa retraite ; c'est une gloire qu'il se crée, et, dans ce système, il se plaît presque toujours à soutenir que, s'il est malingre et cassé, c'est le résultat de ses veilles contre les maraudeurs, de ses courses sur la glace et les neiges, aux époques des grands froids, temps où les bois exigent le plus de surveillance ; langage de chasseur. Ne croyez qu'avec réserve et circonspection au courage et aux assurances de cet homme intrépide : il n'a peut-être pas, dans toute sa vie, quitté dix fois le coin du feu pendant l'hiver, ni manqué, un seul soir, de faire sa partie de piquet avec son curé, ou sa ménagère, s'il ne trouve mieux, sauf quelques exceptions assez rares.

Voilà tout le secret du charlatanisme si commun dans cette profession, où règne trop généralement une profonde ignorance, accompagnée de beaucoup de légèreté et de forfanterie, ou d'une bonhomie vaniteuse, qui, auprès de gens de bonne foi ou peu instruits dans la partie, passent souvent pour du savoir.

Nous conviendrons, pourtant, qu'il n'est pas sans exemple de trouver quelques-uns de ces agents déployer beaucoup de zèle ; mais le zèle le plus infatigable peut, dans certaines circonstances, ressembler à celui de la mouche du coche, lors même qu'il est accompagné d'une longue expérience et d'une prodigieuse activité ; néanmoins ils s'en prévalent assez ordinairement sans mesure, comme si c'était un titre à la reconnaissance et à une sorte d'admiration publique. Cette prétention parfois est dérisoire, car de l'ardeur et un zèle infatigable ne sont pas de la science ; aussi avons-nous le regret de dire que rien de plus commun, de nos jours, que de voir, dans l'administration générale des forêts et, encore mieux, chez les plus grands propriétaires de bois, des agents forestiers d'une réputation colossale, qui, toute leur vie cependant, ont exercé leur profession sans connaître même les premiers éléments de la culture des forêts. Il est vrai que cette culture n'a pas eu encore de principes posés, qu'il n'existe même pas un ouvrage classique dans cette partie si importante de la richesse publique; aussi sommes-nous restés stationnaires dans l'art de gouverner nos bois, tandis que les autres cultures ont fait, depuis un demi-siècle, de si grands progrès. Nous nous flattons toutefois que notre ouvrage mettra nos administrations forestières au moins au niveau des améliorations qui surgissent de toutes parts : c'est un désir qui nous presse d'autant plus vivement, qu'on se ferait difficilement une idée de ce que la France était du temps de nos premières ordonnances forestières, même sous Louis XIV, où l'on ne souffrait rien d'imparfait, et à qui il fallait obéir. Cette insouciance, quant aux forêts, est véritablement incroyable, à cause de la facilité de pouvoir, à très-peu de frais, l'introduire d'abord dans celles à grands produits, pour servir d'exemple : la cause unique en est dans la nature paresseuse de l'homme. Cependant il est curieux, entreprenant à la fois, mais par besoin ou passion : il ne veut pas se donner la peine de veiller sur une culture qui n'exige rigoureusement aucun travail, et, communément, il n'aime pas à s'occuper de ce qui lui vient en dormant, comme le bois, qui lui arrive sans efforts et sans calculs. Nous ne saurions donc trop nous en plaindre, pour qu'on ne dédaigne plus cette précieuse culture, ainsi qu'on l'a fait jusqu'à ce jour.

Nous avons la confiance que nous parviendrons à secouer la poussière qui, depuis des siècles, couvre la plus facile de toutes les cultures, et nous espérons pouvoir la faire entrer dans l'esprit routinier du plus simple garde, qui n'aura qu'à nous lire, parce que nous croyons être simple et vrai dans nos explications et dans tout notre enseignement : il s'en pénétrera, en quelque sorte, malgré lui ; car rien ne résiste à l'évidence. Nous l'espérons d'autant mieux, que nous pensons n'avoir rien négligé, surtout, pour qu'il sache que la culture des bois n'est presque rien, et qu'elle est bien moins exigeante que celle du plus modeste jardin.

Il est vrai que le plus riche potager produirait fort peu de chose sans culture ; tandis que le bois ne pousse jamais mieux qu'*alors qu'on l'oublie*, quand toutefois il a subi les opérations de la coupe, des semis ou de la plantation.

Les principales règles à suivre pour un forestier qui veut obtenir des succès dans la culture des bois, c'est surtout d'avoir soin de ne pas s'écarter des premiers principes de la végétation et de veiller, avec sagacité et intelligence, à la conservation et amélioration de ce que la nature nous donne, chaque année, avec une si étonnante prodigalité. Or nous inviterons spécialement les forestiers qui cherchent à se distinguer de mettre au premier rang de leurs devoirs

1° *L'assainissement;*

2° *Le martelage* : choix et placement *bien entendu* des réserves d'après le sol et le débit ;

3° *L'exploitation* : en surveillant l'époque et mode de coupe et la vidange des produits avant la pousse de la première feuille du taillis ;

4° *Le réensemencement ;*

5° *La conservation.*

Toujours sur les bases tracées par nous et sur de meilleures encore, ne doutant pas qu'une fois dans la route du progrès pour l'amélioration de la culture des bois, on ne marche dans des voies plus larges et que nos neveux ne nous surpassent.

Il faudra ensuite, pour bien enseigner et donner l'exemple d'une pratique intelligente de la culture forestière, qui est dans l'enfance, même chez les Allemands, qu'on nous vante outre mesure, et grandement à nos dépens, que l'officier forestier connaisse bien l'objet de son enseignement. Quand il aura à former un homme sans instruction et souvent d'une capacité bornée, qu'il ne s'en effraye point ; mais alors il lui sera indispensable de se mettre à sa portée, de simplifier le plus possible pour cet homme les préceptes et les avertissements, en employant *des comparaisons sensibles,* et, dans sa démonstration, *des termes usuels* et faciles à comprendre, en évitant surtout les figures de rhétorique et les termes scientifiques dans l'instruction de cette culture de longue haleine ; il prendra simplement la nature pour guide ; il lui démontrera d'abord qu'il n'y a rien dans ce monde de parfait et de régulier que ce qu'elle fait, s'attachera à lui donner les explications les plus detaillées, surtout celles qui pourront frapper son esprit et tracer son catéchisme forestier à l'imitation des sages conseils de Sancho-Pança, dans son île. Nous évoquons le souvenir de la sagesse de ses conseils, attendu qu'elle émane d'un personnage de roman populaire à la ville comme à la campagne. Alors, dans un langage familier et plein d'images à sa portée, il pourra, par exemple, lui démontrer qu'un chêne que 20 chevaux ne pourraient traîner est bien plus facile à faire venir qu'un chou ou une salade; qu'il vient à bien moins de frais, et que ce n'est qu'une affaire de temps.

Que les hommes s'aident entre eux, ou se nuisent, suivant leurs passions, leurs intérêts et leurs positions; que, de même, les arbres se nuisent, ou que leur végétation entre eux s'active par leur fraîcheur et leur ombrage.

Le bouleau, par exemple, favorise la pousse du jeune chêne sortant de terre; tandis qu'à un âge plus avancé, le chêne à son tour, quand il a de vastes rameaux, abrite les enfants de celui qui a protégé sa naissance.

Les bois blancs, en général, vivent parfaitement en famille avec les bois durs sans se nuire, parce que leur table est à la superficie de la terre, et que celle du chêne et des autres arbres à racines pivotantes et horizontales est à des distances inégales dans la profondeur du sol.

Qu'il convient mieux de soigner un jeune taillis qu'une planche d'oignons, parce que, si cette dernière est dévorée par la volatille, on peut, en labourant de nouveau et en semant un autre légume, avoir tout réparé en quinze jours; tandis qu'un bois brisé par son exploitation ou brouté est un dommage fait au taillis pour 25 à 30 ans, que, dans ce cas, on n'a rien de mieux à faire quelquefois que de le couper entièrement.

Que pour le temps de la coupe il faut consulter les mouvements du soleil, qui, par son absence, laisse nos forêts sans action et couvertes de glaçons, ou donne le mouvement à tous les végétaux par son retour. Enfin, lorsque les jours commencent à grandir, qu'à cette annonce du retour de la sève il faut se hâter d'abattre, ou plutôt cesser tout à fait, attendu qu'un jeune taillis de l'année a besoin de toute la puissance de ses deux séves pour mieux résister aux influences du froid et du chaud; que lorsqu'il n'en a qu'une, par l'effet d'une coupe arriérée, ou de mai à juin, ses tiges sont encore herbacées quand les gelées d'automne viennent l'anéantir: aussi, dans cette position, traîne-t-il une chétive existence jusqu'à sa coupe, comme un enfant qui en nourrice n'a eu qu'un demi-lait.

Ces comparaisons familières sur les bois sont à la hauteur, ce nous semble, du plus grossier paysan; s'il ne les retient pas toutes, il lui en restera toujours quelque chose, ne fût ce que la comparaison de la salade et du gros chêne, car il aura constamment sous les yeux et en action, nous l'espérons, dans ses occupations journalières, le tableau vivant de ce qu'on a cherché à lui faire comprendre par citations et faits qui lui sont familiers. Maintenant, nous prions MM. les officiers forestiers de nous permettre de recommander à toutes leurs méditations et vigilance ce que nous considérons comme leurs principaux devoirs.

1° De faire seuls, *et sans être attendus*, leurs tournées, ou tout au plus avec un sous-officier ou garde étranger au triage qu'ils auront à visiter.

Un garde négligent ou en défaut ne conduira certainement pas sur un délit son chef, qu'un peu de soins de sa part aurait inévitablement prévenu.

2° De ne former aucune liaison ni association avec les marchands de bois exploitants.

3° De déployer une grande sévérité et autant que les localités le permettent, sans toutefois pousser les choses à l'extrême, contre les délits à la cognée et encore plus à la scie, contre *la pâture à garde faite,* dans les jeunes taillis, des vaches, bœufs et autres bestiaux ruminants, enfin contre tous dégâts et anticipations.

4° De montrer une certaine indulgence sur l'emport du bois mort, des herbes et des feuilles, quoique cet enlèvement prive le sol forestier de son engrais naturel. Pour en juger, qu'on réfléchisse sur la différence de végétation entre les bois près des villages ou villes, et ceux qui en sont tellement éloignés, que la ramille y pourrit et fait fumier faute d'acquéreurs ; les premiers sont clairs à y entrer en voiture à dix ans, les seconds à ne pouvoir y déloger un marcassin même à quinze ans.

5° Dans les martelages, ou plutôt encore dans les récolements de réserves, on ne doit s'en rapporter autant que possible qu'à soi-même, comme pour les tournées forestières, l'opération du récolement des réserves étant des plus importantes. Or nous considérons comme d'une sage prévoyance d'avoir notamment une escorte de gardes étrangers à la coupe en récolement, et encore employer ces gardes à ce travail en moindre nombre possible : le garde du triage en exploitation et celui du marchand, qui ordinairement y prêtent leurs soins, annoncent presque toujours des baliveaux, même des chênes séculaires, quand l'officier forestier leur tourne le dos, sans qu'il en existe; crient souvent par habitude plutôt que par mauvaise intention trois et quatre baliveaux sans en voir un seul, et, au lieu de regarder devant eux, on les aperçoit jetant les regards au ciel, pour le prier de leur pardonner cette peccadille, que dans leur code forestier ils considèrent comme une bonne œuvre ou un pacage dans un pré de moine.

6° Il est nécessaire, ainsi que nous l'avons déjà recommandé, de veiller sur l'époque et le mode de coupe bas ou élevé, suivant le sol; il doit en être de même pour la vidange avant la pousse de la première feuille. Enfin, pour compléter ce chapitre *des Devoirs forestiers*, nous croyons utile de consigner ici une instruction du conservateur du douzième arrondissement, M. Dralet, sur la conservation des bois, qui est en harmonie parfaite avec notre système de conservation.

« Je ne veux pas en conclure qu'une bonne admi-
« nistration doive se borner à conserver les forêts,
« et renoncer à réparer les torts de la cupidité et de
« la négligence ; je pense, au contraire, que toute

« clairière, tout vacant joignant une forêt, sont au-
« tant d'actes d'accusation contre les agents aux soins
« desquels elle est confiée; mais il existe des moyens
« simples et officieux pour régénérer de tels terrains.
« La nature qui y avait semé les bois, qui avait pourvu
« à leur accroissement, est toujours prête à réparer
« les injures faites à son ouvrage ; elle recommencera
« cet ouvrage, si elle n'est point contrariée dans sa
« marche, et son œuvre s'accomplira bientôt, pour
« peu qu'elle soit aidée par les hommes : je vais m'ex-
« pliquer.

« Existe-t-il, dans le centre ou sur la rive d'une
« forêt, un terrain dépeuplé ; je suppose même qu'il
« soit, jusqu'à un certain point, dépourvu de terre
« végétale, éloignez-en soigneusement les hommes
« et les animaux, et voici ce qui arrivera : chaque
« automne, les arbres voisins enrichiront ce terrain
« par la chute de leurs feuilles ; les insectes lui
« légueront leurs cadavres ; sa surface se couvrira
« ainsi d'un terrain sur lequel s'établiront les her-
« bes, ensuite les arbustes et puis les arbrisseaux ;
« ces nombreuses familles couvriront la terre de
« leur ombrage, l'engraisseront de leurs débris, et
« avant qu'elles soient assez multipliées pour obs-
« truer entièrement le sol, sous leurs branches entre-
« lacées, les faînes et autres graines tombées des
« arbres voisins prendront possession de ce sol,
« toutes celles qui trouveront à se reposer sur une
« parcelle de terre découverte et friable y germe-
« ront et produiront de jeunes arbres, qui rece-

« vront des plantes voisines un ombrage salutaire.

« C'est ainsi que la nature reprend ses droits
« dans les forêts, lorsqu'elle ne trouve pas d'op-
« position de la part des hommes ou des animaux.

« Ajoutons que c'est sur les bords de la clairière
« ou sur la partie d'un vacant adjacent à la forêt
« que la nouvelle population se fait d'abord remar-
« quer et qu'elle prend un accroissement rapide.
« Mais, dira-t-on, il faudra attendre longtemps
« cette nouvelle population. Oui, sans doute. Mais
« aidez la nature en l'imitant, et elle récompensera
« promptement vos moindres soins : qu'ils aient
« d'abord pour objet les bords d'une clairière, et
« successivement ses parties intérieures, en finissant
« par le centre. S'il s'agit d'un vacant, occupez-vous
« d'abord du côté qui touche à la forêt, et continuez
« jusqu'à l'extrémité opposée. En procédant ainsi,
« le succès d'une année sera le garant du succès de
« l'année suivante ; car la végétation appelle la vé-
« gétation : les anciens arbres protégent les nouveaux
« plants que l'on établit dans leur voisinage, et ceux-
« ci deviennent à leur tour les protecteurs des semis
« subséquents. » (Voir, à notre article *Pepinières*, ce
que nous prescrivons pour occuper les gardes, p. 166-
167, et celles qui vont suivre.)

SECTION PREMIÈRE.

INSTRUCTIONS SUR LE CHOIX D'UN GARDE.

Ce qu'on doit désirer principalement dans un garde,
c'est qu'il soit vigilant, probe, exact dans ses de-

voirs et qu'il ait assez d'intelligence pour exercer sa profession ; les deux dernières qualités, suivant nous, sont de rigueur, en raison de ce que foi est due à ses actes. Il faut donc, avant tout, qu'il soit juste et ponctuel dans ses assertions, ensuite dans la rédaction de ses rapports et procès-verbaux. Tel peu intelligent qu'il puisse être, mais ayant de la bonne volonté, il pourra, en nous lisant avec attention, se former promptement et remplir ses devoirs et ses obligations de garde à la satisfaction de celui qui l'emploie.

Supposons ce même garde ne sachant pas même signer son nom, ainsi que nous en connaissons beaucoup faisant très-bien leur service, il aura recours alors au maire ou à l'adjoint de sa commune, au juge de paix, à son suppléant ou au greffier ; avec la rédaction de ces autorités, ses procès-verbaux seront aussi valables en justice que s'ils avaient été écrits en entier par lui. (Voir, aux pages suivantes, nos modèles de procès-verbaux.)

Dans le choix d'un garde, il faut principalement éviter que le personnage soit trop jeune ; plutôt se fixer en faveur d'un homme de l'âge mûr, parce que celui-ci s'occupera moins de ses plaisirs que de ses devoirs : c'est pendant qu'un garde s'amuse, qu'il est en voyage, aux fêtes ou au cabaret, que les délinquants commettent avec sécurité les plus grands délits. Ils ont même quelquefois, sans que le garde le soupçonne, des émissaires jusqu'au coin de son feu, pour surprendre ses projets et s'assurer de ses sorties.

Un bûcheron, un vigneron, un manœuvrier,

même un invalide estropié d'un membre, un honnête homme enfin, quelle que soit sa profession, s'il a, comme on dit, bon pied, bon œil, en un mot s'il peut encore faire ses tournées de jour et de nuit, cultiver son jardin ainsi que la petite pépinière forestière dont chaque garde devrait être pourvu, et seulement tracer son nom, cet homme pourra faire un très-bon garde.

Éviter surtout de choisir, pour gardes de ses bois, ces espèces de docteurs de villages, qui deviennent insupportables quand ils ne sont pas constamment sous l'œil du maître, et qu'en son absence ils peuvent fièrement exhiber de ses pouvoirs et exercer une inquisition fâcheuse aux véritables intérêts du propriétaire. Ces paysans, aux phrases prétentieuses et souvent grotesques, ne convoitent généralement ces modestes places que pour se donner peu de peine, faire les importants, avoir la faculté de chasser, en un mot donner un libre cours à leur goût pour la dissipation et l'insolence.

Que l'on cherche à faire de cette dernière classe de gens des gardes pionniers, comme nous voudrions que les propriétaires de bois en eussent tous, ce serait chose impossible.

SECTION II.

MODÈLE DE COMMISSION DE GARDE PARTICULIER.

Nous. . . . . demeurant à. . . . . département de. . . . . sur le bon et favorable rapport qui nous a été fait de la conduite, de la vie et des mœurs du sieur (*nom et prénoms*) demeurant à. . . . , le nommons et instituons garde des bois et autres propriétés qui nous appartiennent et qui sont connues sous les noms de..., situés sur les communes de (ici la désignation exacte des propriétés et des communes), arrondissement de..., aux appointements de... par an, à compter du..., à la charge par lui, en conformité de l'art. 117 du code forestier, de se faire agréer par M. le préfet du département, de prêter serment devant le tribunal de première instance, et de bien et fidèlement se comporter dans l'exercice de ses fonctions.

Fait en notre demeure, le...., etc.

NOTA. Cette commission doit être écrite sur papier timbré.

Si le garde n'est pas muni d'un port d'armes, ou si on ne lui en fait pas délivrer un avant de lui donner sa commission, il faut lui faire défense de porter des armes de chasse.

Mais, s'il est déjà institué garde des bois communaux ou domaniaux, il lui est permis de porter, dans l'exercice de ses fonctions, un fusil simple.

SECTION III.

MODÈLES DE PROCÈS-VERBAUX.

N° 1.

Pour un ou plusieurs gardes, sachant écrire, et pour plusieurs natures de délits :

« L'an mil huit cent....., le..... du mois de....,
« à....., heure (avant ou après midi), nous (nom,
« prénoms, demeure et grade du garde ou des gar-

« des (de M. ou Mme), dûment assermenté en justice
« et décoré de notre bandoulière, certifions que,
« faisant notre tournée ordinaire, nous avons trouvé
« le sieur (nom, prénoms, profession et demeure
« du délinquant), 1° dont les bœufs, vaches, juments,
« ânes, etc., etc., étaient à garde faite dans (désigna-
« tion de l'héritage); 2° brûlant dans la vente de....
« ou sur le port de..... le bois de moule marqué (A),
« merrains, fagots, bourrées, planches, charbonnette,
« charbon, etc. ; 3° coupant un arbre essence de...,
« de l'âge d'environ..., avec (désigner l'instrument),
« ayant à l'endroit de sa coupe..... centimètres de
« tour ; 4° enlevant et portant sur ses épaules ou à
« bras une perche ou lance de..... (désigner l'es-
« sence, l'âge et le pourtour comme pour la coupe),
« ou avec sa charrette, chariot, ou à dos d'âne ;
« 5° pêchant avec..... (désigner le nombre des pê-
« cheurs, noms, prénoms et la dimension des filets
« ou autres instruments de pêche); 6° chassant
« avec..... chiens (désigner les espèces de chiens et
» leurs poils, le nombre des chasseurs par leurs
« noms, prénoms, professions, demeure et la quantité
« du gibier trouvé sur eux ou qu'ils auraient tué;
« enfin la quantité de coups qu'on aurait entendu
« tirer). Après toutes ces observations et toutes celles
« que le genre de délit peut faire naître, ne pas ou-
« blier celles des lieux où les délits auraient été com-
« mis, ainsi que les noms, prénoms et qualités des
« propriétaires de ces lieux. Si le corps du délit est
« transportable, le conduire chez un séquestre ; dans

« le cas contraire, le laisser sur place après en avoir
« constaté toutes les dimensions et tout ce qui peut
« renseigner sur la découverte du délinquant. »

Si le délinquant fait un dire, l'insérer au procès-
verbal ; de même la réponse qui lui sera faite.

Si le corps du délit a été enlevé, le constater et se
rendre ensuite chez le commissaire de police, maire ou
adjoint de la commune où résidera le délinquant, pour
être autorisé à en faire recherche avec l'un ou l'autre de ces officiers de police judiciaire, afin de verbaliser en leur présence sur la position de l'objet enlevé.

Si c'est un bois coupé ou scié, ce sera par la circonférence du tronc ou la pièce du délit, et même par les
copeaux et débris, qu'on en fera le rapatronage. Arrivé
à la découverte du vol, commencer par dire, au procès-
verbal, qu'on s'est rendu chez M... (nom et demeure),
« où nous l'avons invité de nous assister dans la visite et
« perquisition que nous nous proposions de faire au
« domicile du sieur....» (nom, prénoms et demeure
du délinquant ou des personnes où on a l'intention
de faire perquisition); « ce à quoi M... ayant consenti,
« nous nous sommes rendus ensemble au domicile du
« sieur..., où, étant et parlant à lui-même, sa femme,
« fille ou domestique, l'avons instruit de la cause de
« notre visite, et nous nous sommes immédiatement
« occupés de la recherche de..... (désignation du dé-
« lit), et, après avoir employé.... heures à cette re-
« cherche, nous avons trouvé....» (Dans son fournil,
écurie, grange , cour, hangar, jardin, sous son lit
ou dans sa paillasse.....) Désigner le lieu où l'on aura

trouvé le corps du délit par tenant et aboutissant autant que possible.

Cette perquisition effectuée, si le délinquant ou ses représentants font un dire dans l'intention de s'excuser ou de pallier le délit, le constater et, par une réplique simple, établir en quoi leurs réponses et observations seraient contraires à la vérité.

« Nous étant emparé de..... (objet du délit), et,
« après avoir sommé ledit sieur.... (nom du délin-
« quant) de nous suivre jusqu'à la maison du sieur...
« (nom, prénoms et demeure du séquestre), pour être
« présent au dépôt que nous allions faire de.....; as-
« sister audit dépôt et à la rédaction de notre procès-
« verbal, en entendre la lecture et le signer avec nous,
« si bon lui semblait.» (Constater s'il a refusé ou accepté, et ensuite dire :) « En son absence ou pré-
« sence, où étant, nous avons déclaré au sieur... (nom
« du séquestre) que nous mettions à sa garde le... »
(désigner ponctuellement les objets qu'on lui dépo-
sera) « comme séquestre, pour en avoir soin et les
« représenter à toute réquisition ou ordre de la jus-
« tice, ce qu'il a accepté.

« Dont et de tout ce que dessus, nous avons dressé le
« présent procès-verbal, et qui, après lecture faite en
« présence..... (désigner les comparants) et en l'ab-
« sence de..... (désigner les absents), a été signé
« par..... (désigner les signataires), les sieurs......
« (noms et prénoms) ont déclaré ne savoir signer.
« Fait audit lieu..... pour servir ce que de droit les
« jours et an que dessus. »

N° 2.

MODÈLE DE PROCÈS-VERBAL RÉDIGÉ PAR UNE MAIN ÉTRANGÈRE, LE GARDE NE SACHANT POINT ÉCRIRE.

« Nous, soussigné (nom, prénoms, profession et
« demeure du rédacteur), certifions que ce jour-
« d'hui, l'an..... (protocole ordinaire), s'est présenté
« devant nous (nom, prénoms, demeure et grade du
« garde (de monsieur ou de madame), propriétaire,
« demeurant à.....), dûment assermenté et revêtu de
« sa bandoulière, lequel nous a fait la déclaration que,
« faisant sa tournée ordinaire...;» détailler le délit dans
tous ses faits et circonstances comme en tout ce qui se
rapportera au n° 1. Si le délinquant n'a pu être connu
ni découvert, recueillir tous les indices qui pourraient
être susceptibles de faire connaître l'auteur ou les com-
plices du délit; s'informer auprès des pâtres, des voisins, des enfants même, du passage du délinquant *et
du tracé de ses pas*; s'il y a lieu à mettre en séquestre
le corps du délit, le constater de même qu'au n° 1,
ensuite dire : « desquels déclarations et faits nous
« avons dressé le présent procès-verbal, et en avons
« donné lecture pleine et entière audit garde, ainsi
« qu'à MM.... (désigner tous les assistants), lesquels
« ont affirmé qu'il contenait vérité ; en foi de quoi, le
« sieur... ou les sieurs..., par nous requis (désigner
« les signataires), ont signé avec nous. (En cas de re-
« fus le constater.) Quant au garde et aux sieurs.....
« (désigner les non-signataires), ils ont déclaré ne point

« savoir écrire. Fait audit lieu de... pour servir et
« valoir ce que de droit les jours et an que dessus. »

N° 3.

DÉLIT DE PÊCHE.

« L'an....., sur la rive gauche ou droite (*) de la
« rivière (ou du ruisseau de.....), territoire de la com-
« mune de....., nous avons reconnu le sieur... (nom,
« prénoms, profession et demeure), qui pêchait avec
« un épervier, un filet (un trouble ou échiquier, ou
« tout autre instrument prohibé) ; nous étant appro-
« ché de lui, nous avons reconnu que les mailles de
« ses instruments de pêche avaient moins de 4 centi-
« mètres ou 15 lignes d'ouverture dans leur partie in-
« férieure, et qu'ils n'étaient pas porteurs d'un plomb
« frappé aux armes de France; qu'il avait déjà pris la
« quantité de... poissons ayant... décimètres de lon-
« gueur, tête et queue comprises, et ensemble du poids
« d'environ... Lui ayant observé qu'il n'était point
« fermier de la pêche, ni porteur de la licence, et
« qu'en outre il contrevenait à différents articles de
« l'ordonnance et des lois sur la pêche, nous l'avons
« sommé de nous remettre ses filets et autres engins
« de pêche, ainsi que le poisson qu'il avait pris. A quoi
« ayant obéi, nous lui avons déclaré procès-verbal; ou
« bien, ayant refusé de nous les remettre, nous lui
« avons déclaré saisie entre ses mains des objets de

(*) La rive droite ou gauche d'une rivière se désigne en faisant face à
son embouchure.

« pêche dont il s'agit, avec défense de s'en dessaisir,
« pour le représenter à toute réquisition de justice; dont
« nous avons rédigé le présent procès-verbal les jour
« et an que dessus. »

N° 4.

AUTRE MODÈLE POUR LE DÉLIT DE PÊCHE.

« L'an… (protocole comme au N° 3), nous avons
« reconnu le sieur…, demeurant à…, fermier du…,
« cantonnement de pêche sur la rivière de…, qui
« pêchait avec un filet appelé…, dont les mailles n'ont
« que… décimètres d'ouverture, et non muni d'un
« plomb marqué aux armes de France. Étant passé
« sur son bateau, nous avons visité les poissons qui y
« étaient renfermés, et avons reconnu qu'il s'en trou-
« vait de différentes espèces, tels que barbeaux, bro-
« chetons et autres, qui n'avaient que… centimètres
« de longueur, que nous avons rejetés en rivière, et en-
« suite nous nous sommes emparé du poisson qui avait
« au delà de… longueur, ainsi que des filets non
« plombés et prohibés; quant aux instruments de
« pêche, ils seront, de notre part, représentés à toute
« réquisition de justice, et lui avons déclaré procès-
« verbal; ou bien, n'ayant pas voulu nous remettre
« ses engins de pêche (les désigner le plus en détail
« possible), nous les avons saisis entre ses mains et
« nous en sommes rendu gardien et dépositaire,
« pour les représenter à toute réquisition de justice,
« et avons déclaré le présent procès-verbal les jours et
« an que dessus. »

N° 5.

DÉLIT DE CHASSE.

« L'an..., étant arrivé dans le bois appelé..., ap-
« partenant à..., situé sur le territoire de..., nous
« avons entendu un ou plusieurs coups de fusil. Nous
« étant transporté sur le lieu d'où étaient partis les
« coups, nous avons reconnu le sieur... (nom et pré-
« noms), demeurant à..., armé d'un fusil (double ou
« simple à pierre ou à nouveau système), en attitude
« de chasse, ou occupé à recharger son fusil, ou te-
« nant son fusil chargé sous son bras, ayant sur son
« dos un sac de peau ou une carnassière. Lui ayant
« demandé quel gibier il venait de tirer, il nous a ré-
« pondu que ce n'était pas lui qui avait tiré et qu'il
« ne chassait pas. Nous lui avons fait observer que le
« canon de son fusil était chaud et que la culasse était
« encore couverte de fumée de la poudre du coup
« qu'il venait de tirer; qu'en conséquence ses répon-
« ses étaient illusoires.

« Nous lui avons demandé, en outre, s'il était muni
« d'un permis de port d'armes; il nous a répondu que
« oui, mais qu'il ne l'avait pas sur lui ; nous lui avons,
« en conséquence, déclaré procès-verbal et invité
« à se rendre chez nous à... heures, pour nous pré-
« senter son permis de port d'armes, et signer au pro-
« cès-verbal que nous allions dresser contre lui. Le-
« dit sieur... n'ayant pas comparu, nous avons rédigé
« le présent procès-verbal pour servir et valoir à ce
« que de raison. »

Si le chasseur est accompagné d'autres chasseurs, les désigner par leurs noms, prénoms et demeures. Si le ou les chasseurs ont permission ou droit de chasse, en temps permis, il faudra leur demander la représentation du permis, en même temps que du port d'armes, et dresser procès-verbal de leurs réponses ou refus dans la forme ci-dessus indiquée.

SECTION IV.

INSTRUCTIONS SUR LES FORMES A REMPLIR POUR LA VALIDITÉ DES PROCÈS-VERBAUX.

1° Un procès-verbal doit être sur papier timbré, affirmé dans les 24 heures et enregistré trois jours après l'affirmation au plus tard.

2° Le garde a le droit de faire enregistrer son procès-verbal où il lui convient le mieux, même hors son département ; il faut pourtant que ce soit dans le ressort de la cour royale de l'endroit du délit.

3° Un garde ne doit pas faire écrire son procès-verbal par un autre garde, à peine de nullité.

4° Les officiers de police judiciaire qui ont autorité pour affirmer les procès-verbaux sont : le juge de paix du canton où aura été commis le délit, ou son suppléant en son absence ; le maire de la commune, et, en son absence, son adjoint. Une affirmation par un maire ou adjoint d'une commune voisine de celle où le délit aurait été commis serait nulle.

5° Dans les perquisitions, les officiers de police judiciaire pour assister les gardes dans leur recherches sont : les commissaires de police dans les villes au-dessus de 5,000 âmes, au-dessous les maires et adjoints, et, à la rigueur, un membre du conseil municipal; l'absence du maire et de l'adjoint, ou leur refus, *dûment constatés*.

6° Dans le cas où le juge de paix et autres officiers de police judiciaire, appelés à rédiger ou affirmer les procès-verbaux, ou enfin à les assister dans leurs recherches et perquisitions, s'y refuseraient, les gardes doivent dresser de suite procès-verbal de leur refus et l'envoyer, dûment en forme, enregistré, au procureur du roi de l'arrondissement où le délit aura été commis.

7° Un procès-verbal de perquisition peut être fait un mois et plus après le procès-verbal qui a constaté le délit ; seulement cette perquisition ne peut avoir lieu que par un second procès-verbal soumis également à l'enregistrement.

Le mieux est de faire la perquisition de suite et par un même procès-verbal ; mais souvent, faute de renseignements, on est forcé de remettre indéfiniment cet acte , ou au moins jusqu'à plus amples informations.

8° Quand on dresse un procès-verbal pour des bestiaux pâturant ou attelés à des voitures, avoir soin de les désigner par leurs espèces, âges, la couleur du poil, en un mot avec tous les indices qu'on pourra se procurer.

9° Les bois par leurs essences, dimensions et situation.

Les moulées par leurs marque, contour et placement dans les ventes, sur les ports ou en chantiers.

Les fagots, bourrées, charbons et charbonnettes de même.

Les délits de pêche par le genre, la grandeur et la contexture des instruments de pêche.

Le poisson, par l'espèce, longueur de la tête à la queue ou au poids, autant que possible.

10° Lorsqu'on ne peut reconnaître ni atteindre un délinquant, il faut toujours dresser procès-verbal du délit, en prenant avec soin l'empreinte des pas du délinquant, celle des pieds de ses chevaux, le frayement des roues de la voiture, en remarquant s'il manque des clous aux pieds des chevaux et aux bandes des roues ; recueillir jusqu'aux copeaux des bois abattus ; enfin constater toutes les désignations et indices que pourrait donner l'état du délit, et ensuite on fait par soi-même, à différents domiciles, des recherches provisoires, sous les prétextes même les plus frivoles, comme de chercher un animal qui se serait échappé d'un pré ou pâture, un couteau perdu, d'allumer sa pipe ou de se chauffer ; ensuite, avec l'officier de police judiciaire, on procède à une perquisition sérieuse et en forme.

Si on s'empare d'un corps de délit inanimé, on le met en séquestre ; si ce sont des bestiaux, tels que chevaux, bœufs, vaches, ânes, etc., etc., on les place en fourrière, sous la garde d'un séquestre, à moins que le délinquant ne se fasse connaître ou ne se fasse réclamer par un tiers; toutefois on ne doit les délivrer qu'en exigeant de suite caution pour les représenter à toutes réquisitions.

Si ce sont des oies, canards ou autres volatiles malfaisants, on peut les tuer sur place, mais en ayant soin de ne pas s'en emparer.

Si c'est du gibier ou des poissons, ne s'en emparer également que du consentement du délinquant, à moins qu'on ne les trouve abandonnés sur place, ou enfin qu'on puisse s'en saisir sur le terrain du propriétaire, au moment de la prise des objets pêchés ou chassés.

SECTION V.

COMPTABILITÉ D'UN GARDE.

Nous ne tracerons pas ici un mode de comptabilité comme chez un banquier, seulement nous indiquerons ce qu'il y a de plus simple pour la comptabilité d'un garde exploitant, consistant uniquement en un livre journal portatif, folioté (avec une table alphabétique à la fin), contenant :

1° Recettes générales jour par jour *et par numéros d'ordre;*

2° Dépenses générales ;

3° Comptes particuliers pour les dépenses extraordinaires ;

4° Comptes avec tous les ouvriers *par doit et avoir;*

5° Et enfin un compte pour la façon de chaque espèce de marchandise, *l'entrée et la vente,* c'est-à-dire la livraison de l'ouvrier de la vente, ainsi que le résidu sur feuille ou en magasin pour balance, en ayant soin que les numéros d'ordre aux recettes et dépenses soient reportés aux comptes particuliers, pour y recourir au besoin, et comme contrôle.

Ce mode nous paraît, d'après notre expérience, le plus convenable ; nous ajouterons encore qu'il est de l'intérêt du marchand ou du propriétaire de parapher, le plus souvent possible, les divers articles de comptabilité, et de surveiller, notamment, l'enregistrement de toutes recettes, dépenses et autres opérations, sans interruption ou lacune, *à l'instant même où elles ont lieu :* retarder l'inscription de ces opérations, c'est tenir une porte ouverte à l'infidélité et, en outre, s'exposer aux omissions, aux erreurs, et compromettre les intérêts du propriétaire.

CHAPITRE XVII.

DE LA DISPARITION DU CHATAIGNIER EN PLEINE FUTAIE ET DE SON EMPLOI POUR CHARPENTES.

Les charpentes de nos plus anciennes cathédrales, couvents et vieux châteaux sont presque toutes en châtaignier. Ce bois était choisi de préférence, parce qu'il présente autant de solidité, à couvert, que le chêne : il a en outre, sur ce dernier, l'avantage d'être plus léger et de ne pas être attaquable par les vers; en outre, l'araignée ne s'y fixe jamais et il ne se déjette pas.

En échalas, avec son écorce, il dure au moins sept ans. Aujourd'hui le chêne est seul employé pour charpentes; quelquefois et par économie on se sert du sapin, du hêtre, de l'orme et du peuplier, parce que le châtaignier manque.

C'est en vain qu'on voudrait actuellement substituer le châtaignier au chêne, on n'en trouverait pas; quelle en est donc la cause ?

La première, c'est que, pour avoir de plus beaux fruits, on greffe en grosses châtaignes, appelées marrons, presque tous les jeunes châtaigniers; ce qui déjà les mutile et les rend presque tous impropres à la charpente.

La seconde, c'est que le châtaignier gèle facilement quand il est exploité en janvier et février ; aussi grand nombre de forestiers en attribuent la disparition aux grands hivers de 1460, 1507, 1594, 1638, 1696, 1709, 1740, 1789 et 1795.

Nous ne partageons pas cette opinion : le châtaignier est indigène ; coupé en temps convenable, il n'a plus à craindre que les gelées de printemps.

L'hiver le plus rigoureux, par exemple, celui de 1709, qui a fait périr presque tous les noyers (arbres exotiques), a respecté le châtaignier comme le chêne et les autres arbres de nos forêts.

Avant 1709, la France était encore en grande partie couverte de futaies et d'étangs : alors elle était plus froide, les hivers étaient plus longs et plus rigoureux; cependant il y avait des châtaigniers partout où l'on pouvait en cultiver. Ce ne sont donc pas les gelées d'hiver ou de printemps qui les ont fait disparaître, *mais leur mauvaise exploitation.*

(Voir ce que nous avons dit sur l'époque de la coupe du châtaignier, qui est meurtrière quand elle est faite lorsqu'il est en séve, et dans ce cas il gèle à périr dans l'année. P. 78 et suivantes.)

La France, du xe au xive siècle, époque où l'on a construit le plus d'églises et de couvents, possédait au moins 30 millions d'hectares de bois; aujourd'hui elle en a seulement 6,842,623 hectares. Dans l'abatage primitif et inconsidéré des forêts, le châtaignier, comme étant le plus recherché alors pour les constructions, a d'abord succombé sous la hache des colons que les seigneurs attiraient vers leurs forêts, en leur accordant pacage et droits d'usage, et, plus tard, son fruit, qui n'était plus qu'un faible accessoire à la nourriture des habitants de la campagne, a été remplacé par la pomme de terre, importée d'Amérique par Drake, en 1563. C'est peu de temps après que le châtaignier a cessé d'être moins bien cultivé. Auparavant, la châtaigne était en grand crédit et attirait pour sa culture toute l'attention des populations; car c'était la manne des champs : on allait à la récolte de la châtaigne avec plus d'empressement encore qu'on ne va aujourd'hui à celle du gland. Mais, à mesure qu'on a défriché, la châtaigne est devenue plus rare, et se trouve maintenant reléguée dans les contrées montagneuses et presque incultes; le propriétaire de bois, dans son intérêt, aura cherché à en tirer parti; il en aura d'abord défendu la récolte gratuite, mais inutilement : on lui en volait plus qu'il n'en vendait. L'habitude d'avoir ce fruit pour rien n'a pu se passer tout à coup, et les propriétaires, n'en pouvant rien obtenir, souffrant alors de la rapacité des maraudeurs de châtaignes, de mauvaise humeur ou autrement, ils auront arraché sans pitié cette essence. Ensuite, les terres ayant plus que doublé par les défrichements, étant en outre mieux cultivées et produisant d'abondantes récoltes en céréales, ont réduit la châtaigne à un rôle secondaire de peu d'importance pour certaines contrées.

On remarque, en effet, que la culture du châtaignier ne s'est conservée qu'aux environs de Paris, où il est précieux par le débit spécial qu'on fait de ses produits en fruits recherchés par les Parisiens, et surtout en cercles, pesseaux et treillages, ainsi que dans le Limousin, l'Auvergne et autres pays de petite et maigre culture, où les récoltes en céréales sont souvent incertaines et peu abondantes : la châtaigne, pour eux, est une seconde récolte très-précieuse ; mais cette grande faveur attachée au châtaignier dans certaines localités, à cause de son fruit, ayant disparu, alors on a cessé de le cultiver en allées, lisières et en pleines forêts, et on n'en a plus laissé en réserve, d'autant mieux que de nos jours les propriétaires qui entendent bien l'exploitation de leurs bois détruisent tous leurs arbres fruitiers : nous y applaudissons et même nous conseillons d'extirper des forêts tout ce qui est fruitier, à l'exception du merisier et du châtaignier, qu'il faut conserver en taillis seulement, comme ne donnant pas fruit avant 25 à 30 ans, ou très-peu, particulièrement en forêts, et poussant de magnifiques rameaux.

Le gibier se nourrit très-bien, il est vrai, des graines forestières ; mais, il peut s'en passer, au moins de celles que les hommes lui disputent. Le châtaignier, le merisier et le pommier chargés de fruits, attirent les pâtres, et avec eux nécessairement les bestiaux ; c'est toujours aux dépens des fonds de bois. Aussi l'abus que les populations ont fait du châtaignier a amené insensiblement sa destruction, particulièrement comme réserve, d'autant que le châtaignier en pleine forêt rapporte peu et se gâte promptement. Si la châtaigne pouvait reprendre l'importance qu'elle avait du temps des druides, et même sous nos premiers rois, elle se cultiverait encore, et nos charpentes seraient toutes en châtaignier, comme sous Louis V, dit le Fainéant (986).

Le châtaignier, par sa nature, meurt dans les vallées froides, procure un chauffage dangereux, en ce qu'il petille et lance des fusées de feu, quand il n'est pas exploité en séve. Il est, par conséquent, peu estimé pour l'usage de nos foyers domestiques, attendu qu'il donne une faible chaleur, que son charbon s'éteint promptement et que ses cendres tachent le linge. Il a cependant besoin, plus que tout autre arbre, d'être cultivé et renouvelé, comme lorsqu'il était presque le seul dont on prît un soin particulier; car c'est une essence précieuse pour le pesseau, le treillage, le cercle et la charpente. Nous pensons, en définitive, que la disparition du châtaignier dans nos forêts provient de ce qu'il n'est pas assez apprécié; enfin, de ce qu'on ne l'emploie plus dans nos constructions de premier ordre, aussi de ce qu'il est mal cultivé; et, par conséquent, que ce n'est point l'effet des gelées d'hiver ou de printemps qui cause sa rareté actuelle, ni la préférence qu'on a donnée au chêne, qui est plus commun, plus nerveux, et qui peut être placé, soit au sec, soit à l'humidité; même au sapin, qui est plus léger et plus à la portée de toutes les fortunes. (Voir notre article *Châtaignier*, n° 3, p. 75.)

CHAPITRE XVIII.

DE LA LONGÉVITÉ DES ARBRES FORESTIERS.

A l'exception du marseau, du tremble et du bouleau, qui dépérissent de 60 à 70 ans en pleine forêt, il est impossible de fixer l'âge, même approximativement, où le chêne, l'orme, le hêtre, le frêne, le charme, etc., et autres bois durs, arrivent à la décrépitude ; leur existence, plus ou moins longue, tient à leur position et au sol.

Un chêne, sur un sol pierreux, que ses racines pivotantes et traçantes ne peuvent percer, se mousse à 20 ans, et perd plutôt qu'il ne gagne : il existe cependant en France des arbres de 3 à 400 ans, fort vivaces. On remarque dans différents villages, aux portes des églises et sur les places publiques, des ormes, des tilleuls et autres arbres d'une grande dimension, encore très-sains, qu'on appelle des Sullys, plantés à l'avènement de Henry IV en 1589 ; ils ont actuellement plus de 250 ans. Il existe dans le jardin des Tuileries des marronniers et des tilleuls qui datent de la création de ce jardin, par le Nôtre, au commencement du règne de Louis XIV, en 1660 (180 ans).

A Saint-Cloud, comme à Versailles, il en est peut-être de plus anciens encore. A Villers-Cotterêts, Compiègne et Fontainebleau, il y a eu de très-vieux aménagements créés sans réflexion ou par fantaisie ; aussi un arrêt du parlement défendait que l'on fît, à Fontainebleau, ni lattes, ni charpentes et planches dans les vieilles futaies, parce que le bois était trop mûr. Il est vrai que plusieurs parties étaient aménagées à 300 ans, et que la qualité du sol ne permettait pas un aménagement aussi long.

A l'abbaye de Clairvaux (Aube), fondée par Saint-Bernard, il existe un chêne planté par lui en 1070, qui a ombragé Pierre l'Hermite, revenant de la Palestine, et qui, aujourd'hui, a 770 ans. Cet arbre, il est vrai, est creux et presque mourant.

Près d'Yvetot, il y a un chêne auquel on donne plus de 900 ans. Le dragonier de l'île de Ténériffe, ayant 45 pieds de circonférence, passe pour avoir mille ans.

Baudrillart parle du châtaignier des environs de Sancerre, qui a mille ans et rapporte encore du fruit. En résumé, nous pensons, d'après ce qui précède, sans toutefois le garantir, en raison de la diversité des terrains et des climats, que la durée commune des bois blancs, en pleine forêt, est de 60 à 70 ans environ, et celle des bois durs de 150 à 300 ans.

Il faut remarquer que les arbres isolés et en allées, bois blancs ou durs, peuvent aller au double; ces arbres recevant plus d'air, leurs racines s'étendant au loin horizontalement, et à de grandes distances et profondeurs, ces diverses positions leur procurent une plus longue existence.

Le tilleul du château de Chaillé (Deux-Sèvres) avait, en 1804, 538 ans; celui de Trons, dans les Grisons, en avait 583, en 1798.

Dans le département de Maine-et-Loire, le chêne rognon, dit *des druides*, a 2 mille ans. Le journal *le Cultivateur*, v. xv, p. 558, sous le rapport de la croissance des arbres, parle du *baobab*, qui, d'après les calculs d'Adanson, avait 5150 ans, et de celui dit *taxodium* ou *le cupressus disticha* de Linnée, présenté comme plus âgé encore. Les arbres, ainsi que tous les êtres vivants, ont un terme d'existence qui se prolonge plus ou moins, mais qui n'a jamais dépassé pour les hommes 200 ans, et le chêne, le plus vivace des grands végétaux, 2000 ans. Pour croire à ceux qui sont allés au delà, nous voudrions en avoir compté toutes les couches ligneuses qui en marquent les années. La commune de la croissance des chênes, en France, est, savoir :

Jusqu'à 25 ans, 10 lignes par an (2 cent. 500 millim.);
40 ans, 10 lignes par an (2 cent. 500 millim.);
60 ans, 9 lignes par an (2 cent. 250 millim.);
80 ans, 8 lignes par an (2 centimètres);
100 ans, 7 lignes par an (1 cent. 750 millim.);
120 ans, 6 lignes par an (1 cent. 500 millim.).

A 150 ans, la croissance est presque insensible, même dans un riche terrain; sur un médiocre, la décrépitude, à cet âge, est beaucoup plus prompte que n'a été la croissance.

CHAPITRE XIX.

Suivant le sol et l'exposition : le pin, le tilleul et l'ypréau, parmi les bois blancs, prennent le plus de longueur et de grosseur.

Dans les bois durs : le chêne, l'orme et le hêtre sont au premier rang ; le châtaignier et le frêne, au second ; le merisier, le cormier et le charme, au troisième.

L'érable, le coudrier et le buis sont au dernier.

Il y a des phénomènes en longévité, en longueur et en grosseur.

Les arbres les plus extraordinaires, en beauté et grosseur, sont dans le royaume de Siam ; Batavia s'y approvisionne.

Il y en a aussi de très-beaux aux États-Unis d'Amérique, en Corse, dans la partie occidentale de l'Afrique et dans les forêts de Sierra-Leona.

Sur le penchant de quelques montagnes de l'Oberland (Suisse), le sol est si fertile, que, suivant M. Kasteler, le fusain, arbrisseau qui vient le long des haies, acquiert quelquefois un pied de diamètre, et l'on a vu des coudriers de six pieds de circonférence.

Qui n'a entendu parler du tilleul de Schaffhouse, dont les branches s'étendent horizontalement et reprennent ensuite une direction verticale qui forme une salle spacieuse.

Dans la forêt voisine de Montfort (Ille-et-Vilaine), on remarque, dit-on, un chêne, appelé *le chêne des Vendeurs,* qui a quarante pieds de circonférence et une hauteur proportionnée : on l'appelle ainsi, parce que c'est sous ce chêne que se font annuellement les ventes des coupes de la forêt.

On voit, dans la commune de la Pommeraye, entre Beaupréau et Chalonne (Maine-et-Loire), le chêne rognon, dont la tige est d'une grosseur énorme (environ 30 pieds de circonférence), mais courte. Sa partie supérieure est détruite depuis longtemps ; il ne lui reste plus que quelques branches inférieures. On a, dans la contrée, l'opinion qu'il était consacré au culte des druides, et qu'il compte deux mille ans d'existence. Les plus anciennes rentes de la Pommeraye étaient payables sous l'ombrage du chêne rognon.

M. Runch a vu dans la commune de Werth, sur les bords du Rhin, trois trembles, le premier de vingt-huit pieds, le deuxième de trente-quatre, et le troisième de quarante-deux pieds de tour.

On a tiré, d'un tilleul qui se trouvait sur la place publique d'un village du Jura, pour 600 francs de planches et madriers : c'était, sans doute, un Sully.

M. Runch cite, d'après la collection de Bath, un chêne qui contenait mille quarante-cinq pieds cubes, indépendamment de sa tête ; il cite aussi le chêne de Boddington, qui avait cinquante-quatre pieds de tour, mesuré au pied de l'arbre ; le calcul des pieds cubes présenterait un nombre presque incroyable.

La *Bibliothèque britannique* mentionne un chêne qui, en Afrique, à l'âge de vingt-quatre ans, avait huit pieds de tour. La *Maison rustique* du XIXe siècle, page 42, parle d'un cèdre du Liban ayant trente-six pieds et demi de circonférence, et dont les branches couvraient une étendue de cent onze pieds de diamètre.

Dans la forêt de Compiègne, le chêne du roi portait vingt pieds de tour à hauteur d'homme, soixante de tige, quatre-vingt-dix à cent de toute hauteur ; il pesait cent dix milliers environ, et produisit au marchand 2,400 francs.

M. de Perthuis père fit couper en 1758, à Beauvoir, en Brie, un frêne de cent cinquante-huit ans, ayant neuf pieds de tour, soixante de tige, sans nœuds ni branches, et quatre-vingt-quinze pieds d'envergure.

Tous les voyageurs qui ont visité la forêt de l'Etna, en Sicile, ont parlé du châtaignier si célèbre, connu sous le nom de *castagnus di centi Cavalli*, le plus gros de cette forêt et peut-être de toute l'Europe. Sa circonférence, qui a été mesurée par Denon, est d'environ cent quatre-vingts pieds. Comme il a crû sur un sol volcanique, par conséquent très-fertile, il est à croire que ce géant forestier n'a pas plus de cinq à six cents ans.

Le trop crédule Pline (Livre 12, page 1, de son *Histoire naturelle*) parle d'un platane de deux cent quarante pieds de circonférence (il a voulu dire d'envergure), dans le centre duquel Mutianus coucha avec vingt-une personnes ; et d'un autre où Caïus soupa avec quinze personnes et environné de sa suite ; enfin d'un mélèze de deux cent vingt pieds de hauteur et de vingt-six pieds de tour.

M. de Jouy, dans son *Ermite en province*, tome 7, page 337, parle du chêne d'Yvetot ou d'Allouville (Seine-Inférieure), auquel on donne plus de neuf cents ans, trente-quatre pieds de circonférence à fleur de terre, vingt-quatre à hauteur d'homme, sept à huit de tige, portant d'énormes branches. Au rez-de-chaussée, est une chapelle dans laquelle on célèbre l'office à certains jours de l'année ; plus un escalier en spirale, conduisant au premier ; là une chambre avec une couche taillée dans le bois, et au-dessus, à la cime, il forme un clocher surmonté d'une croix en fer, et ce clocher pittoresque renferme une cloche qu'on entend au loin. Cette chapelle a été dédiée à Notre-Dame-de-la-Paix par le curé d'Allouville, en 1696, sous Louis XIV.

Dans la forêt de Trouhart (Calvados), il y a un arbre sur lequel on a établi une salle de danse.

Nous pourrions en citer beaucoup d'autres de cette nature, la plupart creux et capables de contenir une famille entière, ayant seulement huit à onze pieds de tige et un branchage immense : ce sont des arbres monstres, hors de toute proportion ordinaire, dont nous ne parlons ici que comme curiosité forestière, et qui ne sont à peu près bons qu'à faire du bois à brûler.

En France, la commune des arbres de la plus forte

dimension, même en y comprenant la Corse, où les pins sont de la plus grande beauté, est de cinquante à soixante pieds de long, vingt à vingt-deux pouces d'équarrissage, huit à neuf pieds de tour (2 à 3 mètres produisant environ 55 à 60 solives, ou 180 pieds cubes); cependant le port de Saint-Dizier a fourni, en 1826, un arbre pour le Louvre, provenant de la haute Marne, cubant quatre-vingt-dix-neuf solives, ou deux cent quatre-vingt-dix-sept pieds cubes. Les plus beaux arbres de France sont, dit-on, dans les forêts de Nouvion (Aisne), mais particulièrement dans celle du Der, canton dit de Brancourt (Haute-Marne); on en remarque, entre autres, un dans cette dernière, encore très-bien venant, dont le volume, y compris l'écorce, est d'environ six cents pieds cubes, et la solidité, propre à être équarrie, est au moins de trois cents pieds cubes. On a coupé, dans la même forêt, il y a environ soixante ans, un chêne qui a été employé à la machine de Marly : il avait soixante-douze pieds de longueur sur une grosseur moyenne de trois pieds d'équarrissage; son volume était, par conséquent, de deux cent seize solives ou six cent quarante-huit pieds cubes, sans parler des découpes et des branches.

CHAPITRE XX.

Les phénomènes physiques qui peuvent nuire à nos forêts sont dus : les uns au climat, à l'état du sol, ou à sa configuration topographique; les autres aux intempéries des saisons, aux révolutions de la nature. Nous allons examiner, dans des paragraphes particuliers, l'influence de ces différentes causes.

PHÉNOMÈNES NATURELS DUS AUX CLIMATS.

Les phénomènes naturels dus au climat ou à l'atmosphère sont le froid, la chaleur, le vent, la neige, le givre, le verglas; enfin la grêle et la foudre.

Le forestier doit chercher, avec le plus grand soin, à garantir les bois contre les dangers de ces diverses influences, qui, indépendamment des dégâts qu'elles causent, donnent naissance, la plupart du temps, aux maladies des arbres.

Le froid est, en général, nuisible à un assez grand nombre de végétaux de nos forêts, qu'il fait souvent périr ou dont il arrête le développement ; c'est surtout par les gelées que ce phénomène atmosphérique cause le plus de dommages à nos bois. Les gelées produisent des effets d'autant plus funestes pour les arbres, qu'elles succèdent tout à coup à un dégel, à une forte pluie, à une fonte de neige. Dans ce cas, toutes les parties des végétaux imbibées d'eau, distendues et rompues lorsque celle-ci vient à se glacer, sont complétement désorganisées. Les fortes gelées, en outre, fendent les gros arbres, les font éclater, et produisent les défauts connus sous le nom de gelivures, cadranures, faux aubier, etc.

Les gelées du printemps endommagent souvent les bourgeons des taillis, surtout si le soleil luit de bon matin et fait fondre la glace par la chaleur de ses rayons, et portent alors le plus grand préjudice aux jeunes taillis, notamment à ceux exploités à l'écorce, ou tardivement.

On garantit les forêts des effets du froid et de la gelée, ou du moins on en atténue les effets désastreux par un aménagement raisonné et habilement dirigé. Pour parvenir à ce but, on doit abattre ses bois du 15 octobre au 15 janvier, conserver et entretenir avec soin les lisières des bois, former des rideaux de grands arbres du côté où les vents froids soufflent le plus constamment, ou bien du côté où s'élèvent des vapeurs aqueuses; on fournit un écoulement aux eaux qui séjournent à la surface du terrain ou dans les sols humides, et on ménage des courants d'air assez vifs dans ceux qu'on ne peut dessécher complétement. Quant aux semis, aux jeunes plants et aux cépées, on les abrite en réservant dans les coupes un certain nombre de vieux arbres, convenablement espacés, qui les protégent contre le froid ; on les couvre avec des feuilles mortes, de la mousse, des joncs, ou des ramilles ; on les abrite pendant quelque temps avec les plants d'essences telles que le bouleau et le tremble , qui poussent rapidement , et procurent promptement le couvert que les autres arbres réclament ; on foule la terre pour que le froid la pénètre moins ; on fait choix des espèces qui supportent aisément le froid, même dans un âge tendre ; enfin on fait usage des moyens que les pépiniéristes emploient pour la conservation et l'amélioration de leurs plantations.

La chaleur est surtout nuisible par la sécheresse qu'elle occasionne. Une chaleur forte ou prolongée , en épuisant les sols, notamment ceux qui sont légers, ouverts et sablonneux, de toute leur humidité , desséche et fait périr les semences, enlève aux jeunes plantes le véhicule qui charrie leurs aliments, ainsi que leur humidité propre, et les fait périr; elle exerce aussi une influence funeste sur les arbres, dont elle dessèche et fait fendre l'enveloppe verticale.

On parvient à garantir les forêts contre les influences pernicieuses de la chaleur, à peu près par les mêmes moyens qui servent à les préserver de l'action du froid. Seulement, dans les sols exposés fortement aux effets des rayons solaires, il faut y introduire les eaux des chemins et ruisseaux dans le moment des orages, et, en outre, faire choix, pour les semis et plantations, des essences qui prospèrent dans les terrains secs ; les abriter par de grands arbres ; conserver des rideaux de bois du côté du sud ; les entremêler avec des plants qui poussent vite, tels que les saules, marseaux, bouleaux, trembles, merisiers, etc. On les défendra par des haies sèches; on enterrera les plants plus profondément ; enfin on empêchera l'enlèvement des végétaux qui peuvent les abriter.

Les vents, surtout les ouragans, causent d'affreux dégâts dans les forêts, principalement dans les futaies, dont ils brisent ou déracinent les arbres. Les taillis résistent mieux, parce qu'ils offrent moins de surface à l'action des vents, et qu'ils fléchissent en partie sous leurs efforts. Les causes qui favorisent les ravages des vents sont :

1° *L'essence des arbres*. Ainsi ceux dont les racines s'enfoncent peu profondément et courent à la surface, tels que le hêtre, le sapin, le tremble, le bouleau, sont plus aisément renversés que ceux qui pénètrent profondément dans le sol, tels que le chêne.

2° *La croissance des arbres*. Plus ils filent, c'est-à-dire plus ils sont allongés, et en même temps plus leur tête est développée, et moins leurs racines sont étendues et solides ; plus les vents alors les renversent facilement : les arbres résineux sont presque tous dans ce dernier cas.

3° *Le sol*. S'il est léger, sans cohésion et humide, n'offre plus une base suffisamment solide pour que les arbres résistent aux vents puissants.

4° *La situation de la forêt*. Elle a, sur l'action des vents, une influence décisive. Ainsi, dans les montagnes, sur les bords de la mer, les ravages sont plus considérables que dans les plaines , et, dans celles-ci , une foule de causes influent encore sur la direction, l'étendue ou la violence des vents. Quant à l'étendue des dégâts causés par les vents, elle dépend de la nature de ceux-ci. Les vents qui tourbillonnent arrachent beaucoup d'arbres ; mais tous leurs efforts sont bornés à une faible surface. Les vents d'orage bornent également leurs ravages à une bande longue et étroite ; mais les ouragans s'étendent sur une large surface , et renversent souvent tous les arbres d'une vaste étendue de terrain.

On parvient à prévenir en partie les effets désastreux des vents en étudiant avec soin la configuration topographique du sol , la nature , la fréquence et la direction des vents ; en dirigeant avec intelligence l'aménagement et la coupe des bois , suivant celle des vents violents ou dominants; en écartant des plantations exposées à leurs ravages les arbres qui, comme les résineux, par leur grande longueur, sont aisément renversés par eux, ou bien en les abritant par des lisières d'arbres à racines pivotantes, qui bravent facilement les efforts de ceux-ci; en conservant dans les lieux fréquemment battus par les tempêtes des rideaux d'arbres courts et gros qui ne doivent jamais être abattus, même lorsqu'ils ont péri ; en écartant des plantations, au bord de la mer ou sur le sommet des montagnes, les arbres à cime branchue, dont le feuillage donne prise au vent.

Les vents desséchants sont très-nuisibles ; ils enlèvent aux végétaux et à la terre leur humidité, et font ainsi périr les jeunes plants, avorter la fécondation et manquer la germination : on prend contre eux les mêmes précautions que celles indiquées contre la chaleur.

La neige, dans les pays où elle tombe en abondance, cause souvent des dégâts dans les forêts trop
touffues, surtout dans celles d'arbres résineux, en
s'accumulant sur leur cime, et en faisant fléchir et
rompre leur flèche et leurs rameaux. Parfois la neige,
après s'être ainsi accumulée sur la cime, tombe en
masse et brise ou mutile les jeunes plants. On pré-
serve autant que possible les forêts de l'action destructive de la neige, en évitant d'y planter les arbres
trop serrés, en pratiquant avec habileté des éclaircies,
des élagages, qui laissent, d'un côté, à la neige le
moyen de tomber jusqu'à terre sans être arrêtée par
les branches, et permettent aux jeunes plants, qui
jouissent alors de plus d'air et de lumière, de se fortifier et de résister au froid des masses neigeuses qui
tombent sur eux.

Le givre et le verglas. Les branches des arbres
sont souvent si chargées de cette espèce de glace,
qu'elles rompent sous le poids. Les arbres qui souffrent le plus du givre sont les pins et les sapins,
parce que, conservant leurs feuilles pendant l'hiver,
le givre s'y dépose en grande quantité. On affaiblit
ses effets en veillant à ce que le contour des forêts soit
peu couvert et ne donne pas accès aux vents froids
et à l'humidité, et en repeuplant toutes les clairières.

La grêle et la foudre peuvent causer, dans les forêts, des dégâts qu'il n'est pas au pouvoir de l'homme
de prévenir; seulement, si la dernière a causé un incendie, on prend alors les mesures indiquées contre
ce fléau (page 321).

PHÉNOMÈNES PHYSIQUES DUS A LA NATURE OU A LA CONFIGURATION DU TERRAIN.

Les phénomènes de cet ordre sont d'autant plus désastreux qu'ils étendent quelquefois leurs ravages sur une surface considérable de terrain : ils enlèvent, engloutissent ou rouvrent le sol , ou bien arrêtent la croissance des végétaux et s'opposent à leur culture et à leur exploitation ; ils ne peuvent être combattus qu'avec des peines infinies ou des frais considérables.

Au nombre de ces phénomènes, nous rangeons le débordement, ou la stagnation des eaux, les sables mouvants , les avalanches et les éboulements.

Les eaux stagnantes ou courantes. Les eaux stagnantes nuisent aux forêts , en convertissant le terrain , soit en marécages , soit en terres inondées, où les arbres, surtout ceux qui ne sont pas propres à ces sortes de terrains , périssent bientôt, sans qu'il soit possible de repeupler par semis ou plantations.

Les eaux stagnantes occasionnent encore, par leur évaporation, des brouillards, du givre, des gelées blanches et des froids, qui concourent à la destruction des pousses encore tendres et à celle de jeunes sujets.

Les eaux courantes qui baignent les forêts peuvent, par des crues extraordinaires dues à des pluies considérables, des ondées, ou à la fonte des neiges, entraîner une partie du sol forestier , soit seulement la couche végétale qui le recouvre, soit les arbres qu'elle porte; couvrir le terrain de sable, de pierres, de débris; faire périr les sujets par le séjour qu'elles font à la surface, ou par leur conversion en glace, les renverser en charriant des glaçons. Les torrents, les violentes pluies d'orage causent des dégâts analogues; il n'y a qu'un seul moyen de se garantir de ces désastres, c'est de construire des endigages ou embarquements, ou de former des rigoles d'écoulement.

Les sables mouvants sont ceux des dunes ou ceux des plaines de sables; ces sables, emportés par les vents, peuvent fondre sur les forêts du voisinage et les engloutir : il faut donc se préserver de leurs ravages.

Les avalanches sont des masses de neige qui, ne pouvant plus s'arrêter sur la pente des montagnes, tombent en forme de poussière, ou glissent sur ces pentes, et détruisent tout sur leur passage. Pour se préserver des avalanches glissantes, les habitants du Valais enfoncent des troncs de mélèze, là où les avalanches se forment pour les empêcher de glisser; on peut faire aussi des fossés à angles coupés, ou établir des brise-avalanches à angles aigus avec des pilots, ou en laissant de grands tronçons, dans les coupes.

Les éboulements de terre qui ont lieu dans les montagnes, surtout quand les couches superficielles reposent sur des lits argileux, quoique très-difficiles à contenir, peuvent parfois être prévenus en détournant les eaux des vallées, en plantant des aunes, des saules, ou en liant le terrain par des plantations d'arbres à racines traçantes, en soutenant par des digues ou des pilotis les terrains qui coulent, etc. On emploiera des moyens analogues contre la formation des crevasses ou des fissures qui se manifestent quelquefois à la surface du sol. (Extrait de la *Maison rustique* du xix⁰ siècle, v. 4, p. 149.)

Observations. — Pour prévenir, arrêter ou atténuer, autant que possible, les ravages des phénomènes physiques sur les forêts, nous prévenons nos lecteurs qu'il ne faudrait pas employer *rigoureusement* les moyens indiqués par la *Maison rustique*; on courrait risque très-souvent de perdre la plus grande partie de ses dépenses : ce sont, sans nul doute, des théories savantes et fort judicieuses qui méritent toute l'attention des forestiers instruits ; mais, en les appréciant autant que qui ce soit, nous pensons qu'il ne faudrait pas s'y livrer entièrement et *sans y avoir bien réfléchi* : on doit néanmoins les considérer comme des instructions d'une haute portée et des guides dont il faut user avec discrétion, selon les circonstances et positions, lorsqu'on le peut, sans de trop grands frais et sans toutefois porter trop de préjudice aux revenus courants.

Les moyens que nous croyons les plus naturels, les plus simples, et qui n'exigent aucuns frais extraordinaires, enfin dont l'efficacité nous est démontrée certaine pour supporter les avaries du temps, reposent sur trois points capitaux où, dans notre pensée, gît toute la science forestière ; c'est ce que nous avons déjà dit, et même répété plusieurs fois, qu'on nous le pardonne ; mais, dans l'enseignement, on trouve des intelligences paresseuses à qui il faut exposer vingt fois ce qu'on veut leur faire comprendre.

1° La coupe hors séve du 15 octobre au 15 janvier, basse ou élevée suivant les terrains, avec une légère inclinaison au nord et accompagnée de réserves en bois tendres et abritants; ne faire d'écorce que lorsqu'il y a un grand avantage;

2° Vidange des coupes avant la pousse (30 avril);

3° Entretenir des abris contre les mauvais vents; multiplier les essences pivotantes et traçantes pour protéger les foréts contre les éboulements et l'invasion des eaux; receper les bois traînants, rabougris et parasites; aussitôt après la coupe, mettre tout en action de produit, curer les fossés, chasser l'eau des parties basses et marécageuses, l'attirer daus celles élevées et arides, et ne permettre l'entrée que jusqu'à la coupe suivante, seulement et jusqu'à un certain point aux cochons et à la volatille, particulièrement aux dindons, afin qu'ils détruisent les mulots, les hannetons, les vers blancs et autres insectes qui dévastent les semences forestières et bien souvent font périr les plus beaux arbres en les attaquant depuis la racine jusqu'à sa dernière feuille.

Un taillis bien conservé dans sa première feuille s'en ressent jusqu'à sa coupe, de même un autre qu'on aura négligé, qui n'aura pas eu ses deux séves de mai et d'août bien complètes, sera toujours faible et d'une venue languissante.

Il ne faut pas être grand forestier pour distinguer en automne un taillis coupé hors séve et un autre de mars à la fin d'avril, ou à l'écorce, fin de juin; ces derniers, quoique bien lancés, sont encore herbacés ; ils ne sont pas mûrs ni coudrés comme les premiers, aussi souffrent-ils cruellement des premières gelées, des neiges et des vents.

La première pousse d'un taillis en dernière analyse, qui doit avoir 20 à 30 ans d'existence, ainsi que nous l'avons dit, peut être comparée à un enfant à qui la nourrice, par un lait sain et abondant, donne une constitution robuste dont il se ressent toute sa vie ; plein de force et de santé, il a, bien moins que tout autre, besoin des secours du médecin et des remèdes de sa science ; de même, un taillis bien exploité et conservé dans sa première pousse a peu de chose à craindre des phénomènes physiques qui agissent sur les végétaux, ou, s'il en éprouve du dommage, il se rétablit bientôt, grâce aux soins que l'on a eus pour lui et qu'on lui prodigue de nouveau.

CHAPITRE XXI.

Nous n'avons pas la prétention de traiter de la valeur des bois étrangers au climat de la France ; nous serons fidèle à notre plan, celui de ne parler que des bois que nous connaissons, et sur lesquels notre longue expérience nous permettra de tracer des principes pour une bonne culture et des règles pour une administration sagement entendue : notre tâche sera encore assez difficile ; aussi ne présenterons-nous ici que le tableau succinct des arbres forestiers de la Guyane française, où la végétation est la plus puissante du monde, et seulement comme point de comparaison avec les bois de notre territoire, ou, plutôt, dans le dessein d'engager nos botanistes et pépiniéristes à introduire en France ceux qui seraient susceptibles de s'y alimenter avec avantage.

Nous avons fixé le nombre de nos arbres forestiers, tant en bois dur qu'en bois blanc et arbres résineux, à vingt-trois essences différentes (p. 50) : si nous en retranchions le buis, le coudrier, qui ne sont que des arbustes ; même le charme, l'érable, le pommier et le poirier sauvages, qu'on extirpe dans les forêts cultivées avec soin et intelligence, comme nuisant aux autres essences et peu productifs, il n'en resterait que dix-sept.

Portant ensuite notre attention sur les richesses de l'Asie, de l'Afrique et de l'*Amérique* surtout, nous exprimerons toute notre surprise de l'exiguïté du nombre des essences que nous possédons, en comparaison avec cette contrée des colosses végétaux, non-seulement pour la variété, mais aussi sous le rapport des produits servant à la nourriture, aux vêtements et aux besoins personnels à l'homme, et plus remarquables encore par leur valeur dans le commerce, pour l'ébénisterie, la teinture et la médecine.

C'est à la Guyane que la variété nous a semblé le plus extraordinaire ; tout dans cette contrée a un merveilleux qui séduit et excite l'admiration : les oiseaux, par leur nombre, leur diversité et leur brillant plumage ; les productions végétales, par leurs dimensions gigantesques; la vue d'un printemps continuel ; des fleurs et des fruits en toutes saisons, et sur le même arbre ; des forêts embaumées, où l'on trouve, avec une extrème prodigalité, des fruits délicieux ; en même temps les animaux les plus dociles et d'autres de la plus grande férocité; enfin des fleuves qui ont jusqu'à 1100 lieues de cours : tout, nous le répétons, semble véritablement se réunir pour réaliser les illusions de la féerie.

Ce pays enchanteur est, comme on le sait, cette vaste contrée de l'Amérique méridionale, située entre l'Amazone et l'Orénoque. Son littoral, compris entre ces deux immenses fleuves, est d'environ trois cents lieues de développement. La partie occupée par les Français a pour bornes : au nord, l'Océan atlantique; à l'ouest, le Maroni : vers le nord elle n'est point encore limitée avec la Guyane brésilienne.

Lorsque l'Européen pénètre pour la première fois dans les forêts séculaires de la Guyane, il est frappé d'admiration à la vue des gigantesques végétaux, dont son œil étonné cherche aussitôt à mesurer les dimensions. Cette admiration augmente encore en raison de la prodigieuse variété des espèces d'arbres qui croissent sur un même sol; il connaît tout de suite les immenses avantages qu'on pourrait tirer, pour les constructions de tous genres, des arbres qui s'élèvent jusqu'à 140 pieds de haut (46 mètres 66 c.); il a peine alors à concevoir comment, depuis plus de deux cents ans que les Français possèdent ce vaste et riche domaine, des exploitations établies sur de grandes échelles n'ont pas encore mis à contribution ces immenses forêts. Mais, à mesure qu'il l'explore, l'illusion disparaît : il reconnaît les accidents du terrain, découvre des difficultés qui ne pourraient être surmontées que par une grande population, des canaux, des chemins, et enfin par un besoin pressant de construction.

M. Royer, ancien ingénieur-géographe, ex-député de la Guyane française, qui a fait un excellent ouvrage sur les forêts vierges de la Guyane, compte 259 essences forestières, savoir :

Bois blanc.	34	essences.
id. à fruit.	30	*id.*
id. résineux, gommeux et à baume.	26	*id.*
Bois blanc de mauvaise qualité.	40	*id.*
Bois durs pour constructions maritimes, civiles, et le combustible.	129	*id.*
Bois pour l'ébénisterie. .	8	*id.*
Bois de petite structure. .	8	*id.*
id. odorants.	7	*id.*
id. pour teinture. . . .	6	*id.*
id. pour haies.	4	*id.*
Total.	259	

Sur cette quantité, 23 espèces seulement ont été jugées, au port de Brest, éminemment propres aux constructions maritimes.

Les arbres tenant, à la Guyane, le premier rang, et non sujets aux vers ou à la putridité, sont

1° L'ouacapou;

2° Le rose malotrés odorant ;

3° L'angélique;

4° Le grignoa, ou chêne français;

5° Le cèdre jaune et le cèdre noir;

6° L'acajou;

7° Le violet, connu à Paris sous le nom d'amarante, dont on fait des limons et noyaux d'escaliers;

8° Le cœur-dehors;

9° Le panacoco.

Viennent ensuite, mais qui souvent sont gâtés au cœur,

1° Le gaïac;

2° L'ébène;

3° Le sipanao;

4° Le pekeia;

5° Le palétuvier rouge, produisant de l'excellent tan.

BOIS D'ÉBÉNISTERIE.

1° Le bagot;

2° Le boco;

3° Bois de férole (beau rouge);

4° Bois de lettres moucheté;

5° Bois satiné rubané;

6° Montouchi, d'un rouge veiné noir;

7° Vochy (vert jaunâtre).

LES BOIS DE TEINTURE LES PLUS CONNUS SONT:

1° Le panapy, qui donne les couleurs amarantes;

2° Le tariri, teignant en violet;

3° Le simara, teignant rouge vif.

LES ARBRES LES PLUS REMARQUABLES COMME PRODUI-
SANT LA RÉSINE, GOMME, HUILE, ÉPICES ET BAUMES POUR
LA MÉDECINE SONT

1° Le copahu, produisant le baume de copahu;

2° Lara couchini;

3° Le dartrier, guérissant les dartres ;

4° Le fromager, produisant du coton ;

5° Guimgui-amadou, produisant de la cire à bougie;

6° Le mani ;

7° Lamyris;

8° Bois rouge ;

9° Syringa ;

10° Acacia ;

11° Azouaou ;

12° Coupaya ;

13° Le carupa, produisant l'excellente huile à brûler : c'est le premier bois de marécage et propre à la mâture;

14° Gouguerécou ;

15° Le bravo ;

16° Juvia.

LES PRINCIPAUX ARBRES FRUITIERS SONT

1° Le pekeia ;

2° Le bois cerise ;

3° Bois jaune d'œuf ;

4° Bois sucré ;

5° Coupi ;

6° Mélastôme, ou caca Henriette ;

7° Mélier ;

8 Monbin;

9° Pascoury ;

10° L'acajou ;

11° Pouchiry ;

12° Quatiloé;

13° Quatiloé zabucai;

14° Saouari;

15° Goyavier noir;

16° Jambolier comuété;

17° Poirier sauvage;

18° Le manguier;

19° Sapolitier;

20° Palata;

21° Corossollier.

BOIS ODORANTS.

1° Le rose mâle;

2° Le rose femelle;

3° Cononarout, odeur de noyaux;

4° Coumarouna;

5° Courimari;

6° Tarala.

Les palmiers-pineaux, qui croissent dans les marécages, forment des forêts appelées pineautières. C'est un bois dur, garni de piquants comme l'aubépine, ressemblant un peu au néflier, qui, par sa fertilité, fait la richesse de la Guyane.

Les bois de construction des environs de Cayenne, d'après M. Noyer, se vendaient à un très-grand prix, parce qu'on a abusé des forêts près de cette ville, et à cause, en outre, de la difficulté des chemins et des rivières pleines de cataractes s'élevant jusqu'à 60 pieds de haut (20 mètres). Enfin, ce qu'on ne pourra croire, c'est que le prix, rendu à la ville de Cayenne, est de 5 fr. 50 c. le pied cube jusqu'à 9 fr. 50 cent., trois fois plus cher qu'à Paris. Depuis 1830, ces prix ont beaucoup baissé ; cependant il prétend qu'on pourrait, par une exploitation en grand et bien gouvernée, dont il donne le devis, folio 94, en livrer, sur nos ports maritimes, à 2 fr. 77 cent. le pied cube (les 33 centimètres, environ 83 fr. le stère).

L'acajou et les autres arbres de cette nature présentent beaucoup de difficultés pour les abattre, parce qu'ils ont des arcabas, qui sont des expansions de racines plates, se prolongeant le long de l'arbre, depuis le sol jusqu'à 15 ou 16 pieds de hauteur (5 mètres 33 c.) : ce sont autant de pans triangulaires, rangés comme des stalles autour du tronc. Les espaces compris entre les arcabas pourraient contenir plusieurs personnes; aussi servent-elles de refuge aux bêtes sauvages. On peut les considérer comme des étais que la nature semble avoir donnés à ces arbres gigantesques, dont les racines pénètrent peu avant dans la terre et reposent sur un sol souvent inondé et, par conséquent, de peu de solidité, et qui, sans ces appuis naturels, seraient exposés à être renversés par les vents. C'est véritablement une grande curiosité que ces arcs-boutants radicaux, qui sont tellement considérables quelquefois, qu'on en tire des tables de douze pieds de diamètre; M. Persegol, amateur et observateur distingué, à qui nous devons nos renseignements sur la Guyane, qui, de 1824 à 1834, a résidé à Cayenne comme président de la cour royale de la Guyane française, en possède une, d'une seule pièce, où 24 convives peuvent s'asseoir à l'aise.

Ces excroissances prouvent un excès de végétation toute particulière à la Guyane et que l'on peut concevoir facilement. Ce pays, comme toutes les contrées entre les tropiques, réunit, plus qu'aucun autre encore, les deux grands moteurs de production, *le feu et l'eau.* Dans la saison de l'hiver, de décembre à la fin de mai, des torrents de pluie, avec une température de 22 à 27 degrés de chaleur, procurent un luxe de végétation qu'on ne voit qu'à la Guyane : or c'est à cette excessive et prodigieuse végétation qu'on doit les arcabas.

Outre les essences de bois dont nous venons de donner un aperçu, nous n'avons point parlé des lianes bignonacées, dont un grand nombre sert à faire des paniers, des emballages; qui remplacent avantageusement les cordes en chanvre, et présentent des propriétés médicinales. De toutes ces lianes, la plus étonnante est celle connue sous le nom de liane à enivrer; c'est le *robinia coa* d'Aublet : les Indiens s'en servent pour enivrer les poissons dans les petites rivières et dans les criques. Son suc est un poison violent, qui peut donner la mort à très-petite dose : aussi la nature semble l'avoir placée dans l'épaisseur des forêts, pour la soustraire à la main de l'homme.

Toutes ces plantes portent de très-belles fleurs; les unes répandent dans l'atmosphère les parfums les plus suaves, l'arome le plus délicieux; les autres, au contraire, infectent l'air de leurs émanations fétides et vénéneuses. Ces lianes enlacent les arbres de toutes les manières, montent en spirales autour de leurs énormes troncs, et, parvenues à la cîme, elles redescendent perpendiculairement, en forme de câbles et chaînes pendantes, ou se dessinent en festons élégants. Plusieurs de ces lianes produisent des fruits excellents, qui font les délices des meilleures tables de Cayenne, et qui ont le goût et le parfum de la fraise, notamment le maritanbour et le couzon.

Rien, en résumé, ne peut mieux donner l'idée des forêts de la Guyane que la gravure pittoresque qui représente une forêt vierge du Brésil, d'après le dessin de M. le comte de Clarac.

Les bois des montagnes, en bois dur, sont très-lourds, et tellement compactes, qu'ils sont presque incombustibles : c'est au point que, malgré l'apathie des nègres et le peu de soins qu'ils mettent à garantir leurs habitations des ravages du feu, il n'y a à la Guyane aucun exemple d'incendie, excepté dans les cases à bagasse où s'emmaganisent les cannes à sucre, qui, par leur nature combustible comme la paille, sont fréquemment la proie des flammes.

En général, les bois de la Guyane ne croissent pas par famille et ne forment point de grandes associations d'essences, comme en Europe, et par climat; les espèces les plus dissemblables et les plus disparates y vivent ensemble les unes à côté des autres, tant la végétation a de puissance. Une vieille futaie, entièrement arrachée, *brûlée même*, se reproduit avec une vigueur surprenante, mais en essence de bois tendre : d'abord, comme en Europe, elle pousse des taillis qu'on appelle *niamans*, et ce n'est qu'après un long laps de temps que les essences primitives s'y montrent, et encore en petite quantité. Ce phénomène est de même en France après la coupe de nos anciennes futaies.

Les bois de la Guyane sont souvent attaqués par le ver, et le pou particulièrement ; ils se gâtent et se gercent facilement ; aussi ont-ils, en général, la réputation d'être d'une mauvaise qualité : nous en attribuons la cause à leurs multiplicité et vétusté, et en raison de ce qu'on ne sait pas choisir les bons. Les meilleurs sont ceux des hauteurs et montagnes, et particulièrement dans les régions froides, où la végétation a un temps d'intermittence. Malheureusement la séve, dans cette contrée, étant toujours en action, le bois en souffre beaucoup : c'est cueillir un fruit qui n'est pas mûr que d'abattre un arbre en séve et qu'on ne peut conserver comme celui récolté en pleine maturité. Pour avoir un bois solide et bien sain, et pour prévenir la vermoulure, la gerçure et la putridité, il faut en France, comme en tous climats, l'abattre quand la séve est reléguée aux racines, c'està-dire qu'elle est sans action. (Voir ce que nous disons sur les bois abattus en séve, p. 268.)

Les bois durs de la Guyane pèsent de 90 à 100 liv. le pied cube (45 à 50 kilog.) ;

Les bois blancs, les tendres ou mous, de 40 à 50 livres (20 à 25 kilog.).

Avant de terminer cet article des bois exotiques, nous croyons utile de renouveler nos recommandations aux pépiniéristes et botanistes, de chercher à implanter en France quelques-uns des arbres forestiers de la Guyane, particulièrement ceux qu'on pourrait cultiver avec avantage dans nos provinces méridionales, telles qu'à l'île de la Camargue (Bouches-du-Rhône) et autres lieux semblables. Nous avons l'opinion que le manguier, le sapolitier, le palata, le corossolier, l'acajou, le goyavier, le pommier de Cythère, le palétuvier, le palmier-pineau et autres, enfin, qui n'auraient point à craindre de fortes gelées, pourraient y prospérer.

Quant à notre possession de la Guyane, nous croyons qu'elle pourrait acquérir une grande prospérité, si le désir de revenir en Europe ne tourmentait pas constamment, et comme une fièvre lente, la plupart des Français, qui ne s'y rendent que dans l'espoir de s'enrichir promptement : avec cette disposition d'esprit, ils n'améliorent pas, ils détruisent plutôt, et pressent le pays comme on presse un citron pour en avoir le jus, afin de revenir en France brillants de fortune et le plus tôt possible. Ce n'est pas ainsi qu'il serait convenable d'agir; il faudrait, au contraire, fixer son avenir, du moins une grande partie de sa vie, pour imprimer un grand mouvement à ce riche pays, encourager la culture et aider d'une manière efficace à sa prospérité. Le gouvernement devrait donner l'exemple, en commençant par y consacrer une grande mise de fonds pour y établir des chemins, des passages d'eaux, des canaux et surtout y faire jouer la mine, afin de détruire les nombreuses cataractes qui barrent les rivières ; on parviendrait facilement à ce résultat en ouvrant, sur les cataractes, des écluses ou pertuis pour la navigation, des bateaux, trains ou radeaux.

La Guyane française, par la fertilité de son sol, sa vaste étendue, ses magnifiques rivières jointes à l'industrie des habitants, pourrait devenir florissante; cependant nous voyons avec regret que tout y languit, qu'on abandonne les premiers établissements formés, qu'elle décroît même chaque jour et qu'elle semble tendre vers son anéantissement, comme presque toutes nos possessions d'outre-mer.

L'industrie qui serait le plus à désirer pour ce pays serait celle de quelques manufactures de faïence et de porcelaine, de forges surtout, le minerai étant d'une richesse sans égale. M. Noyer, p. 56, nous dit qu'il existe, près de Cayenne, des bancs de sable ferrugineux qu'il a fait examiner à Paris, par MM. Gillet-Laumont et Bertier, professeurs de docimasie ; et que sur 100 parties de sable il s'est trouvé 79 parties de bon fer, tandis que les 21 parties complémentaires étaient de l'oxyde de titane et de manganèse.

Ce serait le cas de créer des fourneaux et forges à fer sur les ruisseaux et rivières, même au milieu des forêts qui seraient privées d'eau, en employant le secours de la vapeur. Ces établissements multipliés dirigeraient les eaux, exploiteraient sur des aménagements réguliers les immenses forêts de la Guyane, et, par leur mouvement continuel, mettraient ces déserts en action. Ce sont des établissements de ce genre qui conviennent d'abord aux pays non encore explorés : avec eux on nettoie les lianes, ronces et immondices. C'est ainsi qu'on a commencé à déblayer l'opulente Angleterre de ses forêts, où les hommes, avant l'invasion des Romains, vivaient dans l'état sauvage; de même que la France et l'Allemagne, sous le sceptre des druides.

C'est avec ses riches produits minéralogiques, qui passent dans les creusets de ses innombrables fourneaux et forges, que la Russie s'enrichit. Cette nation à demi barbare tend, chaque jour, à se policer davantage : elle sort de ses marais toute florissante, et deviendra bientôt une des premières puissances du monde.

Nos futaies vierges en France ont été dévorées en grande partie par des forges à bras, dont on trouve encore d'immenses vestiges dans les montagnes de scories, qu'on rencontre dans presque tous les pays boisés, et avec lesquels on fait d'excellents chemins. En l'année 650, sous Dagobert et le forgeron saint Éloi, son unique ministre, peu avant l'invention des moulins, on ne connaissait, pour les forges, que ce moteur, qui était peu expéditif et fort pénible à employer.

Les fourneaux et forges sont de grands ventilateurs, dont le succès dans les contrées inhabitées et boisées ne peut être douteux; on ne saurait donc trop multiplier ces établissements, notamment dans les

localités couvertes de rivières et de forêts impénétrables, comme la Guyane.

Il ne faut pas, toutefois, pour établir cette industrie,
détruire les forêts, mais seulement les percer par des
chemins et des allées et les couper successivement
en ordre d'aménagements, afin d'en obtenir des revenus perpétuels.

Un pays neuf est, en un mot, un grand jardin à
nettoyer : il y a à détruire, à conserver et à embellir,
autant dans l'intérêt du gouvernement et du propriétaire que dans l'intérêt de la salubrité des habitants. Dans ces grandes améliorations, il faut spécialement avoir l'avenir en perspective, et ne pas faire de
provisoire ; on doit agir sur un plan général, longuement médité et sagement réfléchi, avec des idées
larges et généreuses ; ce qu'on n'a point encore fait à
la Guyane, où ceux qui s'y sont rendus n'ont
cherché qu'à recueillir, prendre et faire fortune en
peu de temps. Espérons qu'à l'avenir on sera éclairé
par l'expérience, et que l'on sentira mieux ses intérêts ;
alors on donnera à ce vaste et riche pays toute la
prospérité dont il est susceptible ; chacun le comprendra comme nous. Le gouvernement peut seul
déterminer ce mouvement, parce qu'il ne peut être
arrêté par les difficultés et les dépenses, comme cela
pourrait arriver à des entreprises particulières, qui
échoueraient au moment même d'atteindre leur but,
faute de fonds suffisants ou d'harmonie dans l'exécution des plans qu'elles voudraient suivre.

Justement enthousiaste du sol fécond et embaumé

de la Guyane, et sans nous dissimuler les inconvénients de ses maringouins, de ses marécages et de ses serpents, nous avons l'idée qu'un jour la France en retirera de grands avantages. Mais, pour arriver à ce but tant désiré, nous pensons que les personnes chargées de l'amélioration de cette possession française, ainsi que celles intéressées au sol, doivent s'occuper

1° De creuser des pertuis ou écluses sur les cataractes, pour faciliter la navigation des rivières ;

2° De réparer le canal Crique fouillé, qui fait la communication de la rade avec la rivière de Cabasson ;

3° De continuer celui de Gabriel, qui pourra, un jour, communiquer, par ses embranchements, avec celui de Torcy ; ce dernier encore très-imparfait, et ne pouvant servir au transport des marchandises que par les temps de pluie ;

4° De perfectionner celui de Torcy, qui doit communiquer de la rivière de Machary à celle de Kan, et qui n'a encore que 3,600 toises d'étendue ;

5° De créer des établissements de forges à fer ; construire des fabriques de poterie, briqueterie, faïence et porcelaine, si, comme nous le pensons, on en trouve la matière, afin de déblayer le pays de ces lianes et plantes parasites qui l'obstruent, et, en outre, privent, par leur ombrage très-épais, tous les végétaux des qualités qui leur seraient nécessaires pour être durables et les faire livrer au commerce.

En résumé, quand on veut assainir une maison

abandonnée, que fait-on? d'abord, du feu dans les cheminées; ensuite on en ramasse toutes les malpropretés qu'on jette immédiatement dans le foyer comme un chiffon embarrassant qu'on brûle au milieu d'une chambre pour la purifier. De même, pour un pays vierge et boisé, on a recours principalement aux fourneaux à fer et aux fours des fabriques; c'est ce que nous conseillons vivement pour la Guyane. Les administrateurs de cette colonie sentiront eux-mêmes que, sans ces éléments bien connus de prospérité publique, elle sera plus onéreuse à la France qu'elle ne lui sera profitable.

CHAPITRE XXII.

L'introduction des houilles et des fers étrangers est une question de douane très-grave qui ne peut être jugée que par les personnes instruites dans cette partie : nous avons l'opinion qu'elle sera accueillie tôt ou tard ; cependant les propriétaires de bois en prendraient l'alarme à tort, car ce qu'ils perdront d'un côté ils le gagneront de l'autre.

Le bois sert à tant d'usages et a des qualités si précieuses, qu'il sera toujours recherché.

La houille, par sa concurrence, pourra en maintenir encore longtemps le prix actuel ; mais, en retour, les défrichements en élèveront la valeur et forceront peut-être le gouvernement à taxer le bois *comme le pain*. Le bois, jusqu'à Louis XVI, se vendait à Paris à la taxe.

Admettons un instant que les houilles étrangères vinssent alimenter nos forges et nos fourneaux, même nous livrer leurs fers à moitié du cours français : nous ferions encore du fer dans certaines localités.

Nos forêts, qui servent exclusivement aux forges

et qui n'auraient pas d'autres débouchés, perdraient beaucoup sans doute; ce serait d'abord une catastrophe. Mais on s'est remis en France, et promptement, d'événements plus fâcheux.

L'abaissement de prix du bois amènerait des défrichements considérables, surtout s'ils sont légalement autorisés; cette denrée se raréfierait donc beaucoup, et l'envahissement incessant de la culture de la vigne sur les bois en coteaux ajouterait encore aux immenses avantages qu'on retire de cette production répandue maintenant dans presque toute la France, parce que probablement le pays est plus découvert, ou que, par suite d'un changement de température, il est moins sujet aux gelées du printemps.

L'augmentation progressive des populations, particulièrement dans les régions où l'on consomme le plus de bois (*); l'aisance qui s'introduira dans les classes moyennes et populaires par des institutions en harmonie avec nos mœurs, secondées de banques nationales établies sur des bases philanthropiques, feront reprendre au bois, nous n'en doutons pas, la valeur que les houilles pourraient lui faire perdre un instant.

Malgré notre confiance dans l'avenir de la France et de ses propriétés, nous voyons cependant avec douleur et inquiétude que le vaisseau de l'État, quelque habiles que soient ses pilotes, n'est point lancé de manière à éviter de funestes écueils, parce qu'il s'est embarqué dans une fausse route, en laissant un peu trop

---

(*) Voir nos *Réflexions sur la progression de la population de la France*, pages 23 et 24.

déborder la démocratie et en tolérant une licence
dont on doit craindre des résultats dangereux.
Peut-être aussi l'esprit du siècle ne permet-il pas
qu'il en soit autrement, ou devons-nous encore
passer par un temps d'anarchie avant d'acquérir une
position stable, au moins pour quelques siècles.

Espérons néanmoins qu'un jour les esprits si divers
et si agités s'entendront par besoin, et que nous ver-
rons apporter un frein à cette fièvre, et à ce débordement des passions qui, d'un pôle à l'autre,
sous le prétexte de liberté et de soulager les misères
de l'humanité, tend à tout bouleverser !

Nous croyons, pour notre part, qu'on ne parviendra
à arrêter le mal qu'en créant promptement une aristocratie nouvelle : qu'on ne s'effraye pas de ce mot.

Cette aristocratie, qui ne pourrait que gagner avec
le temps, ne serait plus, sans doute, celle des Montmo-
rency, des la Trémouille, etc., etc., noms illustres qui
de nos jours ne sont considérés que comme la représentation historique de ces choses d'une haute
antiquité, auxquelles on réserve seulement le culte
du souvenir.

Maintenant nous désirons une aristocratie de famille où chacun de nous pourrait arriver, et d'autant
plus puissante et plus durable qu'elle serait fondée
uniquement sur la quotité de l'impôt territorial, et se
régénérerait ainsi continuellement dans le peuple par
l'industrie et par l'économie publique et privée ; nous
sommes dans une conviction profonde qu'il serait urgent d'établir toute la puissance gouvernementale sur
deux degrés d'élection, mais sur une base élevée ; le

premier présenterait pour la députation les élus de son choix; le second, sur les candidats qui lui seraient offerts ou sur les siens, nommerait les députés; mais il serait essentiel de combiner toutefois les conditions de ce nouveau genre d'élection, de telle sorte qu'on pût satisfaire le prolétaire, et particulièrement en vue d'éteindre, autant que possible, cette soif prématurée des richesses et du pouvoir qui, aujourd'hui, domine toutes les classes : on atteindrait ce double but en visant surtout à ce que chacun ait sa part des fumées électorales qui, habilement dirigées, nous le pensons, satisferaient beaucoup de gens et attacheraient infailliblement au char de l'État les masses turbulentes. Là est toute la difficulté et la pomme de discorde de nos controverses politiques.

Contre l'opinion si prononcée maintenant des prolétaires, dont cependant nous faisons partie, nous pensons aussi que, loin, par exemple, d'abaisser le droit d'élection, il faudrait, au contraire, l'élever même au delà de ce qu'il était avant 1830 : pour avoir de bonnes semences, il faut épurer la graine en la criblant plusieurs fois.

Qui payerait le plus d'impôts serait admis, sans aucune exception, à jouir du droit de souveraineté en détail. A quoi on objectera, nous nous y attendons, que, dans ce monopole inconstitutionnel, les talents et capacités en seraient exclus, la fortune n'ayant pas toujours l'esprit en partage. Si cela se rencontre quelquefois, qu'on se rassure; en fait d'intérêts, il n'y a pas de bêtes : le paysan le plus stupide, en vendant sa chèvre ou sa vache, duperait le plus fameux

savant, même assisté des plus célèbres avocats
de Paris. Les jeunes têtes françaises taxeront ces
idées d'absolutisme ; peu nous importe : le temps jus-
tifiera nos prévisions. Au surplus, n'ambitionnant
nullement d'obtenir une dignité qui n'est point
encore mûre pour nous, nous préférons, comme père
de famille, le repos public à la vaniteuse prétention
de placer sur des fauteuils dorés ou dans des siné-
cures ministérielles des marchands de paroles, qui, la
plupart, promettent tout le jour de leur élection,
même l'impossible pour y arriver, et dont on ne fait
souvent que des pédants et des ingrats.

Enfin, au lieu de vouloir implanter la souveraineté
populaire sur les prestiges de la royauté, cherchons
plutôt à imiter la politique de ces fiers Anglais qui,
par un système de paix sagement combiné, ne craignent pas de s'agenouiller, chaque jour, devant une
jeune reine de 20 ans, et de rivaliser d'admiration
et de respect pour cette relique de l'ordre et de la
prospérité publics.

L'aristocratie anglaise a fait la puissance et la fortune de son pays ; si, comme elle en est menacée, elle est
débordée par la démocratie mercantile, c'en est fait de
cette nation qui a présentement le monopole du commerce et des richesses du monde entier, car il y suc-
cédera la plus affreuse misère. Son sol est pauvre, et
l'Angleterre serait déjà anéantie comme Tyr et Baby-
lone, si son peuple n'était plus positif, plus calcu-
lateur et surtout plus patriote que nous, quoique
plus dépravé à cause des besoins que ses richesses et
son luxe lui ont créés.

Mais il est plus instruit et plus maître de ses mouvements ; il se calme aux commandements de ses tribuns, et se rend mieux aux conseils qu'on lui donne ; c'est de tous les peuples celui qui saisit le mieux tout se qui se rattache à ses intérêts.

Nous avons donc la confiance que le véritable parti industriel, qui sait parfaitement que c'est par un mauvais calcul, et par suite de la dépravation des mœurs et de conseils pervers, que les masses sont portées à se ruer sur les sommités sociales, saura s'arrêter à temps, et, au contraire, se réunira aux hommes intéressés à repousser les agressions continuelles qui menacent les quatre parties du monde. Car, aujourd'hui, plus que jamais, c'est la guerre de ceux qui n'ont rien contre ceux qui possèdent, parce qu'on travaille moins d'une part et que d'autre part on s'est fait plus de besoins ; et cette guerre prend de jour en jour plus d'intensité.

Le plus petit individu, visant maintenant au confortable, non par l'ordre et l'économie, mais par l'intrigue, porte une haine constante au pouvoir, et le regarde comme un obstacle à ses projets de fortune. Aussi la sollicitude de nos gouvernants doit-elle principalement tendre à détruire les sinistres projets de nos modernes novateurs, ce à quoi on ne parviendra qu'en veillant activement au bien-être du peuple, qui, chaque jour, se plonge de plus en plus dans la dépravation et la licence : on doit, dans cet état de corruption, s'attacher surtout à le ramener à l'ordre et à l'amour du travail par de bons exemples et les principes religieux ; il faut même le nourrir d'illusions flatteuses pour soulager ses misères, et l'appeler, sans distinction, à participer aux gloires du pays. Quant à la classe intermédiaire, le comptoir et la robe surtout, composée pourtant de gens intelligents et précieux dans l'exercice de leurs professions respectives, qu'on se garde de les sortir de leur spécialité, encore moins d'en faire des doctrinaires et, par suite, de les élever sur le pavois national; car la plupart, dans l'exercice de leurs fonctions, sont habitués à grimacer la complaisance et le sourire de commande pour satisfaire aux exigences ou caprices de ceux qui payent leur industrie ou leurs talents, et obligés, pour leurs intérêts, de revêtir constamment le mensonge et la fraude des plus riantes couleurs : ces personnages, sauf quelques exceptions, charmants dans leurs relations, faussent généralement leur esprit et leur foi, et, arrivés à rompre leur ban, deviennent pour un gouvernement des frondeurs continuels et une calamité publique, notamment quand l'aveugle fortune les appelle à jouer les importants : ils sont d'autant plus insupportables, qu'on ne peut souvent rassasier leur incommensurable ambition, même avec beaucoup d'or, dont pourtant ils sont grandement avides; insensibles alors à tous sentiments généreux, ils déploient un orgueil ridicule envers leurs subordonnés, et en usent presque toujours avec eux comme un laquais enrichi traite ses gens; véritable plaie de notre époque qui, par son insolence bourgeoise, sa vanité plate et de parvenu, nous menace de nouveaux troubles. Pour maintenir cette aristocratie rapace et pateline de profession, qui agit sourdement et fait des révolutions en robe de chambre, il faut la séparer des masses d'où elle tire sa force et ses inspirations de courage, les lui opposer même ; c'est uniquement avec cette puissance du jour, qu'on aura à ses ordres quand on saura l'apprécier et la diriger par ses faiblesses et ses passions, que le gouvernement pourra maintenir la paix et la prospérité en France. Saint-Bernard, Sugger, abbé de Saint-Denis, Richelieu, Louis XIV et Bonaparte, en sortant les masses de leurs fondements pour les sacrifier à leur ambition, s'en faisaient adorer.

Tout gouvernement, en définitive, pour être fort et durable, doit baser sa politique gouvernementale sur les masses qui n'ont rien ou peu à perdre, afin d'être toujours en mesure de réprimer les prétentions incessantes et immodérées des coureurs de place et des traitants, qui ne cherchent à le harceler dans sa marche, ou à le détruire, qu'en vue de s'enrichir, ou de satisfaire leur insatiable vanité.

L'aristocratie est pour un État ce que les fondements, les poutres, les étriers, etc., etc., sont pour un bâtiment. Pas de gouvernement possible sans une aristocratie quelconque.

La démocratie seule est une construction sur le sable, de nos jours surtout où l'argent semble être l'objet du culte de tous ; elle est d'autant plus dangereuse, qu'on y prenne garde, qu'à la première étincelle elle sera prête à déployer l'étendard de la révolte, sans savoir où elle ira, et recrutera sur son passage ceux que l'oisiveté ou la misère tient sous ses étreintes, pour tout détruire, même ce qu'elle adorait la veille.

L'argent étant le faible qui captive les hommes, la

politique s'en est aidée et doit s'en aider encore pour satisfaire leurs mauvaises passions et les diriger en conséquence. Richelieu et Bonaparte les connaissaient bien ; aussi faisaient-ils de cet appât le principe de leur action gouvernementale, tout en les dominant de leur despotisme absolu.

Nos erreurs et nos fautes, disons-le franchement, proviennent de ce que nous nous estimons trop et que nous ne connaissons pas assez nos faiblesses et *combien peu nous valons !* En nous appréciant mieux, nous viserions seulement à faire usage de nos meilleures facultés, et surtout à mettre toute rivalité de côté, quand il s'agirait, par exemple, de nous fixer sur le choix de nos mandataires constitutionnels en nous déterminant particulièrement pour ceux qui présenteraient des garanties à la fois *morales et territoriales*, enfin qui seraient les plus intéressés au repos public et à la prospérité des citoyens, qui, en faisant leurs affaires et en mettant leurs châteaux, leurs fermes ou leurs magasins à l'abri des invasions étrangères et de la rapacité toujours envahissante du fisc, feraient aussi les nôtres. Alors notre chaumière, cotée à l'impôt sur une base commune, aura peu à payer ; et, sans avoir notre place au somptueux et perpétuel banquet de l'État, nous reposerons tranquillement, et nous nous garderons surtout de songer à faire des révolutions, qui profitent rarement à ceux qui y ont pris la plus grande part.

Avec des hommes qui seront intéressés au sol, nous n'aurons pas ce qu'on nomme la meilleure des républiques, mais bien un gouvernement qui offrira des garanties aussi stables que les choses humaines peuvent le permettre. Voilà, en résumé, nos craintes et nos espérances; et, si notre faible voix n'est point entendue, nous nous en consolerons, parce que nous sommes assuré que l'on pourra faire mieux, que, tôt ou tard, l'excès du mal amènera le bien, et, en un mot, que, tant qu'il existera un Bourbon, la France ne périra pas comme la Pologne.

Revenus à l'ordre et à la tranquillité, ayant des principes de gouvernement et de haute administration larges et stables, ayant aussi le mouvement des banques et du papier-monnaie qui nous manque, et dont nous jouirons dès que le monopole de la banque de Paris aura été détruit, ayant enfin une royauté immuable *et respectée*, mise à l'abri de nos critiques politiques par une responsabilité ministérielle et accompagnée d'une puissance électorale basée sur la propriété foncière, créée spécialement dans l'intérêt de tous, la France reprendra la considération dont elle doit jouir par son sol et l'industrie de ses habitants. Voilà sur quoi nous comptons pour l'établissement de la prospérité publique. Nul doute alors, et dans l'intérêt du sujet que nous traitons, que le bois, malgré la houille, ne soit rangé dans les consommations de nécessité et de grande valeur qui seront les plus recherchées.

Nous ne nous refusons pas néanmoins à reconnaître que beaucoup de forges, en Normandie, en Bretagne, en Bourgogne, en Nivernais et en Berri, sur l'Yonne, la Seine et la Marne, seront cruellement froissées par l'introduction des fers et des houilles étrangères, sans frais de douane ou avec de légers droits. Mais les bois ne seront pas sans valeur pour cela ; ils prendront une autre direction : ils serviront aux besoins des localités, à ceux de Paris, qui sont toujours croissants, et autres grandes villes; s'exporteront sur nos rivières, canaux et chemins de fer, et se caseront insensiblement. Un peu de diminution dans le prix en ferait consommer davantage. On réglera alors leurs aménagements sur les progrès et les besoins du jour, et les propriétaires de bois ne seront pas aussi lésés qu'ils le craignent. S'ils veulent lire nos deux volumes d'un bout à l'autre et avec attention, ils se rassureront peut-être.

Si les fers étaient livrés à moitié du prix du cours actuel, il est certain que l'agriculture et les vignobles y gagneraient beaucoup ; il y aurait donc compensation , et, dans leur intérêt particulier, nous engagerions, comme compensation et indemnité, les propriétaires de bois à réclamer la libre exportation des écorces par la Seine et la Loire, aujourd'hui confinée seulement à la Meuse, à l'Isère et à une commune du Jura (*). Alors nos voisins, les Anglais, nous rendraient probablement ce qu'ils recevraient pour leurs fers et leurs houilles.

Tout cela pourrait peut-être s'arranger à la satisfaction des deux pays ; il ne s'agirait que de s'entendre franchement et sans prévention.

Quand en serons-nous là ?

(*) Voir, vol. 1er, p. 267, et vol. 2e, nos chapitres *Exploitation à l'écorce*.

CHAPITRE XXIII.

Lorsqu'on réfléchit qu'un vaisseau de haut-bord porte plus de population, de vivres, de munitions de guerre, que certaines villes frontières, on s'effraye de la légèreté et de l'insouciance que nous mettons, aussi bien que nos voisins, dans le choix de la principale matière d'un bâtiment aussi important, surtout quand il est destiné à un voyage de long cours ; placé constamment sur un abîme, menacé à tout instant par le feu, les tempêtes et les vents contraires, par les rochers et tant d'autres écueils que la nuit et les brouillards dérobent souvent à la vue, n'ayant d'autre espoir, enfin, que celui trop rare d'un autre vaisseau qui, par humanité et courant lui-même d'aussi grands périls, voudra secourir votre détresse.

Pour la sûreté de tant de personnes et de fortunes, par économie même et pour l'avantage de nos constructions navales, à l'avenir nous pensons qu'il est urgent de donner au ministère de la marine un affouage en bois qui serait pris dans les forêts que l'État possède encore.

Pressons-nous d'agir en ce sens, car si le système

de vendre et défricher nos forêts continue, cela ne sera plus possible.

Le ministère de la marine aurait cette branche d'administration, comme il a déjà, et dans un système d'ordre bien entendu, des hauts fourneaux, des forges et fonderies. Or nous voudrions qu'on fît, même promptement, l'acquisition de quelques forêts qui, par leur situation, leur essence et leur qualité, seraient près des ports de construction et grandement à leur convenance; et ensuite, qu'on cherchât à compléter cet affouage dans les climats où les bois ont plus de qualité, notamment dans les contrées méridionales et les vignobles, mais de préférence dans les forêts encore vierges et, par conséquent, sans valeur aujourd'hui, à cause des difficultés de transports; ces forêts, d'abord, produiraient beaucoup et permettraient d'attendre celles qu'on formerait par aménagements successifs dans d'autres localités sur des taillis de 25 ans.

Le ministère de la marine, dont on augmenterait le budget dans les vues que nous proposons, construirait des routes, des passages ou pertuis sur les rivières, et même des canaux, pour en extraire les produits dont les localités profiteraient. On opérerait d'autant mieux que c'est au gouvernement à faire ces dépenses, parce qu'il le peut sans risque de ruine. Il le doit encore pour rendre la France aussi productive que possible, et particulièrement pour la prospérité maritime, source des principales richesses du royaume et rempart de l'indépendance nationale.

Autrefois la marine s'approvisionnait facilement de bois de construction en faisant son choix dans toutes les forêts, ainsi que dans les traces et buissons du petit partciulier. Dès 1827, elle a cessé d'user de ce privilége qui n'est plus de notre siècle; elle pouvait cependant l'exercer légalement jusqu'en 1837. Par calcul, elle s'est restreinte d'avance aux bois du commerce et à ceux de l'État, qui lui sont encore conservés, en vue précisément d'apprécier promptement le résultat de cette privation; mais ses besoins ayant beaucoup diminué, elle n'en a éprouvé, jusqu'à ce jour, qu'une faible contrariété.

En cas de guerre, cependant, nous pensons qu'il serait de l'intérêt du pays de lui concéder de nouveau ce droit; d'ailleurs la nécessité nous y obligerait, à moins d'accorder l'affouage que nous conseillons, les bois propres à la marine devenant, chaque jour, plus rares.

Les Anglais, qui n'ont pas de forêts, ont pourtant la plus belle marine du monde, et le bois de construction ne leur manque pas; mais ils savent se le procurer en le payant bien, et en général ils sont beaucoup plus difficiles que nous sur le choix. Nous citerons, par exemple, le Canada (*), où ils ont de magnifiques forêts; ils n'en usent point encore, et préfèrent les bois d'Europe comme plus éclaircis et, par conséquent, plus denses et plus durables.

La Corse, les Alpes, les Pyrénées, l'Auvergne et

(*) Un constructeur anglais a prétendu que les navires construits avec les bois de ce pays n'avaient que cinq ans de durée.

quelques autres provinces montagneuses, possèdent encore des masses de forêts vierges, pleines d'avenir, mais regardées jusqu'à nos jours comme inaccessibles, propriétés qu'on ne peut même imposer, attendu qu'elles ne rapportent rien.

En Corse, par exemple, l'État a sous la main 100,000 hectares de futaies magnifiques, dont 20,000, environ, sont contestés par les communes, sans aucun titre, à ce qu'on assure ; on pourrait donc, sans ôter un centime aux revenus du trésor, doter la marine de 20,000 hectares, au moins, sur cette contrée, où elle trouverait à s'approvisionner de mâtures en premier choix, jusqu'à en revendre à la marine marchande, égaux en qualité et dimension à ceux de Riga, qui reviennent sur nos ports à l'énorme prix de 3,000 francs chaque; on aurait, de plus, des bois propres aux bordages des ponts, aux barreaux des batteries, au revêtement d'une partie de la coque des vaisseaux, aux travaux de menuiserie pour l'intérieur des gros et petits bâtiments ; enfin on y exploiterait en bois de pin beaucoup au delà de nos besoins. Ainsi on peut d'autant mieux faire la concession générale, que nous demandons, qu'en 1836 le produit moyen des bois a été, savoir :

Dans les Hautes-Pyrénées, de . 77 f. l'hect.

Hautes-Alpes. 45

Pyrénées-Orientales. . 36

La Corse. . . . . . . néant.

Attendu qu'elle a une administration forestière qui lui coûte annuellement 35,000 f., et n'en reçoit que 5,000 de tous ses produits en bois; le trésor est alors en perte, chaque année, de 30,000 francs.

L'État, dans cette position, ne retrouve même pas ses frais de gardes, et ces bois, nous l'assurons, gagneraient considérablement si la concession, que nous réclamons au profit de la marine, s'effectuait en lui attribuant toutefois et *largement* les moyens de les exploiter sans avoir égard au prix auquel les premières productions reviendraient. Hélas! on ignore complétement, en France, que nous avons encore des bois qui pourrissent sur pied, faute de moyens de transport, tandis qu'en 1837, seulement, nous avons reçu de l'étranger pour 31,171,931 francs de mâtures et autres bois pour constructions navales et civiles. (Voir, tome II, notre *Tableau d'importation.*)

Une fois les routes et les canaux achevés, la marine, outre son approvisionnement gratis, arriverait à mettre en peu d'années ses bois en coupes réglées à 25 ans, et, avec un affouage de 4,000 hectares par an, nous garantissons qu'elle pourrait se faire aisément, en sus de ce qui serait *nécessaire à son service,* en résidus de charpentes communes, merrains, planches, moulées, charbonnage et fagots, un revenu de 2,400,000 fr. (600 fr. l'hectare au plus bas). En un mot, tout ce qui ne serait pas de premier choix ni propre aux constructions navales serait façonné et vendu sur feuille par adjudication; ce mode serait conforme aux exploitations du royaume de Prusse, pays pauvre qui, par cette considération, soigne ses intérêts de très-près, et fait abattre et exploiter les superficies de ses forêts pour les vendre sur place.

Les agents forestiers de l'État deviendraient de droit ceux de la marine; ils seraient les surveillants de ses exploitations, aidés de gardes exploitants instruits. Enfin les ventes seraient faites en leur présence, et toutes fraudes et collusions pourraient être prévenues, en se pénétrant bien de nos instructions sur la vente des bois. (Voir, tome II, notre *Traité pour la vente des superficies de bois.*)

La marine devenant propriétaire de forêts, elle pourrait multiplier les essences qui lui conviennent le mieux, veiller à l'éducation de ses arbres; elle aurait, en outre, des courbes et bois courbants de toutes les dimensions, de manière même à en vendre à la marine marchande. On fait, il est vrai, à la vapeur, avec des pièces droites, des bois courbants, mais qui sont loin d'avoir la qualité des premiers.

Pour prévenir toute confusion entre les courbes et les bois courbants, nous croyons devoir expliquer qu'en termes de marine les courbes sont formées de deux branches distinctes formant entre elles un angle quelquefois aigu : les bois courbants sont ceux qui ont une seule branche et attestent une courbure quelconque.

On peut courber des bois droits avec la vapeur et en faire des bois courbants, mais on ne fait pas des courbes par ce procédé; on en compose de plusieurs pièces, il est vrai, en les assemblant par des tenants et des mortaises, qu'on fortifie ensuite au moyen de ferrures, mais ils ne valent jamais ceux que la nature forme. Les bois courbants, façonnés à la vapeur, ont peu de qualité , attendu que la chaleur, dilatant les pores du bois, fait fondre en pure perte les parties bitumineuses et gommeuses qui en sont le nerf et la principale conservation. Aussi ces courbures factices ne sont-elles pas aussi durables ni aussi solides que celles naturelles. Enfin, outre l'avantage de posséder des bois courbants naturels, ce qu'il y aurait encore de plus précieux, ce serait l'abatage des bois à la chute des premières feuilles, quand le soleil n'a plus d'influence sur la végétation des arbres, *d'octobre à janvier* et non du 1er janvier au 1er avril, ainsi que cela est d'usage en France et ainsi même que les ordonnances forestières le veulent.

En résumé, pour avoir un arbre de marine en bonne qualité, comme pour tous autres bois d'industrie, il faut prendre à son égard les précautions dont le détail va suivre :

1° L'arracher en novembre et le placer immédiatement sur deux madriers ou bûches en travers de 4 à 6 pouces (12 à 18 centimètres) au moins de diamètre, afin qu'il ne touche pas à terre ;

2° Le laisser sur feuille avec son écorce jusqu'à la fin de mars, pour qu'il puisse perdre, par l'air et le lessivage des pluies, les eaux séreuses et putrides qui tendent à le gâter ;

3° L'équarrir en avril ou mai, au plus tard, avant que les insectes, qui logent entre l'écorce et l'aubier, réveillés par le printemps, ne le travaillent ; avoir soin, en outre, qu'il soit accompagné d'une portion de ses racines et d'un bout non équarri à sa cime, en vue d'empêcher qu'il ne se fende ou se détériore à ses deux extrémités, et qu'on détache au besoin quand on veut le voiturer, flotter ou employer ;

4° L'abandonner, tout l'été, aux influences atmosphériques pour qu'il se sèche bien, et qu'en termes forestiers il se mitonne sur feuille ;

5° Un an environ après son abatage, le mettre en tas, resserre, magasin aéré, sous un hangar ou à l'eau, pour ne s'en servir qu'après deux ans d'exploitation au moins.

De janvier à mars souvent la séve est fortement en action, notamment dans les provinces méridionales ; c'est donc du 1ᵉʳ janvier qu'il faut cesser d'abattre ou arracher les arbres, particulièrement ceux destinés aux constructions maritimes ou civiles.

Qu'est-ce qui rend les bois, sous les tropiques, impropres à la marine? c'est qu'ils sont constamment en séve : qu'on fasse donc bien attention que c'est toujours la séve qui gâte les bois et *qui cause toutes leurs maladies;* nous ne saurions donc trop dire et trop recommander d'abattre ou arracher, du 15 octobre au 1ᵉʳ janvier, époques les plus favorables aux coupes des bois, et, autant que possible, d'attendre, pour abattre les gros arbres, les temps froids, ou plutôt quand on est assuré que la séve est tout à fait sans action et reléguée aux racines ; enfin, de préférence sous l'influence des vents du nord et sans avoir égard, sous aucun rapport, au mouvement de la lune.

En suivant strictement les instructions ci-dessus, faciles à comprendre et à exécuter, on aurait des bois de fer. (Voir, notre article, *Coupe à l'écorce*, p. 267.)

Malgré tous les soins que les fournisseurs et agents de la marine apportent au choix des bois, tout en y employant la plus active et la plus minutieuse surveillance, qu'on tienne pour constant qu'ils ne rebutent jamais un chêne bien filé et sans nœuds, produit souvent d'une terre marécageuse ou d'un sol gras, ou qui aura été coupé lorsqu'il était en végétation, sur lequel on aurait même fait de l'écorce.

Le bois écorcé en pleine séve est sans force, le soleil ayant fait surgir à l'extérieur les parties nutritives et gommeuses qui en sont le nerf et la puissance conservatrice; il ne contient plus alors que la partie ligneuse; dans ce cas, il se pourrit facilement, et le ver le perce en peu de temps. Quant à ceux venus sur marais ou terrains gras et spongieux, malgré leur riche apparence, on sait qu'ils sont très-poreux, qu'ils éclatent au premier choc, se gâtent promptement et ne sont véritablement bons que pour la menuiserie d'intérieur. D'après ces indications, il est évident qu'à moins d'exploiter par ses mains, comment la marine pourrait-elle reconnaître les défauts que nous signalons ici ?

Dès qu'un arbre est équarri ou couvert de boue par le flottage, il n'y a plus moyen d'apprécier l'époque de sa coupe et sa qualité ; aussi nous ne craignons pas de dire qu'un vaisseau, dont la durée ordinaire est de 25 à 30 ans, construit en bois coupé hors séve, durerait le double, particulièrement si sa construction était en bois de bon cru, et si, comme nous l'avons dit, il était équarri en temps utile, flotté ensuite et mis en réserve, hors du contact de l'air jusqu'à son emploi.

L'eau procurant une seconde séve aux bois, leur dépôt pour la marine, dans des fosses constamment couvertes par la mer, non-seulement les conserve pendant des siècles, mais leur donne encore de la qualité ; ils s'ébénisent et se durcissent au point qu'on en ferait de magnifiques et solides parquets moirés dont on ne verrait pas la fin. Cependant, comme, en définitive, tout se détériore avec le temps, nous avons la confiance que les bois, déposés en fosse pendant 50 ans seulement, vaudraient mieux que d'autres qui y auraient séjourné pendant 150 ou 200 ans, même constamment couverts de vase salée.

Tout le monde sait aujourd'hui que ce qui est à l'abri du contact de l'air se conserve ; nous avons appris, à Bordeaux, que du lait bouilli avait été transporté dans les mers du Sud, enveloppé d'une double boîte de fer-blanc hermétiquement fermée et rapporté en Europe en bonne qualité, après deux ans de navigation.

Toutefois, pour la solidité principale des vaisseaux et de toute embarcation, nous engageons les constructeurs à employer de préférence le chêne et l'orme, à mettre toujours en réserve ces deux essences, spécialement pour les quilles, l'étambot et le brion, en un mot pour toutes les parties qui doivent lutter contre les vagues et les récifs depuis la quille jusqu'au petit pont, environ 3 mètres. Ces parties sont à soigner comme étant la sauvegarde de tout le bâtiment.

L'orme commun, sans nœuds et bien filé, est ce qu'il y a de mieux pour la quille d'un navire. (Voir notre article *Orme,* p. 86.)

Les chênes les plus propres à la marine sont le chêne à glands sessiles ou rouvre, *quercus robur,* et celui à glands pédonculés, *quercus pedonculata.* Buffon, t. X, p. 211, accorde une préférence à ce dernier ; il est plus beau, il est vrai, dans ses dimensions, mais il est plus poreux et, par conséquent, moins durable que le chêne-rouvre.

En résumé, avec 100,000 hectares de forêts on aurait tout ce qui serait nécessaire pour l'approvisionnement de la marine française, et cette quantité ne priverait le trésor que d'une très-faible somme, parce que les bois qu'on concéderait sont aujourd'hui sans valeur; mais, avec des chemins et canaux, et en les exploitant avec intelligence, ils produiraient à nos constructions maritimes, outre sa convenance pour *tous les échantillons désirables,* une qualité supérieure de bois et l'avenir de 2,400,000 fr. de revenu net, ainsi que nous l'avons établi, page 421, avec un approvisionnement certain d'au moins 35,000 stères.

De 1820 à 1830, la consommation des bois a été, pour la marine royale, de. . . 49,000 stères.

De 1830 à 1836, de. . . . 35,000

Maintenant elle est réduite à. . 25,000

En supposant l'affouage entièrement en futaie, et fixant l'aménagement de 120 à 150 ans, on couperait alors environ 750 hectares par an, qui contiendraient, au moins, 60 arbres par hectare, propres au service de la marine ; chaque arbre, évalué l'un dans l'autre à 22 pieds 1/4 cubes, donnerait le million de pieds que la marine peut employer chaque année.

Il serait également facile de se procurer cette même quantité et avec infiniment plus d'avantage, notamment pour la qualité, dans les futaies sur taillis; aussi serions-nous plutôt partisan, pour la marine, d'un aménagement à 25 qu'à 150, spécialement dans les forêts, essences de chêne, hêtre, charme et autres bois durs, et de celui de 80 à 120 ans pour les arbres résineux et le hêtre pur, mais par jardinage ou furetage, c'est-à-dire en n'abattant, par période de 18 à 25 ans, que les beaux arbres propres à l'industrie et même tous ceux dépérissants pour chauffage ou charbon. (Voir notre article sur l'*Aménagement des bois de hêtre*, page 231.)

En admettant seulement les deux tiers dans la catégorie des futaies sur taillis, ce serait 66,000 hectares, à 25 ans d'âge, qui formeraient une coupe annuelle de 2,640 hectares ou 5,280 arpents forestiers, sur lesquels on obtiendrait, au moins, 15 arbres par hectare, propres au service maritime, contenant une moyenne de 22 pieds cubes par arbre, qui, au total, produiraient 871,000 pieds cubes.

Les 34,000 hectares restants, mis en furetage ou jardinage, satisferaient annuellement, et plus, au complément de tous les besoins de la marine royale.

Sous Louis XVI, où nous avions plus de vaisseaux qu'aujourd'hui, M. Bonard, directeur des constructions navales, a constaté que, sous ce règne, la consommation de toutes les forces navales ne s'est élevée qu'à 1,000,000 de pieds cubes ou 35,000 stères environ.

Or, malgré tous les sophismes de la bureaucratie gouvernementale, nul doute qu'il restera toujours dans l'esprit des forestiers qu'il y aurait un immense avantage pour l'État à doter la marine d'une portion de ses bois, avec injonction d'imiter, dans les exploitations de coupes annuelles, l'industrie des exploitations particulières, et de s'attacher surtout à former des aménagements de 24 à 25 ans. Dans ceux de 18 à 20 ans, les baliveaux ou premiers arbres, choisis pour réserve ou pour créer des bois propres aux constructions maritimes, seraient, dans plusieurs localités, trop frêles et pas assez allongés; à 35 ans, ils le seraient souvent trop.

Pour façonner un bel arbre qui puisse se soutenir et prospérer, il lui faut de fortes racines et des branches bien lancées et vivaces ; c'est à l'âge de 25 ans, notamment dans les bons fonds, que le chêne et l'orme réunissent ces qualités et sont suffisamment pourvus de ces auxiliaires obligés dont ils ont besoin pour croître et résister aux vents et à l'intempérie des saisons.

AVANTAGE DES COUPES RÉGLÉES A 25 ANS D'AGE SUR LES FUTAIES DE 120 A 150 ANS.

1° La futaie sur taillis étant plus à l'air a beaucoup plus de qualité pour la marine qu'en pleine futaie ; ses tiges sont moins élevées sans doute, mais plus fortes, plus durables, et présentent des courbes de plus de valeur ; il est vrai qu'elle est moins avantageuse et moins belle pour la menuiserie que cette dernière, parce qu'elle est moins poreuse et beaucoup plus dense.

2° Dans un taillis sous futaie on obtient, en outre, une plus grande variété de produits, et l'on peut y dresser et cultiver des bois courbes et courbants ; sous le rapport, enfin, des menues marchandises et de leur diversité, son exploitation est plus lucrative et les localités en profitent ; il en résulte encore que le débit en est plus certain et plus rapide.

3° Plus on débite facilement les produits d'une exploitation forestière, plus tôt on vide les lieux et mieux les taillis repoussent.

4° Rien ne produit moins qu'une pleine futaie ; nous croyons que c'est le cas de répéter ici qu'un bois pris à 40 ans d'âge pour être mis en pleine futaie, valeur alors de 1,000 francs, intérêt compté à 5 0/0 l'an, revient :

à 80 ans. . . . . . 8,040 fr.
à 120 ans. 57,602
à 160 ans. 405,278
à 200 ans. 2,845,432

(Voir, p. 17 et 18, nos observations sur *les Futaies*.)

A 120, comme à 160 ans même, il y aurait encore une grande perte, le plus beau bouquet de futaie des forêts, même aux environs de Paris, ne se vendant pas au delà de 36,000 francs l'hectare ; ainsi, d'après ce calcul, que nous garantissons, comment, aujourd'hui,

avoir des futaies, à moins que ce ne soit pour agrément? Maintenant que la plus pauvre ménagère de
campagne connaît l'art des placements à intérêt
mieux que le grand Colbert (que cette réflexion ne
paraisse point inconvenante), on ne peut plus conserver les bois futaies. Les caisses d'épargne, les placements dans les entreprises industrielles, à terme fixe
ou en viager, sont, en outre, leur arrêt de mort. Il n'y
a donc pas à hésiter, on ne doit plns avoir de futaies
que sur taillis, et encore modérément; déjà M. Legrand, directeur général des forêts de l'État, par sa
circulaire du 24 août 1839, recommande ce système
salutaire à tous les conservateurs des forêts de son
administration, et c'est un grand pas fait vers la
réforme que nous réclamons.

Le mode de futaies sur taillis adopté, nous conseillerions à la marine de former ses réserves en chêne
et orme, particuliérement sur les lieux élevés où il y
aurait fonds de terre plutôt au nord qu'au midi et
sur les rives et chemins, en ayant soin de les espacer
avec intelligence, surtout de manière à ne pas écraser
le taillis, et à ce qu'elles ne se nuisent point et reçoivent le plus d'air possible.

Dans les localités où les taillis seront presque sans valeur, on pourra faire du charbon, qui, par sa légèreté,
s'exporte loin et se vend partout; couper à tire et aire,
c'est-à-dire nettement, sauf les réserves qu'on déter-
minera ou au furetage, suivant la nature du bois, ainsi
que nous l'avons indiqué, ou par éclaircies. Ce dernier mode est en grande vogue maintenant dans les

bois de l'État, comme était en France, il y a 40 ans, la culture de l'acacia; il passera de même, nous le croyons. Un furetage réglé, bien entendu, serait préférable, notamment sur les bois en hêtre.

En affouageant la marine, ainsi que nous le désirons, on ne priverait encore l'État que du douzième de ses forêts, et des moins productives, celles qu'on lui donnerait étant la plupart inaccessibles, faute de chemins, canaux ou rivières.

Les départements de l'Ile-de-Corse, des Hautes-Alpes, du Var, de Vaucluse, du Gard, de la Drôme, de l'Isère, de l'Ardèche, du Puy-de-Dôme, du Tarn, des Hautes-Pyrénées, des Pyrénées-Orientales, des Landes, de la Haute-Garonne, de la Dordogne, d'Ille-et-Vilaine, du Morbihan, de la Nièvre et de l'Yonne pourraient largement, et sans qu'on fût obligé de faire aucune acquisition en bois de particuliers, former les 100,000 hectares que nous souhaitons si ardemment à la marine royale.

Le gouvernement a fait, et fait chaque jour encore, avec raison, des dépenses pour établir et soutenir des fermes-modèles sur différents points de la France qui ont produit l'effet qu'on en espérait.

Maintenant que la culture des céréales et des prairies artificielles est dans la plus grande prospérité, que les connaissances agricoles se sont étendues et que le plus simple laboureur en sait plus aujourd'hui sur la théorie de la terre que n'en savait peut-être le célèbre Buffon, ne serait-il pas opportun de s'occuper des bois qui, chaque jour, se détériorent et disparaissent du sol d'une manière effrayante, l'État lui-même donnant l'exemple des défrichements ?

Rien n'a été fait pour les bois depuis 1669; aussi cette culture est-elle à son premier pas, ce que personne ne veut croire, bien que ce ne soit que trop vrai, cependant, dans cette position des choses : pour arriver enfin à une réforme prompte et efficace, et, par suite, à une amélioration qui est réclamée de toutes parts, nous demandons la translation de l'école forestière de Nancy dans une des grandes forêts qu'on concéderait à la marine, particulièrement dans celle où il y aurait plus de bois de construction à exploiter, avec destination spéciale d'y créer une *exploitation forestière modèle.*

C'est là véritablement qu'on formerait, par l'exploitation, des forestiers, en donnant pour guide aux élèves nos principes, qui sont fortifiés, nous ne craignons pas de l'assurer, par les meilleurs ouvrages connus sur cette matière et, en outre, par une longue étude pratique.

Ces principes sont le fruit d'une expérience de près de 50 années, et on doit y avoir d'autant plus de confiance que nous les exposons sans aucune ambition personnelle.

Les jeunes élèves s'en trouveront mieux, que des savantes théories de nos plus célèbres auteurs, même de celles des Allemands, dont on proclame l'excellence avec emphase sans les avoir approfondies ; ce que nous pouvons garantir, c'est qu'ils viendront un jour pour étudier chez nous les vrais principes forestiers, et s'instruire de l'essence d'une culture qu'ils ignorent encore, quoique pourtant beaucoup plus facile et bien plus simple que celle des céréales.

Elle n'est toutefois pas comprise, nous le proclamons et répétons hautement, parce que l'homme ne vit pas assez, et que, par sa nature, il est trop léger, notamment en France, et pas assez constant dans ses observations.

Il n'y a, au surplus, qu'un très-petit nombre de forestiers qui s'occupent véritablement de la partie que nous traitons, parce que même trente ans d'étude, *dans l'état d'ignorance où nous sommes plongés*, ne sont pas suffisants pour pouvoir professer avec succès la science forestière ; si pour nous la tâche est légère maintenant, c'est que nous en avions le goût, et qu'elle a été la méditation et le travail de notre vie entière.

Nous le demandons, qui de nos jours aurait le courage de coucher dans un taillis pendant vingt ou trente ans et pourrait avoir la faculté d'étudier la végétation d'un chêne pendant cent cinquante ans ? Il n'y a donc, pour suppléer l'homme dans cette longue étude, qu'une école forestière qui se reproduit, chaque année, par ses élèves, comme les taillis par les années et leurs coupes successives, en un mot qui ne meurt pas.

C'est alors par cette école qu'on peut véritablement espérer de connaître les secrets de la culture forestière ; de la réduire aux plus simples éléments et surtout de la mettre à la portée de l'intelligence la plus bornée et de fixer irrévocablement quelques points que la nature nous cache et sur lesquels une expérience suivie et non interrompue détruira toute incertitude; enfin, de manière à n'avoir plus qu'à suivre, avec assurance de succès, une route tellement bien tracée qu'on ne pourra s'en écarter.

Pour conclure, nous dirons qu'il importe peu que les bois de l'État soient sous la direction de l'administration générale des forêts ou sous la dépendance du ministre de la marine, car ils seront toujours administrés pour le compte de l'État ; et rien n'obligerait d'ailleurs à modifier la direction des forêts, attendu que ses agents resteraient à leur poste pour la surveillance des bois affectés à la marine.

Quant à nous, il nous est évidemment démontré qu'il est nécessaire qu'une partie au moins soit affectée au service du plus grand consommateur de cette matière, et qu'on lui choisisse même les forêts qui, par leur sol, peuvent donner les bois qui lui conviennent.

Il y a, nous ne saurions trop le faire sentir, un grand intérêt pour notre pays que cela soit ainsi, surtout avant que les bois ne disparaissent en France ; en outre, nous avons la conviction que l'État y gagnera, d'abord comme exploitant, ensuite parce qu'il pourra un jour, ainsi que nous l'avons dit (ses routes d'exploitation achevées), avoir son approvisionnement en bois et deux à trois millions de revenu dans les coupes qui seront concédées à la marine, si toutefois elles sont faites avec soin et d'après les principes que nous avons posés. Ce serait même, nous le garantissons, financièrement parlant, une riche opération que d'utiliser une masse de forêts sans aucune valeur, par suite de l'absence des moyens de transport : il ne manque donc, pour cette réalisation, que des chemins ; on est en veine d'en faire, qu'on n'oublie pas nos forêts.

On fera venir par eau, sur un trajet de cent lieues, des bois carrés à 50 centimes le pied cube ; tandis que des Alpes ou des Pyrénées, pour quatre à cinq lieues de montagnes à franchir, on ne pourra effectuer le charroi à moins de 10 francs , c'est-à-dire pour quatre fois plus que le bois ne vaut sur les chantiers de construction.

En Amérique, où la houille ne manque pas, on en tire cependant d'Angleterre, parce que la houille venue de ce pays coûte beaucoup moins que celle des localités, à cause des frais d'extraction et de transport.

On rend les bois de la Guyane française, au port de Brest, à 1 franc 50 cent. le pied cube, et à dix lieues de Paris, par terre , cela reviendrait au même prix. Enfin, dans les chemins et dans les moyens d'extraire les produits de nos forêts montagneuses est toute la question pour la concession que nous conseillons ; avec de l'argent, et il abonde en France, la solution en sera prompte et certaine si l'on daigne s'en occuper ; elle aurait, en outre, pour nos approvisionnements en bois, nous le dirons à satiété, les plus heureux résultats : tout, en un mot, en démontre l'urgence et le succès, et nous en sommes tellement convaincu, que nous nous obligerions personnellement, avec un nombre suffisant d'actionnaires partageant nos convictions et ayant même l'espérance des forts bénéfices, d'entreprendre l'exploitation des forêts de futaies encore vierges faute de chemins, rivières et canaux, que nous désirons vivement pour la marine, si on consentait à nous en faire l'abandon à la charge de construire d'une manière durable les voies nécessaires pour en jouir et en livrer les produits tant à la marine qu'au commerce.

Mais, dans l'intérêt de l'État et pour sa dignité, il lui convient mieux de faire l'opération pour son compte plutôt que de la livrer à la spéculation qui, pour y gagner davantage, ne ferait pas les choses noblement et comme on doit le souhaiter pour un pays comme la France.

(Voir, au IIe volume, à notre chapitre *Défrichement*, ce que Buffon a dit en 1784, sur la disette des bois, et au même chapitre le discours de M. le comte de Martignac, sur les forêts.)

CHAPITRE XXIV.

SECTION PREMIÈRE.

L'ÉCORCE ET LA MOUSSE SONT DES BOUSSOLES.

L'écorce et la mousse sont plus prononcées au nord qu'elles ne le sont au midi; à leur épaisseur et à leur garniture plus ou moins fournies, on peut s'orienter; c'est une boussole infaillible pour les voyageurs qui sont égarés.

L'Indien et l'Africain n'ont pas d'autres guides dans les immenses forêts où l'éléphant se voit par troupe de deux ou trois cents, où la girafe, les lions les tigres et les autres animaux d'une forte espèce sont en quelque sorte, par leur grand nombre, les possesseurs paisibles de ces forêts.

Les branches tournées du côté du sud sont ordinairement plus faibles que les autres. (Noirot, 2ᵉ édition, page 24.)

SECTION II.

MOYENS A EMPLOYER POUR JUGER SI UNE PIÈCE DE BOIS EST SAINE.

Toutes les fibres d'un arbre sont autant de tuyaux qui répandent la séve dans son intérieur, aux branches et à l'écorce ; c'est aussi un écho qui répète les coups dont il est frappé ; si l'arbre est sans nœuds trop prononcés et sain de corps, eût-il mille pieds de long, qu'en donnant un coup avec le manche d'un couteau, même avec une forte épingle à l'un des bouts, on entendra le son d'une extrémité à l'autre : il faudra seulement s'agenouiller et prêter une oreille attentive pour bien s'assurer de l'expérience qu'on aura tentée.

SECTION III.

GROSSISSEMENT DES ARBRES ET LEUR PRODUIT.

Un chêne, dans un bon terrain, pousse d'un pied par an en hauteur et de 6 à 8 lignes en rotondité; nous nous fixerons sur une commune de neuf pouces en hauteur et 6 lignes en rotondité : ainsi un chêne à soixante ans, terme moyen, doit avoir 45 pieds (15 mètres) de haut; et de rotondité, au milieu de sa tige, 30 pouces (90 centimètres).

Un taillis bien lancé produit, quoique moins plein qu'un autre qui a peu d'élévation, deux et trois fois plus ; ce qui est en l'air, quoique sans apparence, est souvent un produit inattendu et très-riche. On estime ordinairement qu'un bois dont les tiges ou lances rendent deux bûches de 42 pouces de long (114 centimètres) produit un décastère; à trois bûches, un décastère cinq décistères ou trois cordes; six bûches, six cordes ou trois décastères; enfin une corde par bûche de 42 pouces, ainsi de suite.

SECTION IV.

POUR REMPLACER LE FER PAR LE BOIS.

Les bois durs, particulièrement l'épine, le buis, le cornouiller, l'acacia, le charme et le chêne, qu'on imbibe d'huile ou de graisse et qu'on tient exposés pendant un certain temps à une chaleur modérée, deviennent lisses, secs et brillants après leur refroidissement, et contractent quelquefois une telle dureté, qu'ils tranchent et percent comme une arme acérée; par ce procédé on en fait d'excellentes lardoires, que les cuisiniers préfèrent généralement, parce qu'elles déchirent moins la viande, et qu'elles ne sont pas notamment susceptibles de prendre la rouille.

SECTION V.

COMBUSTIBILITÉ DU BOIS.

La durée des édifices dépend non-seulement de la bonne qualité et de la conservation du bois, mais encore des soins que l'on doit prendre pour éviter qu'ils ne deviennent la proie des flammes. Afin de prévenir les dangers auxquels on est constamment exposé, faute de précaution, par les incendies, occasionnés soit à cause des planchers qui aboutissent toujours aux cheminées, soit par le rapprochement qui a trop souvent lieu entre les poutres, les solives et les foyers ou conduits de chaleur, on devrait, ce semble, faire un plus fréquent usage des moyens indiqués jusqu'à ce jour pour donner aux bois, sinon une incombustibilité complète, du moins pour les rendre moins inflammables : le moyen qui paraît le plus efficace est celui d'ôter à l'oxygène toute espèce de contact avec le bois; à cet effet, on doit l'imbiber de dissolutions salines formées par le sulfate d'alumine, communément appelé alun.

On pourrait également faire usage de potasse et de soude, particulièrement de cette dernière, connue sous le nom de sel marin ou de sel de cuisine ; mais, de tous les moyens efficaces pouvant retarder au moins la combustion subite, on cite comme le meilleur celui qui consiste à imprégner le bois avec une lessive vitriolique mélangée d'urine ; cette imbibition permet de l'exposer à un feu assez ardent sans crainte qu'il s'enflamme; il se charbonne seulement et se consume cependant à la longue, mais sans produire la moindre flamme : nous devons dire, toutefois, qu'il faut au moins quinze jours pour que les pièces de bois que l'on plonge dans cette lessive s'en saturent suffisamment. (Voir, pour avoir des bois en bonne qualité, page 423, notre chapitre des *Bois de marine*.)

SECTION VI.

TOISAGE D'UN ARBRE SUR PIED.

On peut toiser un arbre sans qu'il soit abattu; pour cela, il suffit de former un triangle avec trois petits brins de bois de 20 à 24 centimètres, et dans la forme ci figurée ; poser le bout C entre l'index et le pouce de la main droite, et tenir le bout A avec les dents, en dirigeant sa vue du côté de l'angle B en face du nez, ayant toujours la cime en visière; ainsi disposé, marcher à reculons pour ne s'arrêter qu'au moment de perdre de vue le faîte de l'arbre. Arrivé à ce point, on mesure la distance qu'on aura parcourue, et on en aura la longueur; cela fait, à quatre ou cinq pieds on prendra le tour pour en fixer le cube; si l'arbre a trente pieds de service, le milieu sera quinze pieds; et si à 5 pieds il a 80 pouces de tour, on peut évaluer qu'il en aura 70 à 10 pieds, 60 à 15 idem, qui sera le milieu de l'arbre; ôter alors le sixième: dans cette dernière dimension, ce sera un 5 toises et un 12 à 13 (10 solives 60 pouces). Voir, volume II, nos *Tarifs de cubage*.

Enfin ce toisé improvisé se fera suivant la beauté ou l'irrégularité de la tige et à un terme moyen de croissance qu'il est très-important de saisir; nous croyons devoir consigner ici que le petit bois rend très-peu en cubage.

Une pièce de 30 pieds, de 6 pouces d'équarrissage, donnera seulement deux solives et demie, tandis qu'un autre qui aura douze pouces d'équarrissage produira quatre fois plus (10 solives), une troisième de 30 idem, 24 idem (40 solives); aussi il y a perte à vendre les chevrons comme bois carrés ; jusqu'à cinq pouces, il faut stipuler qu'ils seront vendus à la toise courante ou au double mètre.

EXEMPLE :

30 pieds 3 à 4 donneront 60 pouces cubes ,
30 idem 3 à 3 idem.. . . 45 idem.

45 pouces cubes à 5 fr. la solive, 3 fr. 50 c. Le chevron en chêne se vendant jusqu'à 1 fr. 50 c. la toise et même à 75 c. la toise, ce serait encore autant qu'à 5 fr. la solive ; il y a donc un grand avantage à vendre le chevron et le petit bois, en général, plutôt à la toise qu'à la solive.

Le bois blanc, étant assez recherché pour chevron, se vend communément 1 fr. 25 c., même jusqu'à 1 fr. 50 c.; et en beaucoup de localités, cela ne va, il est vrai, que de 60 c. à 1 fr. en tremble et bouleau, pour le sabot, et encore à 50 c. la toise on peut en tirer meilleur parti qu'en moulée ; en le calculant toutefois comme chevron et ne portant pas plus de 15 à 16 pouces de rotondité au milieu (40 à 42 centim.).

Nous considérons ces remarques comme fort utiles à un propriétaire exploitant, qu'on peut facilement tromper en lui achetant ses bois équarris, même son chevron pour être mesuré à la pièce, au décistère ou à la solive, suivant les tarifs Coquet, Moreau ou autres.

Dans les contrées où le bois est même à 12 fr. le stère ou 60 fr. la corde de 112 pieds cubes, il y a profit à vendre le bois équarri à 4 fr. la solive et même au‑dessous, un décastère équivalant, au plus bas, à 40 solives, à 4 fr. la solive ou pièce. . . . . 160 fr.

Valeur du décastère.. . . 120

Bénéfice. . 40

SECTION VII.

POUR CONNAÎTRE DANS QUEL MOIS DE L'ANNÉE UN ARBRE A ÉTÉ COUPÉ.

Une lance de taillis (chêne, charme, hêtre, bouleau, tremble et autres bois qui n'ont pas une couleur prononcée, comme l'acacia, le merisier et l'aune, abattus du premier octobre au premier janvier, quand la séve est stagnante) produit des bûches de moule dont les extrémités sont d'un gris blanc, couleur qu'elles conservent, même en séjournant dans l'eau.

Après le premier janvier, ces bûches prennent une teinte de rougeur qui s'augmente à mesure qu'on approche des mois où la séve est dans toute sa puissance.

Le bois de charpente garde également sa couleur virginale d'octobre au premier janvier ; mais, de janvier à février, il s'imprime un gris clair léger comme sur les bûches de moule ; en mars, un rose léger, qui devient plus foncé en avril.

En mai, la teinte est d'un rouge brillant et devient noire ensuite ; de même dans le mois où la séve est en mouvement.

Tout ce qui est coupé du 15 janvier au 15 avril se noircit à l'eau ; on voit souvent, sur un port de flottage à bûches perdues, du bois d'un rouge éclatant que la séve lui a donné, et qui, en flottant, perd cette couleur et se noircit aussitôt, ne fût-il qu'un jour à l'eau.

Il y a donc un grand intérêt à couper le bois dans toute sa maturité, c'est-à-dire dans le mois où il n'est point en végétation ; on y gagne beauté et qualité.

SECTION VIII.

MOYEN D'APPRÉCIER LA QUALITÉ D'UN BOIS SANS MÊME ENTRER DEDANS.

Quand, à l'âge de 18 à 25 ans, le taillis s'égalise presque avec la réserve, et que toute la superficie fait le dôme, c'est que le fond est bon.

Quand, de loin, à cet âge, la réserve se distingue du taillis, et paraît le double plus élevée, c'est que le fond est mauvais, ou il aurait été détruit par les hommes ou les bestiaux.

Dans un jeune taillis, lorsque les réserves n'ont pas de hauteur, qu'elles font le parasol ou le pommier, lorsque enfin leur écorce est grossière et mousseuse, quoique le taillis soit fourré à ne pouvoir y entrer et de belle apparence, nul doute alors que le sol est sur la marne, la glaise ou le roc, et d'inférieure qualité pour la quantité du produit.

Quand les bois, en outre, perdent leur verdure dès la fin de septembre, c'est que le fond en est maigre; s'ils sont encore verts en novembre, c'est un bon signe, ou que le fond en est frais et d'une abondante végétation.

Toutefois les bois qui sont les premiers en feuilles les quittent de même; ceux, en général, qui vivent à la superficie de la terre sont dans cette catégorie, en ce qu'ils reçoivent les premières influences atmosphériques, et, par contre-coup, quand ces influences du chaud et du froid viennent à cesser, leur végétation est plus tôt arrêtée; aussi le bouleau, le tremble, le marseau, le tilleul jaunissent dès la fin de septembre, et n'ont presque plus de feuilles en octobre, à l'exception, cependant, de ceux qui sont sur les bords des fontaines ou rivières, qui en ont plus longtemps.

SECTION IX.

DE LA QUALITÉ DES BOIS DE CHAUFFAGE.

Pour le foyer bourgeois nous conseillons 1° l'orme, 2° le charme, 3° le chêne, 4° l'érable, 5° le fruitier, 6° le frêne, 7° et le hêtre.

Le bois le plus dur et le plus compacte comme le plus lourd est toujours le meilleur; c'est une donnée certaine. Un stère d'orme ou de chêne fera, au foyer domestique, le double d'usage du hêtre et de 3 stères de bois blanc.

Le hêtre est le bois du riche, comme le bois blanc est celui du boulanger et du porcelainier; sa spécialité est pour les fours.

Il en est de même des essences résineuses qui s'enflamment rapidement.

SECTION X.

DE L'AUBIER.

L'aubier est une couronne ou une ceinture de bois imparfait ; il est placé entre l'écorce et le cœur du bois, auxquels il s'incorpore successivement par l'effet de la végétation : c'est une matière que le temps perfectionne et que la nature, par une marche insensible, convertit en bois solide, ou bois parfait appelé cœur. Le chêne, après l'orme, est l'arbre qui a le plus d'aubier, mais dans l'orme l'aubier est aussi bon que le cœur.

L'aubier est en raison, en quelque sorte, de la grosseur de l'écorce appartenant à chaque essence ; le charme, qui a une écorce comme du carton-papier, n'a pas d'aubier ; le hêtre, dont l'écorce est très-légère, a également très-peu d'aubier. A soixante ans, un chêne a autant d'aubier que de cœur. Aussi nous engageons à ne convertir en merrain, planches membreuses et autres objets où il faut du cœur pur, que des chênes de quatre-vingts ans et au-dessus.

Plus le terrain est riche et franc, moins un arbre a d'aubier.

Sur un sol sec et pierreux il en a beaucoup ; il en est de même pour les terrains humides et marécageux.

Ainsi, lorsqu'un arbre est abattu, on peut juger du terrain d'où il provient. L'aubier d'un arbre exploité en hiver, ou hors séve, est plus sujet à se gâter qu'en séve, la raison en est simple : c'est qu'en été il est extérieurement imprégné de séve; en outre, plus il fait chaud, moins il contient de parties humides et séreuses : de ce fait il résulte que l'aubier, séché par le soleil et, par conséquent, couvert d'un vernis par la séve, qui s'est répandue à la surface du bois, a une grande supériorité sur celui exploité en hiver, est enfin peu accessible aux vers et plus à l'abri de la putridité. Dans les terrains froids de mauvaise qualité, on voit souvent des arbres avec un double aubier, c'est-à-dire de l'aubier sur un premier rouleau de cœur, puis ensuite un second aubier adhérent à l'écorce; c'est qu'il a crû sur un mauvais sol froid et glaiseux, ou c'est un vice qui provient de la gelivure, de la roulure et des autres accidents qu'il serait difficile de prévenir.

On fait avec l'aubier des dosses de planche, de la latte blanche, pour les entrevous, les plafonds, et pour empiler le vin en bouteilles.

On en fait aussi de l'échalas pour les vignes; mais toutes ces marchandises sont en mauvaise qualité et ont peu de durée, surtout exposées à l'air ou à l'humidité.

SECTION XI.

CULTURE DE CÉRÉALES DANS LES BOIS.

Noirot (page 236), d'après Cotta, pense qu'on pourrait, comme en Allemagne, cultiver les céréales dans les forêts. Nous ne partageons pas entièrement cette opinion, malgré notre estime pour ces deux célébrités forestières.

Pour la première année d'une coupe dans un bois en chêne très-clair, ce genre de culture serait peut-être admissible; le labour qu'on donnerait au terrain ferait du bien aux souches, faciliterait même les réensemencements autant et toutefois qu'en ne continuerait pas cette culture trop longtemps ; nous pensons qu'à moins de défricher un bois à moitié ou aux trois quarts, on obtiendrait un faible avantage, et tel qu'il ne pourrait compenser la perte que le défrichement occasionnerait. Dans un pays où le bois n'a pas de valeur, nous concevons cette opération, mais, là où il peut rapporter 10 à 12 fr. l'hectare, nous ne la conseillerons que pour un défrichage complet et sous la réserve, toutefois, qu'on aura la certitude que les céréales donneront un plus grand produit que le bois.

Les gardes, il est vrai, après une exploitation, sèment ordinairement du seigle, de l'avoine ou de la moutarde, sur les places à charbon ; mais les bêtes fauves et les oiseaux, en certains endroits, ne leur laissent souvent pas de quoi payer leurs frais. Dans les Vosges, cependant, on en tire quelque chose ; leur produit se partage même par moitié entre les gardes et le régisseur, ou garde général.

Ces récoltes, néanmoins, sont presque toujours de faible valeur, parce que les céréales, en général, pour qu'elles soient fructueuses, exigent beaucoup de culture. On a quelquefois peu de paille et encore moins de grain, surtout avec de ces céréales venues en quelque sorte sous cloche.

Nous sommes donc tout à fait opposé à ce système bâtard d'agriculture; nous voulons pour des céréales beaucoup d'air, des plaines découvertes comme en Brie et en Beauce, afin que la charrue puisse manipuler la terre souvent et sans obstacle; or point d'arbres que sur les routes et sur les terres en culture seulement, pour abriter les moissonneurs et le voyageur.

Une récolte trop couverte d'arbres pousse plus en paille qu'en fruits et n'est jamais aussi belle que lorsqu'elle reçoit amplement toutes les influences atmosphériques; c'est toujours dans les plaines découvertes qu'on obtient les plus riches moissons et la plus belle qualité de grains.

SECTION XII.

CONSERVATION DES BOIS POREUX ET TENDRES PAR LA FENTE.

Pour que les bois tendres se conservent, il faut d'abord se hâter de les fendre ou équarrir, afin de faciliter aux parties aqueuses et séreuses de la séve les moyens de s'écouler pour prévenir la vermoulure, la piqûre du ver et la putridité.

Les bois blancs, le hêtre et les résineux doivent être fendus ou équarris aussitôt qu'ils sont abattus.

Cette opération conservatrice est de rigueur.

Encore verts, ils se fendent bien; dès qu'ils se séchent, ils se mettent en éclats et se brisent même sous le coutre du fendeur le plus habile.

Après un an d'abatage, quand la seconde séve entre en action (de février en avril), ces essences sont presque totalement corrompues, particulièrement le bouleau et le hêtre, qui alors ne sont plus propres à l'industrie; dès que le blanc de champignon commence à couvrir leurs extrémités, comme pour tous les bois tendres et poreux, tout alors est gâté, on ne peut plus s'en servir que pour la cuisine, et encore c'est une éponge au feu qui jette plus d'eau que de flamme.

Dans des exploitations bien entendues, les bois blancs et le hêtre, pour chauffage, sont sciés dans leur dimension et fendus immédiatement, même avant d'être empilés; cela se pratique ainsi, spécialement dans les bois qu'on exploite au furetage, où l'on est obligé de mettre la moulée par quart grillonnée, en carré ou triangulairement, à mesure qu'elle se façonne. Dans celles à tire et aire où l'on établit de grandes piles basses, il y a, au contraire, avantage pour l'exploitant faire empiler le bois de moule sans être fendu, et surtout à pile pleine sans grillon; ensuite on donne à fendre tous les bois tendres et durs à forfait qui peuvent se trouver mélangés, à 40, 50, 60 cent., et même jusqu'à 2 francs le décastère, plus ou moins, suivant que le bois est gros et qu'il y a du travail : il résulte de ce mode que l'exploitant profite entièrement du bon de mesure que la fente produit, en choisissant toutefois un fendeur adroit et soigneux pour que sa fente soit plus productive et plus régulière.

Quoiqu'il ne soit pas bien difficile de fendre des bois, il y a encore une grande adresse à les bien fendre.

Le bois, pour le sabotage, chez un sabotier soigneux, est scié dans les longueurs d'usage et cartelé immédiatement après son abatage, et ensuite empilé dans un endroit frais pour qu'il ne sèche pas trop.

Quand le bouleau et le hêtre sont destinés au sciage, pour les conserver il faut, lorsqu'ils sont encore verts, les mettre en plateaux ou les placer à l'abri du soleil, en les couvrant de bourrées, sauf, plus tard, à les débiter en voliges ou selon qu'on en aura besoin.

Les bois de moule, pour les boulangers ou les foyers, en bois tendres, c'est-à-dire dans les essences des bois blancs et résineux, quand ils sont un peu gros et de 18 à 25 ans d'âge, produisent par la fente un boni de mesure de 15 à 20 p. 0/0 ; en outre, ils gagnent en qualité : il y a donc tout avantage à les faire passer par la main du fendeur, avant de les livrer au commerce qui, sans cette précaution, au surplus, n'en voudrait à aucun prix.

SECTION XIII.

DU COUDRIER.

On attribue au coudrier la vertu de contribuer à la découverte des sources et fontaines. Nous ne savons pas si c'est une superstition rurale ou une réalité, mais ce que nous avons remarqué, c'est que les personnes occupées à ces opérations ont toutes entre les mains une baguette de coudrier dont les vibrations, disent-elles, sont un signe certain pour constituer la découverte d'une source souterraine : nous n'en avons pas essayé; nous parlons de cette expérience, afin qu'au besoin les curieux se livrent, d'après cet indice, à de plus amples informations sur la vertu du coudrier.

SECTION XIV.

EXPOSITION DES BOIS.

La meilleure exposition pour les bois est généralement le nord, notamment pour le chêne, le hêtre, le charme et le bouleau, surtout quand ces essences sont sur des coteaux peu riches de fonds; cette exposition convient à tous les grands végétaux qui vivent en famille. Les bois gèlent plutôt au midi qu'au nord; la cause en est facile à expliquer.

A cette exposition sur un terrain chaud et élevé, la séve, dans un beau jour d'hiver, se met en mouvement et, chauffée par le soleil de mars ou avril, surgit rapidement; c'est peu de temps après que la gelée fait ses ravages, tandis qu'au nord la végétation attend, pour se développer, le retour de la saison où rien ne gèle.

Cependant, sur les terrains froids et aquatiques, au contraire, l'exposition du midi et du couchant est celle qui convient aux végétaux de toutes qualités et essences.

Les arbres résineux viennent plus beaux et prennent plus de qualité près des glaciers et à l'exposition du nord et de l'est; aussi les pins et sapins du nord sont-ils bien plus recherchés que ceux d'Auvergne et des Vosges. (Ces derniers sont les meilleurs en France.)

SECTION XV.

DU PRIX AUQUEL UNE FUTAIE PLEINE AMÉNAGÉE A 200 ANS REVIENT.

(Voir notre tableau, p. 18.) On croira difficilement, avant d'en avoir fait le calcul, qu'un arpent de bois (de 51 ares 7 centiares), pris à 40 ans, pour être converti en futaie pleine, et en fixant la valeur, à cet âge, à 1,000 fr., avec intérêt composé de 5 p. 0/0, c'est-à-dire ajoutant, chaque année, l'intérêt au capital, revient à 2,855,432 fr. à 200 ans, valant au plus, même à la porte de Paris, en première qualité, 36,000 fr. l'hectare.

Un particulier qui placerait pour ses petits enfants le même capital à 5 p. 0/0 obtiendrait pour eux cette étonnante somme après cette période de temps. M. de Télusson, d'origine française, a fait, en Angleterre, un pareil placement qui, aujourd'hui, par son énormité, ne pourrait, dit-on, se liquider entièrement.

Ce calcul d'intérêts composés, qui n'est que trop réel, devrait être la condamnation et le coup de mort de toutes les futaies; on n'en devrait plus conserver que comme ornement ; mais qu'on se rassure néanmoins ; la destruction amène à sa suite la reconstruction ; la rareté en fera hausser le prix, et un jour les bois seront la culture la plus soignée ; c'est alors que nos instructions pourront être mieux écoutées.

SECTION XVI.

CONSERVATION DES BOIS EXPLOITÉS.

La première condition pour qu'un bois se conserve, c'est qu'il soit coupé, dans les régions tempérées, de *novembre à janvier ;* en un mot, quand la séve est sans action.

Le chêne et le pin se conservent parfaitement au fond de l'eau, particulièrement sous le vase ; ils s'améliorent après deux ans de dépôt, ils sont alors excellents à employer, étant devenus plus durs et plus compactes.

Ils ont aussi une grande durée, séchés à l'abri ou sous des hangars *non humides* et aérés ; il en est de même de tous les autres bois, à l'exception de l'orme et du frêne, qui, après trois ans de dessiccation sous des hangars, ont besoin d'être employés.

Le hêtre, le châtaignier, le bouleau, le tremble, l'ypréau et autres bois poreux, doivent être fendus ou équarris trois mois après leur abatage ou arrachage, au plus tard. (Voir, page 450, notre article de la *Conservation des bois par la fente.*)

En résumé, pour que toutes les essences puissent se conserver longuement, il faut, de rigueur, en ex--

tirper entièrement l'aubier ; un aubier gâté est une gangrène qui gagne le cœur en peu de temps.

SECTION XVII.

LES MARQUES FAITES AUX ARBRES SE CONSERVENT AUTANT QU'EUX.

Lorsqu'il survient quelques contestations entre les propriétaires riverains et qu'on a besoin de consulter la marque de chacun, il faut la chercher en abattant l'écorce qui la cache ; ce à quoi on parvient en dirigeant la hache sous l'endroit où l'on soupçonne que le martelage a été fait, ce qu'on reconnaît facilement à la protubérance de l'écorce, ou à la cicatrice du marteau. Il nous est arrivé, ainsi que nous l'avons dit dans notre article de martelage, page 247, d'abattre des arbres de plus de 100 ans, et de trouver la marque aussi fraîche que si elle eût été appliquée la veille.

Pour que cela soit ainsi, il faut que le martelage soit fait avec soin, non sur l'écorce, mais à vif, sur l'aubier. Lorsque l'entaille n'est pas trop forte, elle se recouvre promptement d'une écorce nouvelle, surtout quand c'est un baliveau de premier âge, à moins que, par suite d'une entaille mal faite, il ne s'établisse un cautère ou un suintement qui la pourrit, elle et tout le bois qui l'entoure ; autrement, la marque serait entière et très-apparente, et se conserverait aussi longtemps que l'arbre.

Comme il est difficile de donner un coup de marteau à point convenable, c'est-à-dire de manière à ce que l'empreinte du marteau soit bien visible, et que l'arbre n'en soit point ulcéré, nous persistons à désirer qu'on restreigne le martelage des bois aux lisières et pieds corniers, pour se borner seulement.

Rien de mieux, au surplus, pour la conservation des arbres de choix, que de marquer ses réserves avec un cordon à l'ocre rouge délayée à l'huile. M. Buffon, dans son ouvrage sur les végétaux, professe la même doctrine.

SECTION XVIII.

REMARQUES SUR LE TOISÉ DES BOIS.

Cinq toises (30 pieds 36 à 6 donneront 2 solives 1/2.
      id.   12 à 12   id.   10   id.
      id.   24 à 24   id.   40   id.

On s'étonnera sans doute de ce qu'un 6 à 6 de même longueur, moitié moins épais seulement qu'un 12 à 12, ne contienne que 2 solives 1/2, quand en apparence on pourrait espérer cinq solives moitié de l'épaisseur, en quoi ils paraissent différer à la vue.

En voici la raison : multipliez 12 par 12, vous aurez 144 pouces en produit, et 6 par 6, vous n'aurez que le quart (36 pouces).

Pour une solive ou pièce, il faut un morceau de bois de douze pieds de long, six pouces d'équarrissage, ou un 12 à 12 de trois pieds de long.

Sciez en quatre barreaux votre morceau de trois pieds de long, douze pouces d'équarrissage, vous aurez quatre morceaux de trois pieds de long, ayant 6 pouces d'équarrissage; mettez-les au bout l'un de l'autre, ce sera juste votre solive, de 12 pieds sur 6 pouces d'équarrissage.

SECTION XIX.

INSTRUCTION POUR AIDER A LA RÉDUCTION EN PIÈCES OU SOLIVES DES BOIS CARRÉS.

Dans un cubage à la toise, en doublant, triplant, quadruplant, etc., les produits de quelques toises dont on peut facilement se rappeler par l'usage, on trouve des cubages tout faits, qui dispensent de tous calculs.

Premier exemple.

A deux fois le produit :
Un 3 à 5-15 pouces équivaudra
A un 5 à 6-30 pouces;
Un 8 à 9-72 à un 12 à 12-144 (2 solives).

Deuxième exemple.

A trois fois le produit :
5 à 8-40 pouces équivaudra à un 10 à 12-120 (une solive 48 pouces).

Troisième exemple.

A quatre fois le produit :
6 à 6-36 id. 12 à 12-144 pouces (2 solives).
8 à 9-72   16 à 18-288   4   id.
12 à 12-144 24 à 24-576   8   id.

Quatrième exemple.

A cinq fois le produit :
5 à 6-30 id. 10 à 15-150 (2 solives 6 pouces).
6 à 6-36 id. 10 à 18-180 (2 id. 36 id.)

Cinquième exemple.

A neuf fois le produit :
7 à 7-49 équivaudra à 21 à 21-441 (6 sol. 9 p.).

Sixième exemple.

A vingt fois le produit :
5 à 5-20 id. 20 à 20-400 pouces 5 solives 40 p.

SECTION XX.

COMMENT SE FAIT-IL QU'UN ARBRE DE 30 PIEDS DE LONG,
EN LE ROGNANT D'UN CINQUIÈME (A 24 PIEDS), CUBERA
UN CINQUIÈME DE PLUS QUE DANS SON ENTIER ?

Un arbre de 30 pieds (5 toises) peut porter dans
son milieu 60 pouces ; en déduisant le cinquième pour
son équarrissage, ce sera un 12 à 12, ou 10 solives,

à 5 francs, — 50 francs; en le rognant d'un cinquième, il n'aura plus que 24 pieds il est vrai, mais plus rapproché de son tronc; au lieu de 60 pouces, il en portera 75, ce qui se voit souvent, particulièrement dans les arbres en mauvais fonds, qui se terminent en queue de rat. De cette dimension, ce sera alors un ¼ toise, et en déduisant 15 pouces pour l'équarrissage, ce sera alors un 15 à 15 qui donnera 12 solives, 36 pouces à 5 francs, — 62 francs 50 centimes.

Bénéfices, 12 francs 50 centimes.   12 50

Plus, les 6 pieds de bois peuvent valoir, en bois à brûler, 50 centimes au moins.   50

Total. . . . . . . 13 fr.

Aussi dans une exploitation confiée à un facteur qui connaît son métier, il a grand soin de mesurer et numéroter tous les arbres propres à l'industrie, avant de détacher celui destiné à la moulée ou au charbonnage, et de frapper de coups de hache l'endroit où chaque industrie doit être séparée.

Cependant, quand on a intérêt à ménager les longueurs et à en avoir de la plus grande dimension possible, lorsqu'un arbre présente en rotondité des inégalités prononcées, l'équarrisseur doit changer son équarrissage, c'est-à-dire le diviser et le restreindre en raison de la diminution progressive de la tige; c'est là qu'un bon équarrisseur exerce son talent en faveur du marchand exploitant; en ménageant bien son bois, il y gagne un pouce là où un moins habile le perdrait. Dans un même morceau, on a quelquefois trois dimensions, savoir :

Un 15 pieds 12 à 12, 5 solives.
id.   9 id. 10 à 10, 2   id.   6 pouces.
id.   6 id.   8 à 8, »   64   id.

——————————   ——————————

30 pieds.   7 solives 70 pouces.

C'est ce qu'on appelle, en équarrissage, faire des redans ; alors, quand on toise là où il y a trois redans, on met un numéro à la rouanne par chaque redan, comme si chacun d'eux était détaché de la pièce principale.

SECTION XXI.

IL N'Y A PAS PLUS DE BOIS DANS UNE CORDE DE BOIS DE QUATRE PIEDS QUE DANS UNE AUTRE DE TROIS PIEDS ET DEMI, QUOIQUE D'UN HUITIÈME DE MOINS EN LONGUEUR.

Un exploitant qui cherche à tirer toute la quintessence de ses produits façonne toujours son bois de moule de quatre pieds et plus, au lieu de trois pieds et de trois pieds et demi (114 centimètres), qui sont les mesures le plus en usage, et il a le soin de faire payer à l'acquéreur le huitième en sus de mesure qu'il a en apparence sur cette dernière longueur.

Plus le bois est scié court , plus il est droit et, par conséquent, mieux il corde ; au contraire, plus il est long, moins il est droit, et plus la corde présente de vide ; d'où il résulte qu'il n'y a presque pas plus de bois dans l'une que dans l'autre : ainsi le huitième payé en excédant est une ruse dont le marchand profite.

Cette vérification est facile à faire : en mettant l'un et l'autre dans la balance, ils s'égaleront à très-peu de chose près en poids.

Des expériences faites par plusieurs auteurs, dont, toutefois, nous ne garantissons pas l'exactitude, prouvent, au surplus, qu'un stère de bois ordinaire diminue d'un quart de son volume, scié en deux ;

En trois, d'un tiers ;

En quatre, un peu plus d'un tiers ; à moins que l'empilage n'ait été par trop négligé. Nous trouvons ces évaluations un peu fortes.

SECTION XXII.

POUR CONNAÎTRE L'AGE D'UN BOIS.

Le plus ignorant forestier sait que lorsqu'on abat un arbre et qu'on en compte, avec la pointe d'un couteau ou d'une épingle, les ronds ou cercles linéaires, on a juste le nombre de ses années, en y ajoutant l'écorce et son épiderme pour deux.

Ces ronds plus ou moins serrés marquent les résultats de la végétation annuelle et en indiquent les progrès, suivant que l'arbre a été favorisé par un temps propice ou défavorable, ou enfin qu'il a éprouvé, dans la marche de ses racines, de la résistance par la rencontre de roches qu'il n'a pu percer, ou la conquête de terrains plus ou moins fertiles. L'inégalité des intervalles, plus larges d'un côté que de l'autre ou plus irrégulièrement espacés, tient à la direction et à la force des racines, qui apportent plus ou moins de sucs nourriciers au côté où elles sont adhérentes.

Un châtaignier, par ses nœuds et ses branches principales, marque ses années comme les bois d'un cerf; de même les arbres résineux bien venants.

Un forestier qui a de l'expérience, mieux encore un marchand de bois connaisseur, peut apprécier l'âge d'un bois taillis d'après les essences et le terrain. Quant aux arbres anciens ou réserves, dès qu'il est certain de l'âge du taillis et qu'il sait que l'aménagement est à vingt ans, par exemple, si cet aménagement a été suivi régulièrement, les réserves auront, savoir :

Pour un aménagement à 20 ans :

1° Baliveaux sur taillis. . . . 20 ans.
2° Modernes. 40
3° Cadets. 60
4° Anciens. 30
5° Vieux chênes. 100

Tous ces arbres, à leur ordre de coupe, auraient 60 ou 80 ans de plus, si l'aménagement est à 30 ou 40 ans, ainsi de suite ; pour ce calcul et se fixer à cet égard, il ne s'agit que d'ajouter à l'âge du taillis celui de l'aménagement, et on aura le nombre d'années appartenant à chaque nature de réserves, s'il n'y a pas eu toutefois, nous le répétons, d'interruption dans l'ordre des coupes.

SECTION XXIII.

PROPRIÉTÉS PARTICULIÈRES A CERTAINS BOIS DES FORÊTS.

Avec la séve du frêne on guérit la gangrène et autres ulcères.

Avec l'écorce de l'aune on teint en noir des étoffes de laine , coton et fil.

En Suède, on prépare avec la séve de bouleau un sirop qui peut remplacer le sucre pour plusieurs usages, et l'on fait avec cette même séve une liqueur spiritueuse dont le goût est agréable et que l'on boit communément dans ce pays.

En Norwége, en Suisse, même en Auvergne, et dans les Alpes, on ne s'éclaire qu'avec des chandelles en pin ou sapin; aux États-Unis, avec l'érable on fait du sucre.

Chaque maison chinoise a souvent près d'elle des arbres qui produisent le suif et la cire. En Espagne, en Amérique, et en général dans les pays très-chauds, le gland peut se manger, ce qui n'est pas possible dans le Nord.

Le hêtre produit une huile qui gagne à être attendue; le contraire a lieu pour l'huile d'olive.

Les copeaux du hêtre , introduits dans des tonneaux de vins faibles , leur donnent de la vigueur ou les font durer plus longtemps : avec le fruit du merisier on fait le kirsch-wasser.

Le cormier et l'alizier portent des fruits très-agréables quand ils sont bien mûrs, et font, en outre, d'excellent cidre. Le gourgelier donne une petite cerise oblongue, d'un goût aigre, doux, fort agréable. Le noisetier, outre son fruit, a la vertu magique de découvrir les sources d'eau.

Sous les tropiques et à la Guyane, notamment, il y a des arbres monstrueux portant des roses et d'autres fleurs qui embaument les forêts, d'autres qui ont constamment des fleurs et des fruits ; on y trouve aussi, comme en Chine, les arbres à suif et à bougies. (Voir notre article des *bois exotiques*, vol. Iᵉʳ, page 389.)

Les feuilles de frêne, de charme, de l'orme, du peuplier et du chêne sont un excellent fourrage d'hiver pour les moutons. En mettant sécher sur des claies enfumées les châtaignes, on en conserve d'une année à l'autre, dans toute leur qualité, dont on farcit les ragoûts, les volailles, et dont on fait, en outre, une bouillie délicieuse et très-nourrissante.

Le pommier et le poirier des forêts produisent une boisson saine et substantielle.

La fleur de tilleul est un sudorifique bien connu ; c'est, en outre, un antispasmodique qui s'emploie pour soulager les migraines, les vapeurs ou étouffements.

La séve de l'orme produit une manne sucrée fort recherchée des abeilles.

Le bourgeon et la résine des arbres verts, outre le revenu du goudron, sont fort en usage dans la médecine humaine et vétérinaire, pour les emplâtres, les gastrites, les douleurs de reins, et autres intérieures et extérieures.

Le mélèze donne de la térébenthine presque aussi bonne que celle de Venise.

SECTION XXIV.

DE LA PESANTEUR DU BOIS.

Le poids d'un arbre varie suivant son essence, le sol qui l'aura nourri et en raison de ce qu'il sera plus ou moins poreux.

Un chêne de vallée qui aura pris sa croissance sur un terrain fangeux et qui l'aura eue prompte pèsera beaucoup moins qu'un autre venu en côte chétivement ou sur le sommet d'une montagne, ou même dans une terre franche et riche de fonds.

Plus un bois croît difficilement, plus il pèse et plus il a de qualité. Le pied cube d'un chêne des montagnes du Midi pèsera jusqu'à 45 kilogrammes après six mois de coupe et plus, tandis que celui de Bourgogne, pesant le plus après lui, n'ira qu'à 40 kilogrammes, en chêne de Champagne et de marais 32 à 36 kilogrammes. Après dix-huit mois de coupe, le poids diminue du quart au tiers.

Un arbre pèse plus à son tronc qu'au milieu de sa tige, et ensuite le poids diminue à mesure qu'il approche de la cime ; cependant les racines, étant spongieuses et ne recevant pas le contact de l'air, pèsent moins que les branches, l'écorce moins que l'aubier, ce dernier moins que le cœur, les extrémités moins que l'intérieur : ce qui s'explique par la marche de la végétation. Le bourgeon forme les feuilles, ces dernières les branchettes, et insensiblement le cœur est produit par l'aubier. On concevra facilement alors que les extrémités, racines comprises, doivent être plus légères que le tronc. *Quand le bois est sur le retour,* au contraire, ce sont les parties plus âgées, mûries par le temps, qui deviennent, chaque jour, plus légères : le meilleur moyen, au surplus, de juger la force et la qualité du bois pour charpentes et même pour chauffage, comme nous l'avons déjà dit plusieurs fois, c'est au poids ; plus il pèsera, plus il aura de qualité.

Dans un foyer on brûlera trois voies de bois blanc, tandis qu'on n'en consommera pas une de chêne, charme ou orme, et on aura plus de chaleur avec les essences de bois dur qu'avec celles de bois tendre. Ces dernières ne sont véritablement bonnes que pour allumer les feux ou chauffer les fours.

Les bois blancs sont tellement poreux et imprégnés d'eau, que, lors de leur abatage, il en coule quelquefois du tronc comme d'une source ; aussi, quand ils sont fraîchement coupés, ils pèsent souvent plus que plusieurs bois durs. L'eau pèse 40 kilogrammes environ le pied cube, le chêne jusqu'à 45 et 50 kilogrammes fraîchement abattu, l'eau s'évaporant avec le temps ; après quelques mois de coupe, ce dernier devient plus léger à son tour ; autrement, comment pourrait-on le flotter ? Jetez une bûche de bois dur à l'eau ; même un mois après la coupe, elle ira aussitôt au fond. Le chêne sur 100 parties en a en

eau. 34 70

En bois.. . . . 65 30

100

Le peuplier suisse ou noir est l'arbre qui contient
le plus d'eau : sur cent parties il en a . 54 80
                     En bois.   .   .   .   48 20
                                          ————————
                                           100
Le charme contient le moins en eau   18 60
                     En bois..   .   .   . 81 40
                                          ————————
                                           100

SECTION XXV.

MALADIES DES ARBRES FORESTIERS.

ROULURE, GÉLIVURE, CADRANURE.

Nous nous étendrons peu sur les trois principales
maladies des bois, parce qu'elles sont accidentelles, et
qu'il est souvent impossible de les prévenir hors les
cas ordinaires où elles sont produites, savoir :

1° Par le séjour prolongé des eaux ;

2° Par des terrains froids, bourbeux et arides ;

3° Par le frottement des voitures et des animaux ;

4° Par l'enlèvement de l'écorce des arbres, lors de
leur martelage sur pied, notamment en introduisant
trop profondément l'empreinte du marteau ;

5° Enfin par la coupe des branches et toutes
autres blessures.

En général, l'élagage et même les plus légères at-
teintes sont funestes aux anciens arbres, surtout
au chêne. Nous citerons, par exemple, les tê-
tards ou trognes, arbres abandonnés ordinairement
aux fermiers pour leur chauffage, et que ceux-ci mutilent indignement une ou deux fois dans le cours d'un

bail de neuf ans ; rarement on en voit qui n'aient sur le corps ces trois maladies bien complètes, et qui, en outre, ne soient vermoulus intérieurement bien avant l'âge de la décrépitude.

Ces faits prouvent qu'il faut généralement laisser agir la nature pour avoir des arbres sains et propres à l'industrie.

Les bois qui sont les plus sujets à se gâter sont les essences poreuses, particulièrement les bois blancs, tels que l'aune, le tremble et le bouleau ; ensuite le châtaignier, le merisier, le poirier, le frêne.

§ 1ᵉʳ.

DE LA ROULURE.

Un arbre est roulé quand il s'y trouve une fente ou une solution de continuité qui suit la direction des couches ligneuses, c'est-à-dire lorsque, dans l'intérieur d'un arbre, les cercles concentriques sont feuilletés, ouverts ou ne sont pas unis.

Quelquefois le vice n'est pas apparent, notamment dans les jeunes arbres pleins de séve ; mais, dès qu'ils sont abattus et qu'ils sèchent, les cercles concentriques éclatent et mettent bientôt la plaie à jour.

La roulure est souvent occasionnée par le vent, qui tord et fait éclater la tige de l'arbre jusque sur son tronc, ou par les neiges et givres, particulièrement quand il est jeune et chargé de toutes ses feuilles (en avril).

Dans les taillis de 1 à 6 ans, où le petit baliveau n'a aucun abri, il a fort à souffrir des accidents que nous

venons de signaler, d'autant plus dangereux pour
lui que, une fois l'écorce détachée ou tortillée par une
violente secousse, il n'en repousse plus ; on ne doit
donc pas s'étonner de cette disjonction des fentes ou
écuissements intérieurs qu'une forte ou continuelle
agitation peut produire sur un jeune brin, même
sur un vieux chêne.

Un fendeur adroit peut encore tirer quelque profit
d'un arbre roulé, en détachant avec intelligence tout
ce qui est gâté et en mettant en merrain et latte tout
ce qui est sain ; néanmoins le bois a peu de qualité :
aussi, à la moindre apparence de roulure, il serait
rejeté par le commerce. L'arbre roulé se reconnaît à
sa couleur rouge au centre, et jaune pâle à ses extrémités.

§ 2.

DE LA GÉLIVURE.

Cette tache s'aperçoit à une fente qui s'étend du
centre du tronc à la circonférence, et quelquefois dans
tout les corps, particulièrement aux extrémités; cette
défectuosité, quand elle tient tout l'arbre, est plus fâcheuse encore que la roulure.

Les gelées, le givre notamment, mis en dilatation
par le soleil, lorsqu'il fait froid , les intermittences
de gelées, de verglas et de dégel , occasionnent la
gélivure entrelardée, qui cause de grands dommages
aux taillis de 15 à 30 ans. L'écorce, à la fonte du givre
ou de la gelée, se gonfle, éclate, se détache du bois, et,
lorsqu'elle s'ouvre, ce sont autant de plaies cautéreuses

qui y introduisent plus ou moins la putridité, suivant l'exposition de la forêt.

Le bois fortement imprégné de gélivure n'est bon qu'à brûler ; cependant, quelquefois, comme la gélivure ne tient qu'une portion de l'arbre alors dans ce qui n'est pas gâté, on en détache à la cognée ou à la scie tout ce qui est gélivé, et on débite en industrie ce qui est encore sain.

§ 3.

DE LA CADRANURE.

Cette maladie est un signe de vieillesse ou un commencement d'altération de séve et de pourriture; c'est, en un mot, une gélivure renfermée dans le cœur de l'arbre.

Les fentes qu'elle occasionne traversent les cercles concentriques et semblent figurer les lignes horaires d'un cadran ; c'est ce qui lui a valu le nom de cadranure. On ne rencontre que dans les vieux bois cette défectuosité qui, souvent, ne va qu'à quelques pieds au-dessus du tronc; au delà, si l'arbre n'est pas trop décrépit, on peut encore le mettre en merrain, planches, lattes, échalas, et en essionne, espèce de petit merrain servant de tuile pour la couverture des bâtiments, que dans certaines localités on peint en bleu ardoise ou de diverses couleurs. En résumé, la roulure, la gélivure, la cadranure sont des plaies forestières causées à peu près par les mêmes accidents, sauf celles au nombre de cinq dont nous avons donné la description, page 468.

CONCLUSION.

En composant notre ouvrage, nous avons eu un grand projet d'utilité générale et particulière ; heureux si nous arrivons au but que nous nous sommes proposé.

D'abord nous avons tracé l'état ancien et actuel du régime forestier en France, nous l'avons considéré dans l'avenir comme touchant à sa perte, si ce système irréfléchi et sans principe n'est pas changé.

Nous avons, en conséquence, exposé nos vues d'améliorations, appelé l'attention des grands propriétaires forestiers en mettant à nu (peut-être pas avec assez de ménagement) l'incurie forestière, afin qu'ils nous secondent dans ces idées de réforme et nous aident de leur concours, spécialement pour déterminer le gouvernement à donner *l'exemple* d'une direction nouvelle, ferme et puissante, dans l'administration générale des bois de l'État et des communes.

La France, par son climat et sa position géographique, a le plus pressant besoin d'améliorer son sol forestier, qui tend à disparaître *sans qu'on s'en aperçoive*, notamment par la persuasion où l'on est que, depuis le secours de la houille, l'abondance du combustible est telle, qu'elle ne s'épuisera jamais.

Ne partageant pas cette trompeuse sécurité, nous nous sommes attaché à présenter notre système de réforme par des faits frappants de vérité et par des moyens simples et rationnels ; ils auront leur cours et seront appréciés tôt ou tard, nous n'en doutons pas ; mais le mal serait qu'on les comprît lorsqu'il ne serait plus temps d'apporter un remède salutaire à la manière brutale avec laquelle nos plus belles forêts sont exploitées.

De nos considérations dans l'intérêt général, nous avons passé à l'intérêt particulier, en engageant de notre mieux tous nos lecteurs, forestiers, propriétaires et marchands de bois, enfin quiconque s'occupe de la partie des bois, à accorder à notre œuvre, dans son entier, l'attention sérieuse et suivie dont elle a besoin pour être comprise ; nos nombreux chapitres, nos calculs, nos divisions et subdivisions se liant entre eux et s'expliquant mutuellement : nous insistons donc pour supplier ceux qui voudront apprécier les vrais principes forestiers de ne pas nous lire légèrement ou partiellement ; il faut d'abord en prendre une connaissance complète sans se rebuter des répétitions fastidieuses et longues, mais indispensables au néophyte forestier ; puis, quand on possède bien l'ensemble, on revient avec moins de dégoût aux chapitres des spécialités, particulièrement quand on a besoin de s'en occuper. Nous osons donc affirmer, en résumé, que les forestiers et propriétaires de bois, lorsqu'ils se seront suffisamment pénétrés de ce que nous leur démontrons, pourront, sans effort, soigner leurs bois comme leurs jardins, les améliorer au moyen de dépenses légères qui, loin d'en diminuer les revenus, les augmenteront, s'ils sacrifient, par exemple, deux ou trois francs par arpent, en fossés, plantations et autres frais de conservation ; ce sera pour récolter de 50 à 100 francs à la coupe suivante (quinze ou vingt ans après) : où trouver un aussi bon placement de fonds si ce n'est en bois?

En définitive, nous ne nous dissimulons pas qu'un travail entrepris sur d'aussi larges bases que le nôtre ne laisse nécessairement beaucoup à désirer. L'étude, l'expérience, la pratique, une parfaite connaissance de la matière, nous ont assurément bien servi ; mais, en général, quelles que soient la puissance des vues, l'abondance des idées, la facilité de rendre tout ce qu'on sent fortement, même tout ce qu'on veut dire, il y a néanmoins des bornes que l'on ne franchit pas dès la première course ; nous le sentons comme le sentiront nos lecteurs : aussi espérons-nous qu'ils nous viendront en aide par leurs idées nouvelles d'améliorations et des rectifications qu'ils pourraient désirer dans une seconde édition, leur déclarant, sans réticence aucune, que nous accueillerons avec la plus vive reconnaissance tous les renseignements qu'ils voudront bien nous adresser, que nous les réunirons et coordonnerons avec tout ce que nous aurons pu recueillir nous-même d'ici à la publication nouvelle que nous pourrons être appelé à faire, si, ainsi que nous nous en flattons, nous sommes secondé, dans notre entreprise, par un succès mérité, et qu'on réponde franchement et sans *arrière-pensée* à nos vues de réforme et d'amélioration.

FIN DU PREMIER VOLUME.

TABLE DES MATIÈRES.

FIN DE LA TABLE DES MATIÈRES.